FÍSICA I QUÍMICA

Per activar la teva llicència digital, segueix els passos següents:

1. Entra a **www.construim.cruilladigital.cat**
2. Registra-t'hi.
3. Introdueix el codi que hi ha a l'interior de la coberta.

Aquesta llicència només s'ha d'activar una única vegada.

cruïlla

PRESENTACIÓ DE LA UNITAT

- **Text introductori** que presenta els aspectes més importants de la unitat amb activitats destinades a recordar el que saps.
- **Fotografies** que il·lustren els **continguts principals** que aprendràs al llarg de la unitat.
- Relació de les **competències bàsiques** específiques que es treballen de manera evident al llarg de la unitat.

DESENVOLUPAMENT DE LA UNITAT

- Pàgines estructurades en **epígrafs** i **subepígrafs**.
- Activitats orientades a **descobrir els continguts** i a treballar les **competències bàsiques**.
- **Activitats** que ajuden a desenvolupar els continguts, a vegades vinculades a pàgines web.
- **Imatges** que complementen els continguts, amb activitats al peu.
- **Activitats interactives** autocorregibles al final de cada epígraf (remissió al web).
- **Activitat de síntesi** al final de cada epígraf que en resumeix el contingut al web.
- **Vocabulari** per organitzar els continguts treballats a cada epígraf (remissió al web).

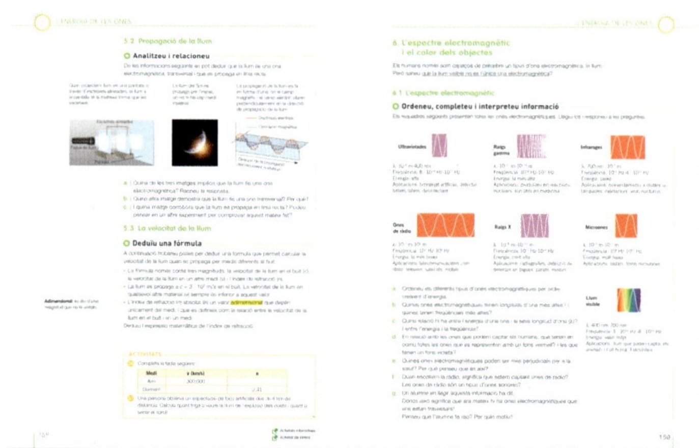

PER ESTUDIAR

- **Bloc teòric amb activitats** que recull els continguts fonamentals de la unitat.
- **Preguntes per repassar** l'essencial de la unitat (remissió al web).
- **Mapa conceptual interactiu** de la unitat (remissió al web).

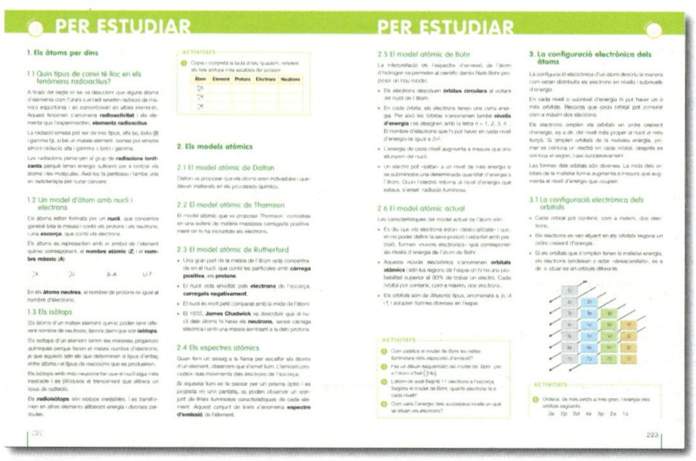

FEM CIÈNCIA

- Proposta pautada amb **procediments de treball** propis de les ciències de la naturalesa.

FEM CIÈNCIA
Estudi energètic del pèndol

FEM CIÈNCIA
Determinació del tipus d'enllaç químic

ACTIVITAT FINAL

- Activitat que aproxima els continguts de la unitat a **situacions actuals i relacionades amb la vida quotidiana**.
- **Autoavaluació** de la unitat (remissió al web).

ACTIVITAT FINAL
Atracció Shambhala

REVISTA DE CIÈNCIA

- Textos de divulgació científica sobre temes d'actualitat que permeten desenvolupar un treball de **comprensió lectora i reflexió**.

REVISTA DE CIÈNCIA
Els submarins i el principi d'Arquimedes

L'ENTORN PERSONAL D'APRENENTATGE DEL PROJECTE

El pictograma [icona] et remet a l'Entorn personal d'aprenentatge del projecte Construïm.

Al web hi trobaràs un conjunt de materials de suport que et seran necessaris per consolidar els coneixements, reforçar-los i ampliar-los.

- Continguts en versió digital.
- Una àmplia proposta de recursos multimèdia.
- Una selecció de pàgines web per a la consulta i ampliació dels continguts.
- Activitats de síntesi.
- Activitats interactives i avaluacions.
- Mapes conceptuals interactius.

Per accedir a l'Entorn només has d'activar la teva llicència digital.

ÍNDEX

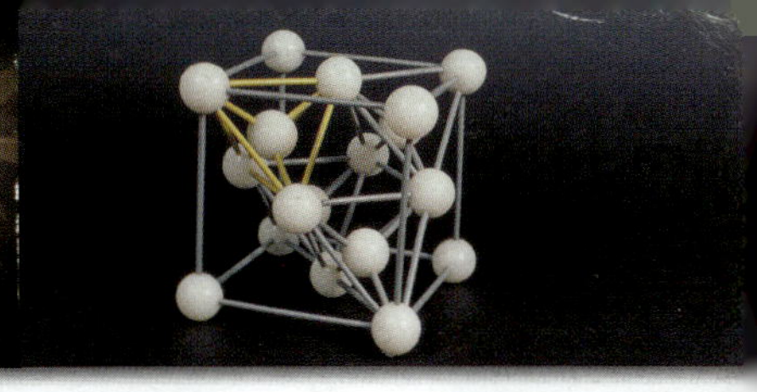

UNITAT 1

LES CAUSES DEL MOVIMENT. LES FORCES

T'has preguntat mai per què els cossos es mouen? Què els fa sortir del repòs? Què els hi fa tornar?

- **Intenta respondre a aquestes preguntes.**

A la natura i a la vida quotidiana es produeixen multitud de canvis provocats per forces que actuen entre diferents cossos, objectes...

- **Saps què és una força? Explica-ho amb les teves paraules.**

Una grua eleva un contenidor, un coet s'enlaira, un astre gira al voltant d'un altre... En totes aquestes situacions hi intervenen forces.

- **Esmenta exemples en els quals actua alguna força i explica'n els efectes.**

Sovint, sobre els cossos actuen diverses forces alhora com, per exemple, en el cas que dues persones empenyin un cotxe avariat.

- **Sabries dir quines forces hi intervenen en cada cas?**

Foto: El coet expulsa els gasos cap avall i aquests, al seu torn, l'empenyen cap amunt.

EN AQUESTA UNITAT APRENDRÀS...

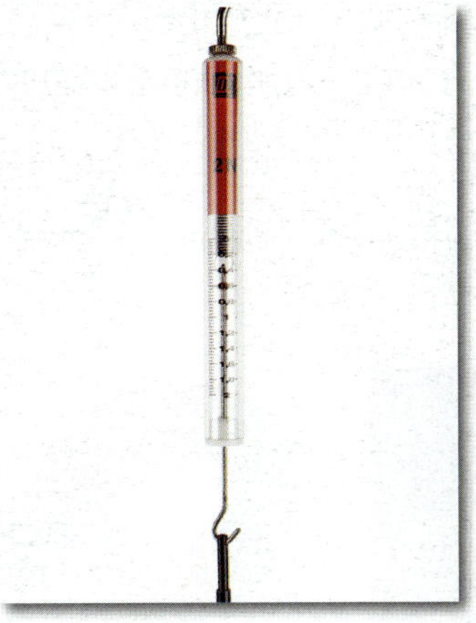

1. Què són les forces, com es mesuren i per què sempre actuen per parelles.
2. Com s'anomenen i com actuen algunes forces del nostre entorn quotidià.
3. A determinar la força total que actua sobre un cos.

4. Què significa que un cos estigui en equilibri.
5. Quins són alguns dels canvis que provoquen les forces.

I SERÀS CAPAÇ DE...

- Entendre fenòmens de la natura mitjançant l'experimentació.
- Interpretar i analitzar figures i gràfics, deduint lleis físiques.
- Aplicar i comprendre en fets del nostre entorn els coneixements científics apresos.
- Prendre consciència de la necessitat d'anar amb compte a l'hora de circular amb un vehicle i de quines pautes de seguretat es poden seguir.

1. Les forces

Empènyer, tibar, prémer..., són situacions de la vida quotidiana en les quals diem que s'ha aplicat una força. Però, saps què són les forces, com es mesuren i per què sempre actuen per parelles?

Analitzeu

Les **forces** són interaccions entre cossos que modifiquen el seu estat de moviment o la seva forma.

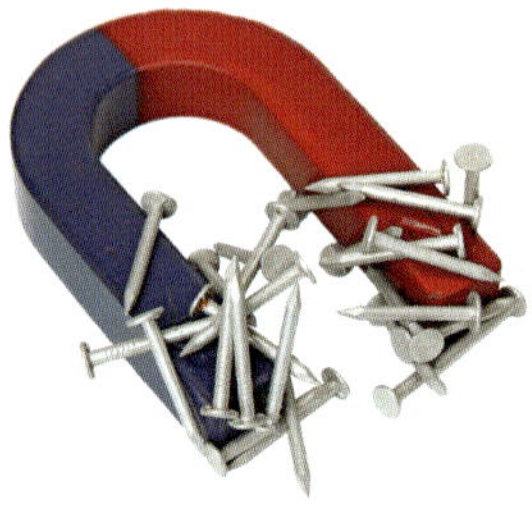
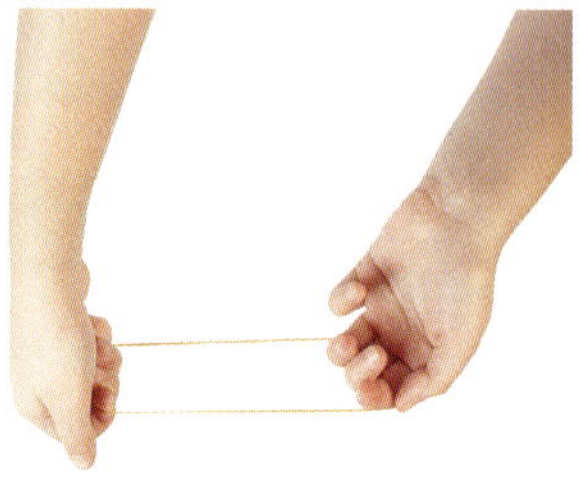

a | Quins són els cossos que estan interactuant en cada cas?

b | Com podeu saber que en cadascuna d'aquestes situacions actua una força?

c | Les forces poden actuar **per contacte** i **a distància**. Justifiqueu en cadascuna d'aquestes situacions com actuen les forces que hi intervenen.

d | Esbrineu quina és la unitat de força en el sistema internacional (SI).

SI: abreviatura del sistema internacional d'unitats.

Magnitud: propietat física o química que es pot mesurar.

Experimenteu i deduïu

Disposeu d'una cadira amb rodes. Descriviu el que passa si:

a | L'empenyeu cap endavant, primer amb poca força i després amb més força.

b | L'empenyeu lateralment, primer amb poca força i després amb més força.

c | Utilitzeu la informació següent per justificar que la força és una magnitud vectorial.

Una **magnitud vectorial** és aquella que ve definida per un valor numèric i una direcció i un sentit. Per representar-la s'utilitza un **vector**. El dibuix següent representa els elements que defineixen un vector. Ho podeu consultar al web.

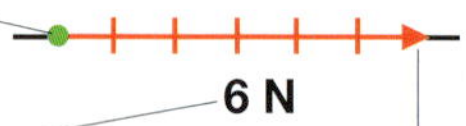

Punt d'aplicació. És el punt del cos on s'aplica el **vector**.

Direcció. Indica la línia d'acció del vector.

Mòdul. És la intensitat del vector. S'expressa mitjançant un nombre i una unitat, i es representa amb la longitud del vector.

Sentit. Indicat per la punta de la fletxa. A cada direcció corresponen dos sentits.

ACTIVITATS

1. La temperatura és una magnitud vectorial? Raona la resposta. Longitud, massa, velocitat, densitat, energia, intensitat lluminosa i acceleració són altres exemples de magnituds. Quin criteri utilitzaríeu per classificar aquestes magnituds en vectorials i no vectorials? Classifiqueu-les.

1.1 La tercera llei de Newton o llei d'acció i reacció

Un cos aïllat no pot fer ni rebre cap força. Les forces són interaccions entre cossos i, per tant, sempre apareixen per parelles.

Quan un cos interactua amb un altre (**acció**), aquest també interactua amb el primer (**reacció**). Això és el que s'anomena un **parell de forces**. Podeu consultar un vídeo al web.

Sensibilitat: valor mínim que podem apreciar amb un instrument quan mesurem una magnitud, i ve determinada per les unitats i la divisió de la seva escala.

Analitzeu un experiment i concloeu

En recolzar-vos en una paret, hi feu una força a sobre i la paret fa una força sobre vosaltres. Quines característiques tenen aquestes dues forces?

Per modelitzar aquesta situació, al laboratori es du a terme un experiment amb ajuda d'uns sensors de força que tenen una sensibilitat de 0,03 N. Amb una mà s'agafa el sensor 2, amb l'altra s'agafa el sensor 1 i es pressiona sobre el sensor 2 durant un cert temps, després del qual deixen d'estar en contacte. En fer l'experiment s'obtenen els gràfics següents, que mostren la força aplicada sobre cada sensor en funció del temps.

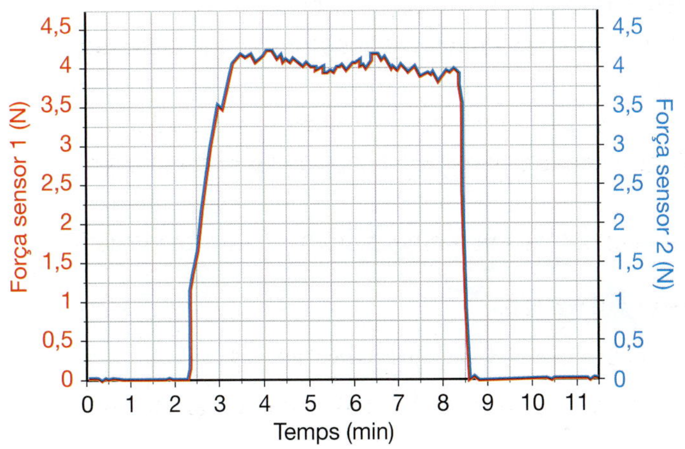

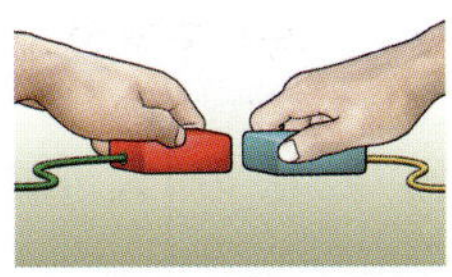

a | Completeu la taula següent sobre el valor de la força que mesuren els sensors:

Situació	Força que mesura el sensor 1	Força que mesura el sensor 2
Abans del contacte		
Durant el contacte		
Després del contacte		

b | Quina és la força d'acció? I la de reacció?

c | Dibuixeu els dos sensors en el moment de la col·lisió i dibuixeu sobre cada sensor el vector que representa la força aplicada.

d | Què podeu dir de la direcció i el sentit d'aquestes dues forces?

e | Com és la intensitat de les dues forces en cada moment?

f | Quina de les dues forces actua abans? Quant temps està pressionat el sensor 1 sobre el sensor 2? Quina de les dues forces deixa d'actuar abans?

g | Redacteu una conclusió sobre les característiques de les forces d'acció i reacció tenint en compte en quin moment actuen les forces, el mòdul, la direcció i el sentit.

Analitzeu un enunciat i deduïu

La tercera llei de Newton fa referència al fet que totes les forces resulten de la interacció entre dos cossos, és a dir, de les forces d'acció i reacció. La llei estableix que si un cos exerceix una força sobre un altre, aquest últim exerceix de manera instantània sobre el primer una altra força. Aquestes dues forces, que s'apliquen a cossos diferents, tenen el mateix mòdul i la mateixa direcció, però sentits oposats.

Matemàticament es pot escriure així:

$$\vec{F}_{1-2} = -\vec{F}_{2-1}$$

en què $\vec{F}_{1-2}$ és la força que fa el cos 1 sobre el $\vec{F}_{2-1}$ la força que fa el cos 2 sobre l'1.

Com justificaríeu els resultats de l'experiment anterior a partir d'aquesta llei?

Analitzeu un experiment i deduïu

En un accident de trànsit, un cotxe topa per darrere contra un altre cotxe que estava aturat en un semàfor. Com a conseqüència del xoc, el cotxe que estava aturat es veu arrossegat.

Al laboratori es pot simular aquesta situació amb ajuda de dos sensors de força. Fent un muntatge experimental molt semblant a l'anterior, s'obtenen els gràfics següents:

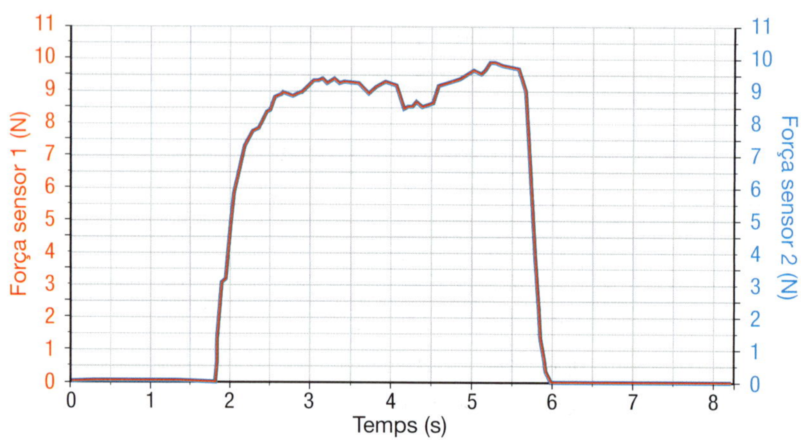

a | Completeu la taula següent sobre el valor de la força que mesuren els sensors.

Situació	Força que mesura el sensor 1	Força que mesura el sensor 2
Abans de la col·lisió		
Durant la col·lisió		
Després de la col·lisió		

b | Dibuixeu els dos sensors en el moment de la col·lisió i dibuixeu sobre cada sensor el vector que representa la força aplicada.

c | Quina de les dues forces actua abans? Com és la durada de les dues forces?

d | Justifiqueu per què en aquesta situació es verifica la tercera llei de Newton.

Analitzeu un text i deduïu

Un pare i la seva filla estan patinant sobre gel i s'empenyen tal com mostra la figura.

a | Sobre qui s'exerceix la força més gran?

b | Respecte del pare, quina seria l'acció? I la reacció?

c | Creieu que la filla es comença a moure al cap d'una estona que el pare l'empenyi?

d | Respecte de la filla, quina seria la força d'acció? I la de reacció?

e | Què podeu dir sobre els conceptes acció i reacció?

ACTIVITATS

2. A vegades en el llenguatge quotidià es diu que una persona té força. Raona per què aquesta afirmació no és correcta.

3. Amb la mà empenys una paret amb una força de 60 N.
   a) Sobre quin cos s'aplica la força que fa la mà? I la força que fa la paret?
   b) Quin és el mòdul, la direcció i el sentit de la força que fa la paret sobre la teva mà?
   c) Dibuixa els dos cossos i els vectors força aplicats.
   d) Completa les frases següents:
      La _______ fa una força sobre la _______.
      La _______ fa una força sobre la _______.
   e) Quina és l'acció? I la reacció?

4. En la prova de salt de trampolí una saltadora executa el seu salt.
   a) Quina és la parella de forces implicada en l'instant en què impacta amb l'aigua?
   b) Sobre quin cos actua cadascuna de les forces?
   c) Quina és la direcció i el sentit de cadascuna de les forces?
   d) Quina força és la més gran?

5. Quan un martell impacta contra una punta, el martell s'atura.
   a) Quina és la força que provoca aquest canvi?
   b) Sobre quin cos s'aplica aquesta força?
   c) Quina seria la reacció a aquesta força?
   d) Completeu les frases següents:
      La _______ fa una força sobre el _______.
      El _______ fa una força sobre la _______.

6. A la primavera és molt habitual que, quan anem en cotxe, molts insectes impactin contra el parabrisa.
   a) Quina és la parella de forces que apareix en aquesta situació?
   b) Sobre quin dels dos cossos s'aplica una força més gran?

7. Portes el braç embenat i et trobes uns amics que et demanen què t'ha passat. Per explicar-ho els dius que la paret t'ha colpejat i t'ha torçat el canell. De quina manera pots justificar aquesta resposta?

8. Si colpeges una paret amb totes les teves forces et faràs mal. Com és que si colpeges amb totes les teves forces un tros de paper que es troba a l'aire no et fas mal?

9. En una prova de salt d'alçada, sobre quin cos fa força l'atleta per saltar? Cap on va dirigida aquesta força? Explica com és que la saltadora s'impulsa cap amunt.

Activitats interactives
Activitat de síntesi

2. Algunes forces de l'entorn quotidià

Empènyer un moble, els cables que aguanten un ascensor, els amortidors d'un cotxe, el descens d'un paracaigudista... Totes són situacions reals en les quals intervenen forces. Saps com s'anomenen i com actuen algunes forces del nostre entorn quotidià?

2.1 La força gravitatòria

La força gravitatòria és la força amb què un astre, com ara la Terra, atrau un cos cap al seu centre. Quan un cos està a prop de la superfície de la Terra, aquesta força sovint rep el nom de **pes**, ***P***.

Completeu i deduïu

Dinamòmetre: aparell que serveix per mesurar forces.

En un experiment es mesura el pes d'uns objectes de massa coneguda amb un dinamòmetre. En fer-ho s'obté la taula següent:

Massa *m* (kg)	Força gravitatòria o pes *P* (N)	*g* = *P*/*m*
0,2	1,96	
0,4	3,92	
0,6	5,88	
0,8	7,84	

a | Completeu la taula amb els quocients *P*/*m* corresponents.

b | Justifiqueu per què la força gravitatòria que actua sobre un cos és directament proporcional a la seva massa.

c | La constant de proporcionalitat *g* s'anomena **gravetat**. A l'equació que feu servir per calcular *g*, substituïu les magnituds per les seves unitats en el SI i determineu quina és la unitat de la gravetat en el SI. Quin és el valor de *g*?

d | Escriviu l'equació matemàtica que us permetrà calcular la força gravitatòria *P* en funció de la massa *m* i la gravetat *g*.

Dibuixeu i deduïu

Si deixeu anar un cos, per exemple una pilota, des d'una certa altura, cau. Això indica que sobre la pilota actua una força.

a | Recordeu que les forces sempre actuen per parelles. Copieu la imatge i dibuixeu la parella de forces que hi intervenen indicant els punts d'aplicació, direcció, sentit i mòdul de totes dues forces.

b | Completeu la frase següent: El **pes** és la força que fa la ______ sobre la ______. La reacció al pes és la força que fa la _____ sobre la ______.

ACTIVITATS

10 Un astronauta amb el seu equipament té una massa de 120 kg.

a) Quin és el seu pes a la Terra?

b) Recordant el que heu estudiat en cursos anteriors, quina seria la seva massa a la Lluna?

11 En una missió a Mart es trasllada al planeta vermell un vehicle que pesa 5.000 N a la Terra. Si la gravetat a Mart és una tercera part de la que hi ha a la Terra, quant pesa a Mart?

2.2 La força normal

La **força normal** (***N***) és una força de contacte que fa una superfície sobre un cos que es recolza a sobre seu. La direcció d'aquesta força és sempre perpendicular a la superfície de contacte.

Dibuixeu un esquema i deduïu

Les tres imatges següents representen un mateix objecte sobre una taula, sobre un pla inclinat i empès contra una paret amb una força *F*. En cada esquema només hi ha representada la força pes que actua sobre el cos. Observeu que el punt d'aplicació de la força se situa al centre de la figura.

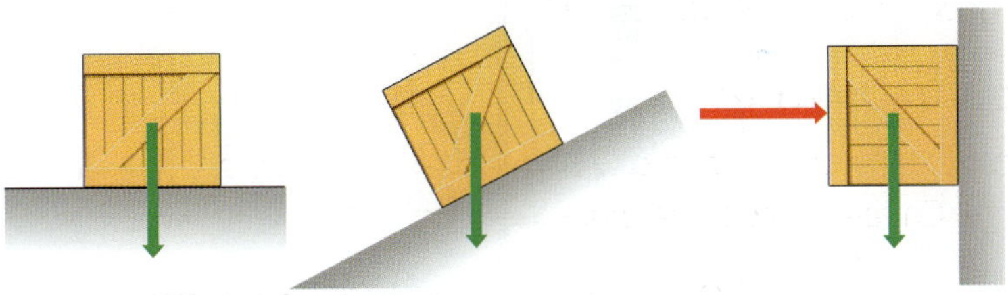

a | Copieu els esquemes i completeu-los representant la força normal en cada cas.

b | Quina és la força de reacció a la força normal? Representeu-la en cadascun dels esquemes anteriors.

c | Justifiqueu per què el pes no és la força de reacció a la força normal.

2.3 La tensió

La **tensió** (***T***) és la força de reacció que experimenten les cordes o els cables en aplicar-hi una força a sobre, com per exemple, penjar-hi un pes.

Representeu un esquema i deduïu

Volem penjar un llum del sostre amb ajuda d'un cable d'acer.

a | Completeu la frase següent: El ______ fa una força sobre el ______ i el ______ fa una força sobre el ______ anomenada tensió.

b | Copieu l'esquema i representeu les forces que actuen sobre el llum.

c | Com són la direcció, el sentit i el mòdul del pes i la tensió?

d | Justifiqueu per què el pes no és la reacció a la tensió.

ACTIVITATS

12 Damunt d'una taula hi ha una caixa de massa 50 kg.

- **a)** Quant pesa la caixa? Quin és el valor de la força normal? Quin cos fa aquesta força? Sobre quin cos s'aplica?
- **b)** Si la prems contra la taula amb una força de 100 N, la força normal augmenta, disminueix o queda igual? Justifica la teva resposta. Sabries calcular el valor de la normal?
- **c)** Si apliques una força cap amunt de 100 N sobre la caixa, la força normal augmenta, disminueix o queda igual? Justifica la teva resposta. Sabries calcular el valor de la normal?

13 Un llum penjat d'un cable té una massa de 5 kg. Quin és el valor de la tensió del cable que el suporta?

2.4 La força elàstica

La **força elàstica** (**F_e**) és la força que fa, per exemple, una molla sobre un cos que s'hi penja.

Analitzeu els resultats d'un experiment i deduïu

Al laboratori, per estudiar l'allargament d'una molla en funció de la massa penjada a l'extrem, es munta un dispositiu com el que mostra la imatge.

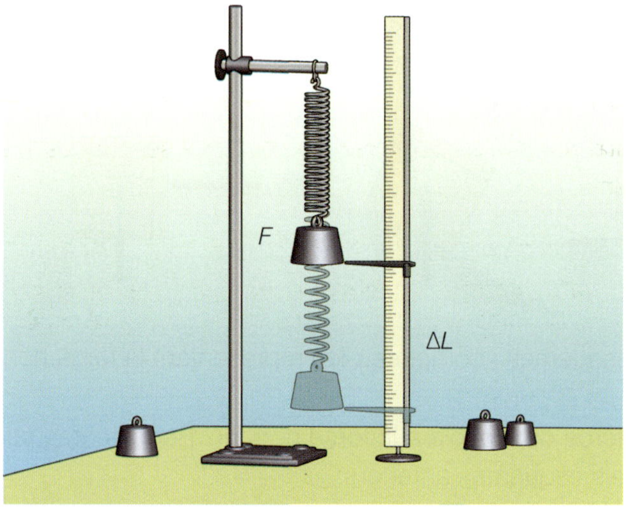

Agafem cinc masses de valors diferents. Pengem cadascuna d'aquestes masses a l'extrem de la molla i mesurem l'allargament que experimenta. Disposem les dades en una taula com aquesta:

Massa m (g)	Pes F (N)	Força elàstica F_e (N)	Allargament molla ΔL (cm)
0			0,0
100			2,0
200			4,0
300			6,0
400			8,0

a | Completeu la taula amb els valors del pes i la força elàstica en cada cas.

b | Representeu en un gràfic la força elàstica (eix vertical) respecte de l'allargament (eix horitzontal). A partir del gràfic, quin tipus de proporcionalitat deduïu que hi ha entre la força elàstica i l'allargament de la molla?

c | Ara completeu aquesta frase: La deformació és ______________ proporcional a la força aplicada.
Aquest fet el podem expressar així:

$$F_e = k\Delta L$$

Aquesta expressió es coneix com a **llei de Hooke**, en què k s'anomena **constant d'elasticitat**.

d | Aïlla k de l'equació anterior i dedueix la unitat del SI en què s'expressa la constant d'elasticitat.

e | Quant val la constant d'elasticitat de la molla?

Δ: lletra grega delta que s'utilitza per referir-se a la variació d'una magnitud. Així, $\Delta L = L - L_0$

Analitzeu i justifiqueu

Un **dinamòmetre** és un dispositiu que ens permet mesurar forces. Està format bàsicament per una molla que està situada dins d'un tub graduat que s'allarga quan s'hi penja un objecte.

a | Representeu les forces que actuen sobre l'objecte.

b | Justifiqueu per què la força elàstica no és la reacció al pes.

c | La força elàstica és la reacció d'una força. De quina?

d | Justifiqueu l'afirmació següent: El funcionament del dinamòmetre es basa en la llei de Hooke.

Dinamòmetre.

Saps quina és la propietat que permet al dinamòmetre mesurar forces?

Observeu i deduïu

Utilitzant un muntatge idèntic a l'anterior obtenim una sèrie de dades per a tres molles diferents.

	Molla 1	Molla 2	Molla 3
Pes (N)	Allargament: ΔL (cm)	Allargament: ΔL (cm)	Allargament: ΔL (cm)
0	0,0	0,0	0,0
100	1,0	4,0	1,3
200	2,0	8,0	2,7
300	3,0	12,0	4,0
400	4,0	16,0	5,3

Sense fer cap càlcul, quina de les tres molles té una constant d'elasticitat més gran? Quina molla s'allargarà amb més facilitat: la que tingui una constant d'elasticitat més gran o la que la tingui més petita?

ACTIVITATS

14 Un dinamòmetre experimenta una variació de longitud de 2 cm quan mesura una força d'1 N.

a) Si el dinamòmetre experimenta una variació de longitud de 5 cm, quina és la intensitat de la força que està mesurant?

b) Si la longitud natural de la molla, és a dir, sense allargar, és d'1 cm, quina és la longitud final de la molla quan s'hi aplica una força d'1,5 N?

15 Apliquem una tensió de 15 N a una molla i aconseguim que s'allargui 15 cm.

a) Quin allargament aconseguirem si li apliquem una tensió de 6,7 N?

b) Quin és el valor de la constant d'elasticitat de la molla?

16 Per determinar la massa d'una mostra d'un mineral utilitzem un dinamòmetre que té una constant d'elasticitat de 80 N/m. Quan hi pengem el mineral, el dinamòmetre s'allarga 4,0 cm. Quina és la massa de la mostra? I el seu pes?

17 Una molla s'allarga quan se sotmet a diferents forces. Les dades apareixen a la taula següent:

F (N)	0	100	200	300	400	500	600
ΔL (m)	0,0	0,04	0,09	0,12	0,15	0,22	0,27

a) Construeix el gràfic $F - \Delta L$.

b) Comenta si la molla és elàstica o no.

c) Utilitzaries aquesta molla per construir un dinamòmetre?

2.5 La força de fregament

Quan un cos llisca damunt d'una superfície o es mou a través d'un fluid (un líquid o un gas) hi ha una força que s'oposa a aquest moviment. Aquesta és la **força de fregament**, F_{freg}.

Observeu i deduïu

Els esquemes següents mostren les forces que actuen sobre un cos recolzat en un terra horitzontal quan s'empeny amb una força *F*.

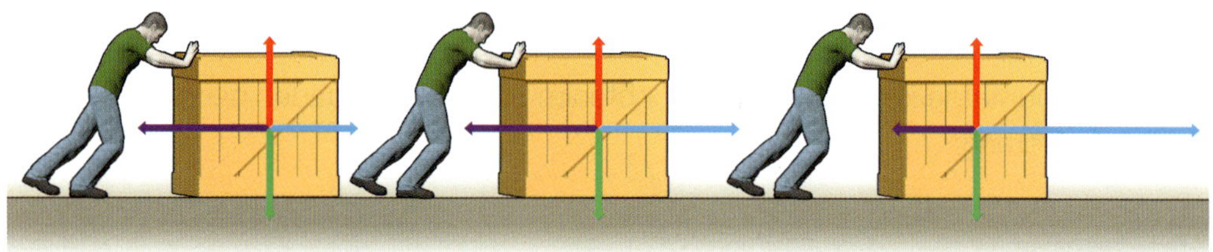

a | Copia els esquemes i escriu el nom de les forces representades en cada cas.

b | Quina direcció i quin sentit tenen la força de fregament i la força aplicada?

c | Com han de ser els mòduls de la força de fregament i de la força aplicada perquè el cos comenci a desplaçar-se? Tria l'expressió adequada: $\vec{F} = \vec{F}_{freg}$; $\vec{F} < \vec{F}_{freg}$; $\vec{F} > \vec{F}_{freg}$. En quin cas el cos s'està desplaçant?

d | Si polim el terra, la força de fregament augmentarà o disminuirà?

e | La força de fregament, a més de dependre de les característiques de les superfícies de contacte, depèn de la força que fa el terra sobre el cos que té a sobre, és a dir, de la normal. Aquesta força, en un terra horitzontal, amb quina altra força coincideix?

f | Podeu practicar amb la simulació «Forces and Motion» al web.

Interpreteu una fórmula i deduïu

El mòdul de la força de fregament (F_{freg}) es calcula així:

$$F_{freg} = \mu \cdot N$$

a | Tingueu en compte de què depèn la força de fregament i digueu a què creieu que fa referència la lletra grega μ?

b | La lletra grega μ s'anomena coeficient de fregament. Aïlleu-lo de l'equació anterior i deduïu per què es diu que és adimensional.

c | En l'activitat anterior, en quina situació és més gran el **coeficient de fregament**, quan el terra està polit o no?

Adimensional: un valor numèric, sense unitats.

Investigueu

Hi ha dos tipus de coeficients de fregament, el **coeficient de fregament estàtic, μ_e**, i el **coeficient de fregament cinètic, μ_c**.

a | Què signifiquen aquests coeficients? Quan els apliquem?

b | Com són els coeficients de fregament estàtics comparats amb els cinètics? Podeu comprovar-ho al web.

Analitzeu un text

Llegiu els peus d'aquestes fotografies i contesteu les preguntes següents:

Quan correm, els peus empenyen el terra cap enrere i el terra ens empeny cap endavant.

Quan anem en bicicleta, les rodes empenyen el terra cap enrere i el terra empeny la bicicleta cap endavant.

a | Esteu d'acord amb els peus de les fotografies? Raoneu la resposta.

b | Expliqueu què passaria si la corredora o la bicicleta es trobessin damunt d'una superfície gelada, on quasi no hi ha fregament.

c | La força que fa moure endavant la corredora o la bicicleta és la reacció d'una força. De quina?

d | Argumenteu amb exemples els avantatges i els inconvenients del fregament.

ACTIVITATS

18 Per precaució davant d'una pluja intensa, un conductor aparca el cotxe al voral d'un camí de terra. Quan ha parat de ploure, en arrencar, el cotxe patina i no el pot treure del fang. Per què no el pot treure? Com podries ajudar el conductor?

19 Creus que és important revisar periòdicament l'estat dels pneumàtics dels cotxes? Raona la resposta.

20 Quina força haurem de fer per començar a moure una butaca de 20 kg que està recolzada en un terra horitzontal si el coeficient de fregament entre el terra i la butaca és de 0,7?

21 En voler empènyer un armari de 90 kg que tens a casa t'adones que cal fer una força, com a mínim, de 500 N per començar-lo a moure.

- **a)** Quant val el coeficient de fregament entre el terra i l'armari?
- **b)** Fes un esquema de la situació de les forces que actuen sobre l'armari.

22 Una caixa de 20 kg de massa està en repòs damunt d'una superfície horitzontal.

- **a)** Si el coeficient de fregament estàtic entre la superfície i la caixa és de 0,5, quin és el valor de la força de fregament estàtica?
- **b)** Si la caixa es mou, experimenta una força de fregament estàtica de 50 N, quin és el valor del coeficient de fregament cinètic? estàtic
- **c)** Fes un esquema de la situació dibuixant les forces que hi actuen.

23 Empenys un bloc de 80 kg de massa, que està inicialment en repòs amb una força paral·lela a terra de 100 N. Si el coeficient de fregament estàtic és de 0,5, podràs moure el bloc? Fes un esquema de la situació dibuixant les forces que hi actuen.

24 Explica dues situacions de la vida real en les quals actua la força de fricció estàtica i dues en què actua la força de fricció dinàmica. Fes un esquema de les diferents situacions i dibuixa les forces aplicades.

Activitats interactives

Activitat de síntesi

3. Suma de forces

Si a sobre d'un objecte hi actuen dues o més forces les podem sumar.

La força resultant $\vec{R}$ és una sola força que produeix el mateix efecte que totes les altres actuant simultàniament. Saps com es pot determinar la força total que actua sobre un cos?

3.1 Suma de forces concurrents de la mateixa direcció

Les forces que tenen el mateix punt d'aplicació sobre un cos s'anomenen **forces concurrents**.

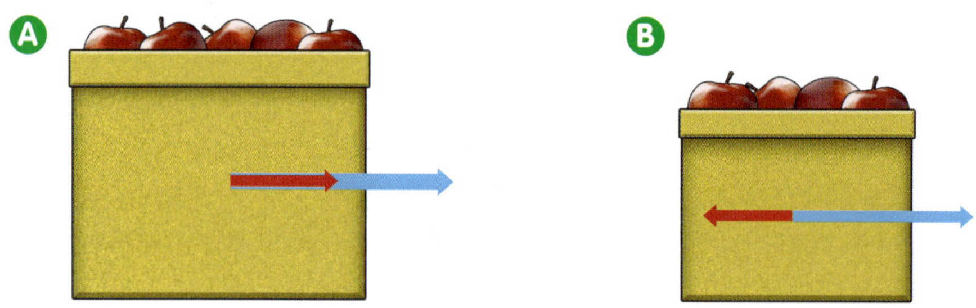

Observeu i deduïu

a | Què tenen en comú i en què es diferencien les forces que s'apliquen a la caixa A? I les que s'apliquen a la caixa B?

b | Quant valdria la força resultant en cada cas? Expliqueu amb un dibuix com ho faríeu per determinar la direcció, el sentit i el mòdul de la força resultant.

c | Redacteu l'enunciat d'un problema per a cada cas donant valors a les forces. Després resoleu-los.

3.2 Suma de forces concurrents no paral·leles

Apliqueu un procediment

La força resultant de forces concurrents no paral·leles es pot determinar utilitzant **la regla del paral·lelogram**.

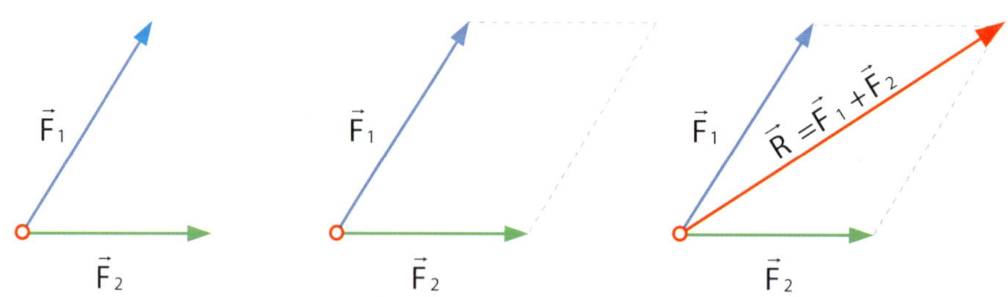

1. Representem en un dibuix a escala les dues forces.
2. Tracem paral·leles i dibuixem el paral·lelogram.
3. Dibuixem la diagonal (R) i mesurem el seu mòdul.

Redacteu l'enunciat d'un problema que es pugui resoldre aplicant aquest procediment. Després resoleu-lo.

3.3 Suma de forces concurrents perpendiculars

Apliqueu un procediment i deduïu

Dos amics empenyen una caixa tal com mostra la figura.

a | Calculeu la força resultant utilitzant la regla del paral·lelogram.

b | Quin angle formen les forces aplicades?

c | En la resolució gràfica, quina figura geomètrica defineixen les dues forces i la força resultant?

d | Quin teorema matemàtic podeu utilitzar per resoldre aquest problema? Feu el càlcul i doneu el resultat de la força resultant.

3.4 Suma de forces no concurrents paral·leles

Si les forces tenen el **mateix sentit**, el mòdul de la resultant és igual a la suma dels mòduls de les dues forces. La direcció de la resultant és la d'una recta paral·lela a les dues forces i amb el mateix sentit.

Si les forces tenen el **sentit oposat**, el mòdul de la resultant s'obté restant els mòduls de les dues forces. La direcció de la resultant és la d'una recta paral·lela a les dues forces i amb el sentit de la força més gran.

En tots dos casos, la dificultat resideix en la determinació del punt d'aplicació de la resultant.

Apliqueu un procediment

Consulteu el web i determineu el mòdul, la direcció, el sentit i el punt d'aplicació de la resultant de dues forces paral·leles del mateix sentit, F_1 = 20 N i F_2 = 60 N, aplicades sobre els extrems d'una barra de 5 m. Resoleu la mateixa activitat considerant que les forces són de sentit contrari.

ACTIVITATS

25 La Paula estira l'extrem d'una corda amb una força de 30 N. Els seus dos germans estiren l'altre extrem, en sentit oposat, amb una força de 12 N cadascun. Representa com a vectors aquestes forces i la resultant, i calcula'n el mòdul.

26 Determina numèricament i gràficament el mòdul de la resultant de dues forces concurrents de 6 N i 8 N que formen un angle de 90°. Compara els resultats.

27 Relaciona les afirmacions següents amb la suma de forces paral·leles del mateix sentit o de sentits oposats segons que correspongui:

a) La resultant és exterior a les dues forces que se sumen.

b) La resultant es troba entre les dues forces que se sumen.

c) La resultant és sempre més a prop de la força més gran.

3.5 Un cas particular: el centre de gravetat

Qualsevol objecte està compost per un nombre molt elevat de partícules de matèria, cadascuna té el seu propi pes i la suma de tots aquests pesos és el pes total de l'objecte. El punt d'aplicació de la resultant de tots els pesos de les partícules és el **centre de gravetat** (**cdg**) de l'objecte.

Un martell aguantat amb un dit.
On és el cdg del martell? Per què creus que és en aquest punt?

Experimenteu i deduïu

El cdg es troba sempre en un punt, en el qual si poguéssim recolzar-hi l'objecte, es mantindria equilibrat.

a | Sobre una cartolina, dibuixeu una figura irregular, retalleu-la i determineu el centre de gravetat tal com es mostra al web.

b | El centre de gravetat coincideix amb el punt en què el cos o el sistema està en equilibri. On es localitza el centre de gravetat en objectes plans de formes regulars i densitat uniforme com ara un quadrat o un rectangle? I en el cas d'objectes amb volum com ara un cub o una esfera?

Experimenteu i deduïu

L'estabilitat d'un cos que es recolza sobre una superfície depèn de la posició del seu centre de gravetat respecte de la seva base. Podeu comprovar-ho fent un experiment senzill amb un bric, una cartolina, una xinxeta, un fil i una volandera.

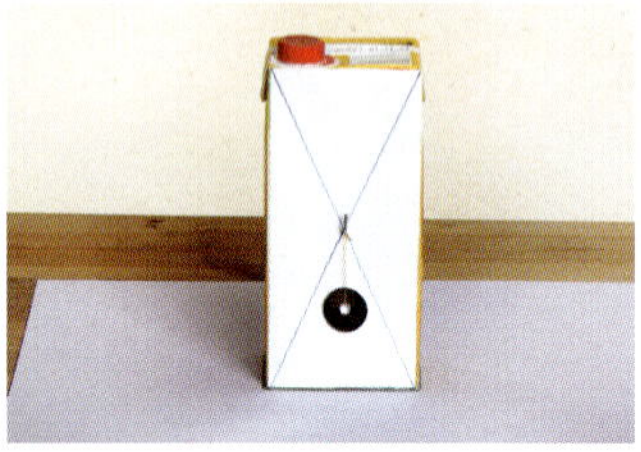

Poseu un bric al damunt d'una cartolina.Resseguiu les arestes del bric i ratlleu-hi la superfície de recolzament.

Situeu el bric, amb la xinxeta, el fil i la volandera tal com es mostra en la imatge.

Inclineu el bric com en la imatge i deixeu-lo anar. Comprovareu que torna a la posició inicial.

Repetiu l'experiment inclinant el bric cada vegada més, fins que en deixar-lo caigui cap a laltre costat.

a | Què creieu que simula el punt on està clavada la xinxeta? Què indica el fil amb la volandera?

b | Quina relació podeu establir entre el que indica el fil amb la volandera i la superfície de recolzament del bric?

c | Ara, repetiu l'experiència recolzant el bric sobre una de les seves cares llargues. En quin cas el bric té un equilibri més estable? Com influeix la posició del cdg i la superfície de recolzament en l'estabilitat d'un cos?

ACTIVITATS

28 En Pol es pot inclinar i tocar-se els peus sense caure, però no ho pot fer si es col·loca contra una paret. Per què?

29 On diries que està el cdg d'un regle? Intenta aguantar-lo amb un dit. Explica com és possible.

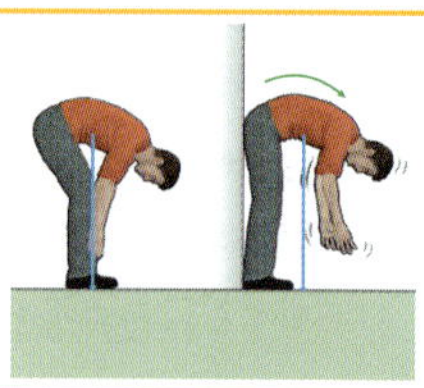

Activitats interactives
Activitat de síntesi

4. Forces i equilibri

L'ordinador que tens damunt la taula o un tren que viatja per una via recta sense variar la velocitat són exemples de cossos que estan en equilibri. Saps, però, què significa que un cos estigui en equilibri?

4.1 L'equilibri

Un cos està en **equilibri mecànic** quan no hi actua cap força o la resultant de les forces que actuen és zero. En aquest cas, el cos no es mou o no experimenta cap canvi de velocitat.

Observeu i deduïu

Les imatges següents mostren diferents cossos amb les forces que actuen sobre seu.

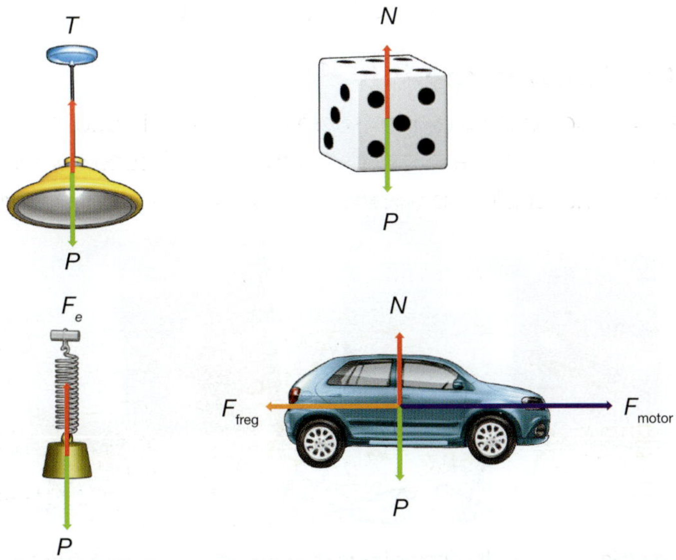

a | Quines forces actuen sobre el dau que està damunt d'una taula, sobre el llum que penja del sostre i sobre el pes suspès a la molla? Quin és el mòdul de la resultant en cada cas?

b | Justifiqueu per què diem que el dau, el llum i el pes estan en equilibri.

c | El cotxe es desplaça en línia recta a una velocitat constant. Quines forces actuen sobre el cotxe? Quin és el mòdul de la resultant en cada cas?

d | Justifiqueu per què diem que el cotxe està en equilibri.

e | En física es parla d'**equilibri estàtic** i d'**equilibri dinàmic**. Què creieu que significa? Classifiqueu els objectes anteriors segons el tipus d'equilibri que presentin.

ACTIVITATS

30 Un avió Airbus vola a una velocitat constant de 900 km/h quan els seus motors fan una força de 100.000 N. Quin tipus d'equilibri presenta? Explica-ho. Quines forces actuen sobre l'avió? Quina és la força resultant?

31 Un quadre penja de la paret aguantat tal com es veu a la figura. Si el quadre té una massa de 800 g, quin ha de ser el valor de cada una de les tensions dels cables perquè estigui en equilibri?

4.2 La primera llei de Newton o principi de la inèrcia

Primera llei de Newton o **principi de la inèrcia**: quan la resultant de les forces que actuen sobre un cos és zero, si està aturat, segueix aturat i si està en moviment, manté el seu moviment en línia recta i amb la mateixa velocitat. La primera llei de Newton associa forces i variacions de velocitat.

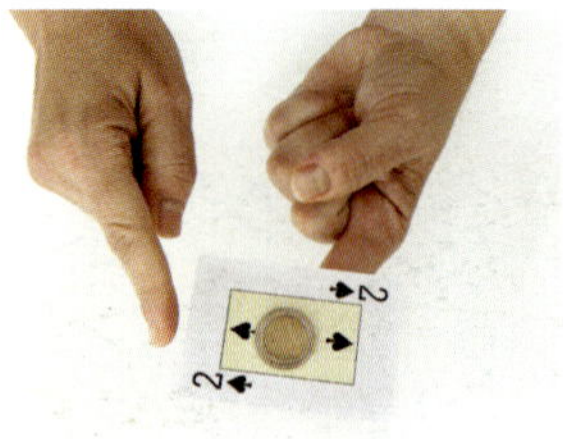

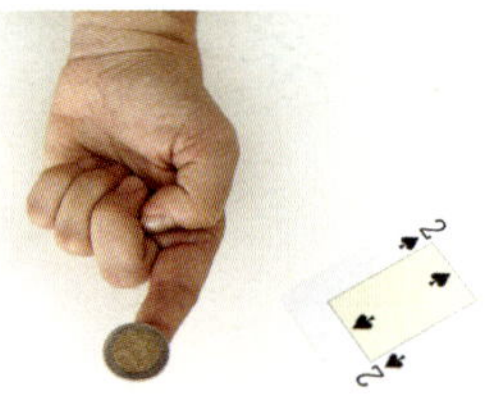

Experimenteu i deduïu

1. Tal com mostren les imatges, amb el palmell de la mà cap amunt, poseu sobre el dit índex una carta d'una baralla o una cartolina d'una mida semblant, i a sobre hi col·loqueu una moneda. Colpegeu bruscament la carta i observeu què passa.

a | Quin objecte s'ha mogut? Quina n'ha estat la causa?

b | Quin objecte no s'ha mogut? Per què?

c | Quina part de la primera llei de Newton heu demostrat amb aquest experiment?

2. Poseu un regle i una moneda sobre l'extrem d'un llibre, tal com mostra la imatge següent, i feu topar el llibre contra la paret. Observeu què passa. Podeu consultar un vídeo al web.

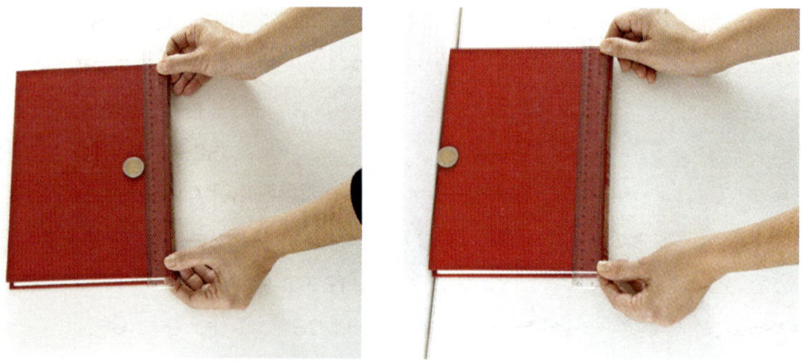

a | El llibre i la moneda es mouen simultàniament, però què passa quan el llibre topa amb la paret i s'atura?

b | Hem aplicat alguna força sobre la moneda? Per què creieu que manté el seu moviment? Per què acaba aturant-se?

c | Quina part de la primera llei de Newton heu demostrat amb aquest experiment?

Analitzeu una definició

La **inèrcia** és la propietat que té un cos d'oposar resistència a canviar el seu estat de moviment o de repòs.

a | Quin objecte té més inèrcia: una pilota de ping-pong o una de bàsquet? Expliqueu-ho.

b | Amb quina propietat de la matèria associaríeu la inèrcia?

ACTIVITATS

32 Utilitza la primera llei de Newton per justificar la funció dels reposacaps i la importància de portar cordats els cinturons de seguretat quan viatgem en cotxe.

Activitats interactives
Activitat de síntesi

5. Les forces provoquen canvis

Si la força resultant és diferent de zero, el cos experimenta canvis. Saps, però, quins són alguns dels canvis que provoquen les forces?

Classifiqueu i feu una cerca

Les forces provoquen canvis en els objectes, que poden ser de forma o de velocitat.

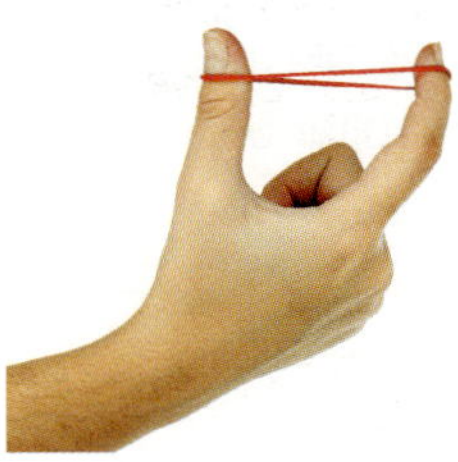

a | Classifiqueu les situacions que es mostren en les imatges següents segons si representen canvis de forma o de velocitat.

b | Els canvis de forma poden, a la vegada, classificar-se en **elàstics** i **plàstics**. Definiu què vol dir que un cos sigui elàstic o plàstic. Classifiqueu els canvis de forma de les imatges en plàstics i elàstics.

c | Si us trobeu en una roda de fira que està girant, hi ha canvis en el vostre estat de moviment; hi ha moments en què us moveu cap amunt i moments en què us moveu cap avall. Justifiqueu per què en el moviment d'una roda de fira es produeix un canvi de velocitat.

d | Justifiqueu, utilitzant la primera llei de Newton la necessitat que, per explicar el moviment de la roda de fira, fa falta una força anomenada **força centrípeta**, que va dirigida cap el centre de la roda.

ACTIVITATS

33 En el dibuix següent s'han representat les forces que actuen sobre una javelina en vol.

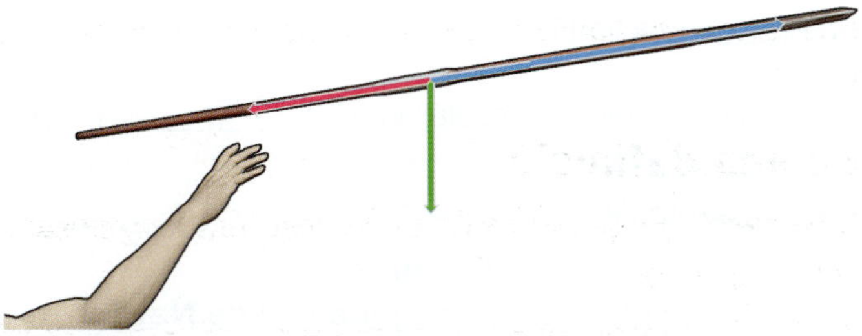

a) És correcte, l'esquema? Raona la resposta.

b) Quins canvis experimenta la javelina en el seu moviment?

34 En la col·lisió frontal entre una bicicleta i un cotxe, sobre quin dels dos vehicles és més gran la força d'impacte? Quin dels dos experimenta un canvi més gran?

35 Un cotxe agafa un revolt amb una certa velocitat. Com es diu la força que li permet girar sense sortir de la calçada? Per què els passatgers senten una força que els empeny cap enfora?

5.1 La segona llei de Newton

La segona llei de Newton estudia què passa quan sobre un cos hi actua una força resultant diferent de zero.

Experimenteu

Formeu dues files de llibres, una al costat de l'altra, formant un passadís. Poseu-hi una pilota de ping-pong i amb l'ajut d'una canya de refresc bufeu una vegada i mesureu la distància que recorre.

Si repetiu l'experiment amb una bala de vidre, què haureu de fer perquè assoleixi la mateixa distància? Raoneu la resposta. Podeu consultar el web.

Analitzeu els resultats d'un experiment

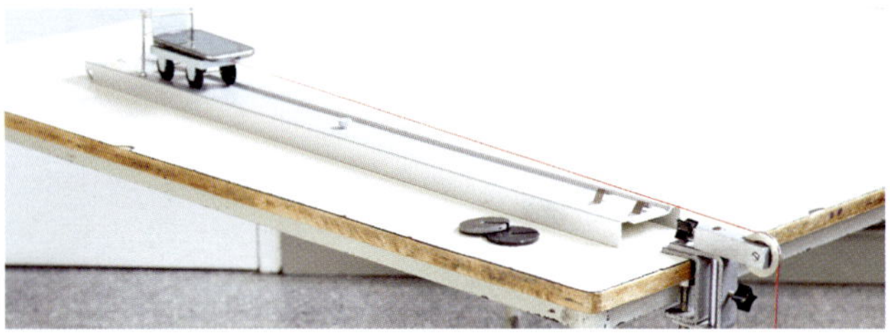

Al laboratori es munta un dispositiu com el que mostra la imatge per mesurar l'acceleració del carret, és a dir, el canvi de velocitat, en funció de la força que s'aplica en variar el pes que es penja del cable.

Recollim les dades en la taula següent i representem el gràfic corresponent.

Força aplicada (N)	Acceleració (m/s²)
0	0,0
0,1	0,4
0,2	0,8
0,3	1,2
0,4	1,6
0,5	2,0

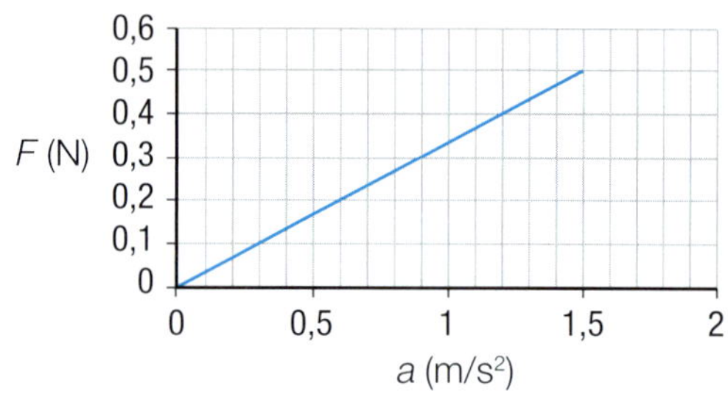

a | Quin tipus de proporcionalitat deduïu que hi ha entre la força aplicada i l'acceleració del carret? Quina magnitud creieu que representa la constant de proporcionalitat?

b | Completeu la frase següent: L'acceleració és __________ proporcional a la força que la produeix.
Aquest fet es pot expressar com a:

$$\vec{F} = m \cdot \vec{a}$$

Aquesta expressió es coneix com a **segona Llei de Newton**, que estableix que la força resultant exercida sobre un cos és directament proporcional a l'acceleració que aquest experimenta. La constant de proporcionalitat, *m*, és la massa del cos.

Apliqueu una definició

En el SI, la força es dóna en newtons (N), l'acceleració en metres per segon al quadrat i la massa en quilograms. Aplica la segona llei de Newton per comprovar que 1 N és la força que, aplicada a un cos d'1 kg de massa, li comunica una acceleració d'1 m/s².

Analitzeu la resolució d'un problema

La Neus empeny el trineu on ha pujat el seu germà petit amb una força de 160 N. Si el coeficient de fregament dinàmic del trineu és de 0,25 i la massa conjunta del trineu i el nen és de 50 kg, quina és l'acceleració del trineu?

$$N - P = 0$$
$$F - F_{freg} = m \cdot a$$
$$N = P = 50 \cdot 9{,}8 = 490 \text{ N}$$
$$F_{freg} = \mu N = 0{,}25 \cdot 490 = 122{,}5 \text{ N}$$
$$F - F_{freg} = 160 - 122{,}5 = 50 \cdot a$$
$$a = \frac{160 - 122{,}5}{50} = 0{,}75 \text{ m/s}^2$$

a | Expliqueu per què és important començar el problema dibuixant les forces que actuen sobre el cos.

b | Quina llei de Newton s'aplica quan s'escriu $N - P = 0$ i $F - F_{freg} = m \cdot a$?

c | Per què la força resultant en la direcció del moviment és $F - F_{freg}$?

d | Consideraríeu correcte el resultat si la solució hagués estat 0,75?

ACTIVITATS

36 Un trineu de 250 kg es desplaça amb una acceleració d'1,9 m/s² per sobre de la neu. Si la tensió de la corda amb què s'arrossega el trineu és de 600 N, calcula la força de fricció i el coeficient de fregament. Quina hauria de ser la força aplicada a sobre perquè es mogués a velocitat constant?

37 La Carla ajuda el seu germà a penjar un quadre de 2 kg. Mentre el germà clava un clau, la Carla aguanta el quadre pressionant-lo contra la paret. Si el coeficient de fregament estàtic amb la paret és de 0,8, quina és la força que ha de fer la Carla perquè no caigui el quadre?

38 Un bomber de 70 kg baixa lliscant per un pal. Si la seva acceleració és de 3 m/s², quina força fa el pal sobre el bomber? I el bomber sobre el pal?

39 Un patinador de 70 kg que es troba en repòs empeny una patinadora de 50 kg que també està en repòs amb una força de 100 N.

a) La patinadora fa alguna força sobre el patinador? En cas afirmatiu, quina és la intensitat d'aquesta força? Raona les respostes.

b) Calcula l'acceleració de cada patinador.

40 Un helicòpter dels bombers s'enlaira aixecant un dipòsit d'aigua de 600 kg de massa. Calcula la tensió que suporta el cable quan l'helicòpter s'enlaira amb una acceleració de 3 m/s² i quan es desplaça a velocitat constant. Què ha de fer el pilot per minimitzar la possibilitat que es trenqui la corda?

41 Un contenidor de 5.000 kg penja del cable d'una grua. Quina és la tensió del cable si el contenidor...

a) puja amb una acceleració de 2 m/s²?

b) puja a velocitat constant?

c) baixa amb una acceleració d'1 m/s²?

42 La llei d'acció i reacció afirma que quan un objecte cau per acció de la força gravitatòria que fa la Terra sobre seu, l'objecte fa una força sobre la Terra que fa que el planeta "acceleri cap amunt". Calcula l'acceleració de la Terra quan cau un cos de 50 kg. Discuteix el resultat que obtens.

Activitats interactives
Activitat de síntesi

1. Les forces

Les forces són interaccions entre cossos que en modifiquen l'estat de repòs o moviment o que poden deformar-los. Les forces poden actuar **per contacte** o **a distància**.

La força és una **magnitud vectorial**, ja que, per descriure-la i definir-la, cal conèixer-ne els elements (punt d'aplicació, direcció, sentit i mòdul), representats per mitjà d'un vector o segment orientat.

La unitat de força en el SI és el **newton** (**N**).

1.1 La tercera llei de Newton o llei d'acció i reacció

Quan un cos interactua amb un altre (**acció**) aquest també interactua amb el primer (**reacció**). Les forces sempre apareixen en parelles donant lloc a un **parell de forces**.

Les forces que formen el parell de forces són:

- Simultànies.
- Actuen sobre cossos diferents.
- Tenen la mateixa direcció i el mateix mòdul però sentits oposats.

La **tercera llei de Newton** o **llei d'acció** i **reacció** estableix que si un cos exerceix una força sobre un altre, aquest exerceix de manera instantània sobre el primer una altra força que és igual en mòdul i direcció però està dirigida en sentit oposat.

ACTIVITATS

1. Per què no es pot dir que una persona té força?
2. Per a cadascuna de les interaccions següents defineix quins són els parells de forces involucrats. Indica la direcció i el sentit de cadascuna i sobre quin cos s'aplica cadascuna de les forces. Indica en cada cas quina és la força més gran.
   a) Una noia empeny una paret.
   b) Una saltadora de trampolí impacta amb l'aigua.
   c) Un jugador de futbol xuta la pilota.
   d) Un imant atrau un petit fragment de metall.
   e) Les aspes d'un helicòpter impulsen l'aire cap avall.

2. Forces de l'entorn quotidià

2.1 La força gravitatòria

La **força gravitatòria** és la força amb què un astre, com ara la Terra, atrau un cos cap al seu centre. Quan un cos està a prop de la superfície de la Terra, aquesta força sovint rep el nom de **pes**, **P**. Es calcula així:

$$\vec{P} = m \cdot \vec{g}$$

on *m* és la massa del cos i *g* la **gravetat**, que a prop de la superfície de la Terra val 9,8 N/kg. La gravetat és diferent en cada astre perquè depèn de la massa que tingui.

La força de reacció a la força gravitatòria és la força que fa el cos a sobre i està aplicada al centre de la Terra.

El pes s'aplica al **centre de gravetat** dels cossos, que, si són homogenis i de forma regular, està situat al centre.

2.2 La força normal

La **força normal** (***N***) és la força que fa una superfície sobre un cos que es recolza sobre ella. Aquesta força és perpendicular a la superfície de contacte.

2.3 La tensió

1. La **tensió** (***T***) és la força de reacció que experimenten les cordes o els cables en aplicar-hi una força a sobre, com per exemple, penjar-hi un pes.

2.4 La força elàstica

La **força elàstica** (F_e) és la força que fa, per exemple, una molla sobre un cos que s'hi penja.

Que una molla sigui **elàstica** vol dir que obeeix la llei de Hooke, que estableix que la força és directament proporcional al canvi de longitud ΔL:

$$F_e = k \cdot \Delta L$$

on *k* és la constant de proporcionalitat que s'anomena **constant d'elasticitat**.

2.5 La força de fregament

Quan un cos llisca damunt d'una superfície o es mou a través d'un fluid (un líquid o un gas) hi ha una força que s'oposa a aquest moviment. Aquesta és la **força de fregament**, F_{freg}.

La força de fregament entre un cos i una superfície sòlida damunt de la qual es desplaça és directament proporcional a la força normal *N* i també depèn dels materials que estan en contacte:

$$F_{freg} = \mu N$$

on μ és el coeficient de fregament entre les superfícies.

- El **coeficient de fregament estàtic** μ_e es dóna quan el cos està en repòs.
- El **coeficient de fregament cinètic** μ_c existeix quan un cos s'està movent sobre una superfície.

El fregament no sempre dificulta el moviment. Moltes vegades ajuda a generar-lo, com és el cas d'un vehicle per una calçada o quan caminem.

ACTIVITATS

3. Una moneda d'euro té una massa de 7,5 g. Quin és el seu pes?
4. Una roca lunar experimenta una força normal de 200 N. Si la gravetat a la Lluna val 1,6 N/kg:
   a) Quina és la massa de la roca?
   b) Quant pesa la roca a la Terra?
5. Un armari de 150 kg es troba damunt de terra.
   a) Quant val la normal?
   b) Si l'armari s'omple amb objectes amb una massa conjunta de 80 kg, quant val la normal?
6. La Judit aguanta un quadre de 2 kg pressionant-lo contra la paret amb una força de 80 N. Quant val la força normal?
7. Un helicòpter suporta un dipòsit que té una massa de 4.000 kg. Quina és la tensió que fa el cable?
8. Per estirar una molla de 8 cm fem una força de 10 N. Quina força s'haurà de fer per estirar-la 16 cm? I per comprimir-la 8 cm? Quant val la constant d'elasticitat?
9. Uns esquís acabats d'encerar tenen un coeficient de fregament de 0,1. Quina és la força de fricció màxima que actua sobre una esquiadora de 60 kg?
10. Un fragment de cautxú de 150 g experimenta, mentre es desplaça, una força d'1,18 N. Quant val el coeficient de fregament?

3. Suma de forces

Sovint sobre un cos no actua una única força sinó diverses a la vegada. La **força resultant** $\vec{R}$ és la suma de totes aquestes forces.

3.1 Suma de forces concurrents amb la mateixa direcció

- Si les forces tenen el **mateix sentit**, el mòdul de la resultant és la suma dels mòduls de les forces i hi coincideix en direcció i sentit.
- Si les forces tenen **sentit contrari**, el mòdul de la resultant s'obté restant-les i té el sentit i la direcció de la força que tingui el mòdul més gran.

3.2 Suma de forces concurrents no paral·leles

Per sumar dues forces no concurrents es pot utilitzar la **regla del paral·lelogram**.

2) Representem en un dibuix a escala les dues forces.
3) Tracem rectes paral·leles i dibuixem el paral·lelogram corresponent.
4) Dibuixem la diagonal (*R*) i mesurem la seva llargada.

3.3 Suma de forces concurrents perpendiculars

La suma es pot fer seguint la **regla del paral·lelogram**. En aquest cas el valor de la resultant es pot determinar aplicant el **teorema de Pitàgores**.

3.4 Suma de forces no concurrents paral·leles

- Si les forces tenen el **mateix sentit**, el mòdul de la resultant s'obté sumant els mòduls de les forces i hi coincideix en direcció i sentit.
- Si les forces tenen **sentit contrari**, el mòdul de la resultant s'obté restant-les i té el sentit de la força que tingui el mòdul més gran.

ACTIVITATS

11. Dues persones volen mantenir una taula enlairada per escombrar a sota. Calcula la força que ha de fer cada persona si la taula pesa 100 N.
12. Sobre un avió actuen les forces que es mostren a la imatge. Quant val la força resultant? Indica el procediment que segueixes.

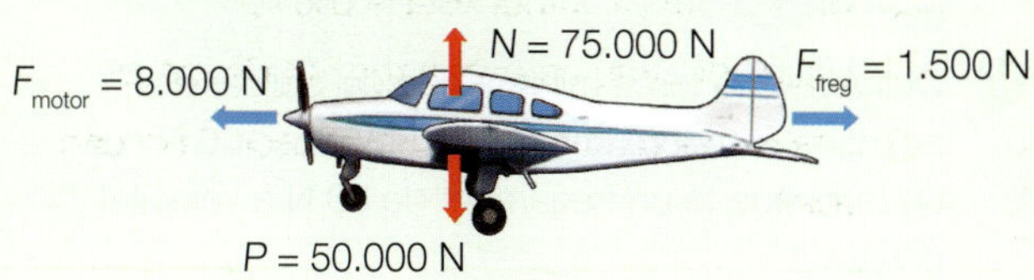

13 Per treure un cotxe del fang podem utilitzar un tractor que farà una força de 1.000 N o dos tot terrenys que faran una força de 600 N cadascun. Quina opció serà més efectiva?

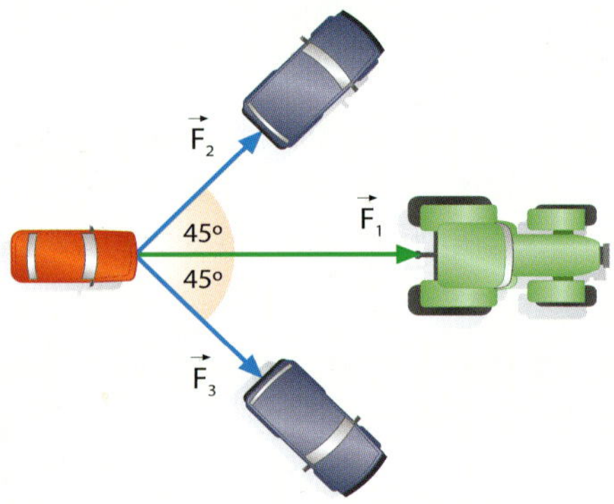

16 Una grua aixeca una biga de 110 kg a velocitat constant. Quina és la tensió que fa el cable?

4. Forces i equilibri

4.1 L'equilibri

Un cos està en **equilibri mecànic** quan no hi actua cap força o la resultant de les forces que actuen és zero. En aquest cas, el cos no es mou o no experimenta cap canvi de velocitat.

- L'**equilibri estàtic**: es dóna quan el cos és en repòs.
- L'**equilibri dinàmic**: es dóna quan el cos es mou en línia recta i a velocitat constant.

4.2 La primera llei de Newton o d'inèrcia

Quan la resultant de les forces que actuen sobre un cos és zero, si està aturat, segueix aturat i si està en moviment, manté el seu moviment en línia recta i amb la mateixa velocitat. La primera llei de Newton associa forces i variacions de velocitat.

La **inèrcia** és la propietat que té un cos d'oposar resistència a canviar el seu estat de moviment o de repòs.

La inèrcia s'associa a la quantitat de matèria que té un cos, és a dir, a la seva **massa**.

ACTIVITATS

14 Els cometes són objectes que viatgen per l'espai. Com és que es desplacen si no hi ha cap força que els empenyi? Quina llei de Newton s'està complint?

15 Quina serà la força mínima que cal aplicar per aconseguir moure una taula que pesa 100 N per un terra que té un fregament de 30 N a velocitat constant?

5. Les forces provoquen canvis

Si la força resultant sobre un cos és diferent de zero, el cos experimenta **canvis**. Aquests canvis poden ser:

- De **forma**:
  - **Elàstics**: si el cos retorna a la seva forma inicial després de la interacció.
  - **Plàstics**: si el cos manté la deformació després que la força hagi deixat d'actuar.
- De **velocitat**: un trineu passa del repòs a moure's amb una certa velocitat quan uns gossos l'arrosseguen.
- De **direcció**: com quan feu girar un objecte lligat amb una corda al vostre voltant.

Perquè canviï la direcció en què es mou un objecte cal, d'acord amb la primera llei de Newton, que existeixi una força que s'anomena **força centrípeta**.

5.1 La segona llei de Newton

La **segona llei de Newton** estableix que la força resultant exercida sobre un cos és directament proporcional a l'acceleració que aquest experimenta. La constant de proporcionalitat, *m*, és la massa del cos.

$$\vec{F} = m \cdot \vec{a}$$

ACTIVITATS

17 El motor d'un camió de 2 t exerceix una força de 1.500 N. Alhora, el terra fa una força de fricció de 800 N. Quina és l'acceleració del camió?

18 Un conductor prem l'accelerador fent que el motor faci una força de 1.500 N. Si el cotxe té una acceleració de 2 m/s^2 i un fregament de 400 N, quina és la massa del cotxe?

19 Un paracaigudista de 75 kg obre el paracaigudes de manera que cau a velocitat constant. Quant val la força de fregament que fa l'aire?

20 S'observa que un dipòsit de 50 kg es comença a moure quan s'hi aplica una força horitzontal de 300 N. Un cop en moviment, i sota l'acció de la mateixa força experimenta una força de fregament amb un coeficient de fregament dinàmic de 0,4. Calcula el valor del coeficient de fregament estàtic i l'acceleració del dipòsit.

Comprova el que saps
Mapa conceptual

Comprovació de la tercera llei de Newton

Objectiu:

Comprovar experimentalment la tercera llei de Newton o llei d'acció i reacció.

Material

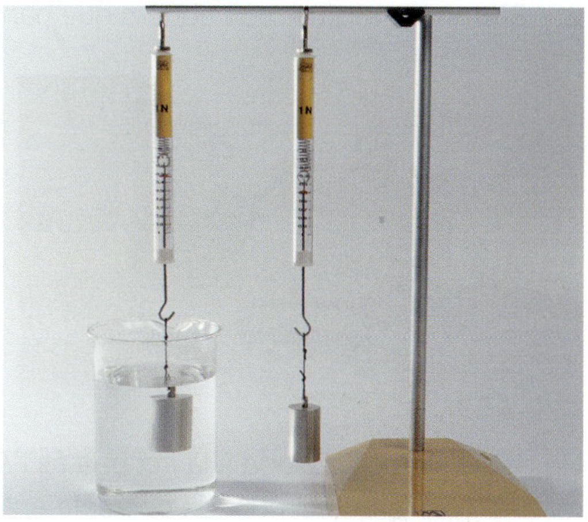

- Dinamòmetre
- Vas de precipitats amb aigua
- Balança digital
- Cordill per subjectar i penjar el cilindre

Coneixements previs

En introduir el cilindre dins de l'aigua experimenta una força d'empenyiment cap amunt. El cilindre exerceix sobre l'aigua una força cap avall.

Procediment

1. Pesem el cilindre fora de l'aigua.
2. Pesem el cilindre dins de l'aigua, sense que toqui el fons del vas.
3. Pesem el vas de precipitats amb aigua abans d'introduir-hi el cilindre.
4. Pesem el vas de precipitats amb el cilindre a dins.

Recollida de dades

Anotem les dades en una taula com aquesta. Per exemple:

Pes del cilindre fora de l'aigua (N)	Pes del cilindre dins de l'aigua (N)	Diferència de pesos (N)
0,70	0,50	0,20
Pes del vas de precipitats amb aigua (N)	**Pes del vas de precipitats amb aigua i el cilindre (N)**	**Diferència de pesos (N)**
4,40	4,60	0,20

- Què indica la diferència de pesos entre el cilindre fora de l'aigua i el cilindre dins de l'aigua?
- Què indica la diferència de pesos entre el vas de precipitats abans d'introduir-hi el cilindre i després d'introduir-l'hi?

ACTIVITATS DE COMPRENSIÓ

1. Com varia el pes del cilindre quan està a dins de l'aigua? I el pes del vas de precipitats en posar-hi el cilindre?
2. Compara les variacions de pes que experimenta el cilindre i el vas de precipitats. Què hi observes?
3. Quina és la força responsable de la variació del pes del cilindre? I la de la variació del pes del vas de precipitats?
4. Pots concloure que aquestes dues forces són una parella d'acció i reacció i, per tant, que verifiquen la tercera llei de Newton? Raona la resposta.
5. Quin instrument utilitzes per esbrinar el pes del vas de precipitats amb aigua? Quina magnitud mesura aquest instrument? En quina unitat es mesura en el SI?
6. Explica com has calculat el pes del vas de precipitats amb aigua, i amb aigua i el cilindre.

Els sistemes de seguretat dels vehicles

Els vehicles actuals disposen de molts i variats sistemes de seguretat. Tots aquests sistemes es poden classificar en dues categories:

1. **Sistemes passius**: són aquells que permeten reduir les conseqüències d'un accident quan ja s'ha produït.
2. **Sistemes actius**: són aquells que han d'ajudar a evitar que hi hagi un accident.

Sistemes passius	Deformació del xassís, coixí de seguretat, cinturó de seguretat, reposacaps
Sistemes actius	ABS, ESP, DBC, ACC, retrovisors, dispositius d'enllumenat, eixugaparabrises, clàxon

Un dels sistemes d'ajuda a la frenada és l'ABS, que fa que, en frenar, els pneumàtics no es bloquegin i continuïn rodant. Això fa que el punt de contacte entre el pneumàtic i la carretera es mantingui instantàniament en repòs. Sense ABS, la roda patinaria i el punt de contacte del pneumàtic amb la carretera no estaria en repòs.

Si la frenada no ha estat prou efectiva, un vehicle pot envestir-ne un altre per darrere. Tot i que la velocitat d'impacte entre 30 km/h i 60 km/h pot semblar inofensiva, els ocupants del vehicle que ha rebut l'impacte posterior poden experimentar un esquinç a les vèrtebres cervicals anomenat "fuetada cervical" i que pot produir mals de cap, marejos i dolors al coll. Per minimitzar els efectes, els ocupants haurien de seure correctament amb el respatller tan vertical com sigui possible, ben a prop de l'esquena i amb el reposacaps tan a prop com sigui possible del clatell.

Un altre dispositiu de seguretat que s'ha de tenir en compte és el cinturó de seguretat, què és d'utilització obligatòria tant en vies urbanes com interurbanes llevat d'algunes excepcions com, per exemple, els conductors de vehicles d'emergència. Aquest dispositiu, tal com mostren les estadístiques, és el més important en un vehicle i el que ajuda més a disminuir la mortalitat i gravetat dels accidents.

El coixí de seguretat també és un dispositiu que millora la seguretat en la conducció. El seu ús amb el cinturó de seguretat permet prevenir en un 75% les lesions greus al cap. El coixí de seguretat consisteix en unes bosses que es despleguen automàticament i, si no estem prou separats (uns 25 cm) del volant, quan s'inflen poden colpejar de manera violenta els ocupants.

ACTIVITATS

1. Els retrovisors, els eixugaparabrises i fins i tot el clàxon es consideren sistemes de seguretat. Explica per què poden ser considerats així.
2. Justifica el funcionament del cinturó de seguretat utilitzant la llei de Newton que correspongui.
3. En patir un impacte per darrere, sovint els metges fan posar un collaret cervical a les persones implicades. Explica el motiu d'aquesta decisió per part dels metges. Quins altres símptomes són habituals en les fuetades cervicals?
4. Argumenta l'avantatge que representa disposar del sistema ABS en un vehicle.
5. L'estat dels pneumàtics també es pot considerar un sistema de seguretat? En quina categoria el classificaries? Raona les respostes.
6. Coneixes algú que no es posi mai el cinturó de seguretat? Com li argumentaries que l'ha de dur posat sempre?
7. En una col·lisió a 72 km/h un conductor de 72 kg experimenta una desacceleració de 200 m/s^2. Quina força ha d'aguantar el cinturó?

Autoavaluació

REVISTA DE CIÈNCIA

Les màquines simples, usades des de l'antiguitat

Al llarg del dia duem a terme milers d'accions que suposen l'aplicació d'una força. La majoria no representen un gran esforç físic, però altres impliquen un sobreesforç. L'ésser humà, des de l'antiguitat, ha inventat màquines simples que faciliten la realització d'aquestes feines.

Objectes tan habituals com una palanca o una politja ens permeten multiplicar la força, de manera que podem dur a terme accions que no ens seria possible de fer directament, com ara pujar un moble des del carrer a un pis.

L'ús de màquines simples redueix l'esforç necessari per a treballs pesants.

No oblidem la roda, també una màquina simple, que va facilitar el desplaçament i que ja es feia servir 3.500 anys abans de Crist, a l'antiga Sumèria. La roda, a més, és la base d'unes altres dues màquines simples: la politja i el torn. Antigament, a la façana dels edificis s'hi fixava una petita biga amb una anella on es penjava una politja o corriola i que servia per pujar o baixar objectes pesants. També funcionen amb corrioles els pous d'aigua i els ascensors antics, en què el motor anava connectat a una politja amb un contrapès que ajudava en el moviment.

La palanca s'utilitza, per exemple, per obrir portes en cas d'incendi o per moure obstacles

utilitzant un punt de recolzament intermedi. Les grues també s'han fet servir des de l'antiguitat per moure els grans blocs de pedra necessaris per fer les construccions. Se sap que les primeres grues es van dissenyar a l'època de l'antiga Grècia.

Un altre exemple de màquina simple és el pla inclinat, utilitzat per transportar objectes fent menys força. L'ús del pla inclinat s'ha generalitzat per facilitar l'entrada i sortida dels edificis a les persones que s'han de desplaçar amb cadira de rodes i a les que arrosseguen un carretó. L'angle d'inclinació d'aquestes rampes ha d'estar ben calculat, ja que si són massa inclinades són difícils de pujar i si ho són poc no s'acaben mai! Es creu que es van utilitzar a l'Egipte antic per poder construir les piràmides, per transportar els voluminosos i pesants blocs de pedra.

Aquests exemples demostren que un bon coneixement de la física pot ser molt útil a l'hora de portar a terme un gran ventall d'activitats en la vida quotidiana que requereixen l'aplicació de forces.

COMPRENSIÓ LECTORA I REFLEXIÓ

1. Quines són les màquines simples que s'esmenten en el text?
2. Sabries posar un altre exemple quotidià de l'ús de les palanques? I de les rampes?
3. On pots trobar torns i corrioles, avui dia?
4. Actualment ja no veus persones fent servir la corriola per transportar cossos pesants. Quins sistemes moderns les han substituït?
5. Valora com seria un dia de la teva vida si no poguessis fer servir cap màquina simple. Posa alguns exemples de tasques que no podries realitzar o que et costarien molt esforç.

UNITAT 2

EL MOVIMENT DELS COSSOS

Cada dia podem observar al nostre entorn tot tipus de cossos en moviment: cotxes, persones i animals, entre d'altres coses.

- Com sap un espectador de la cursa que les motos s'estan movent?
- Saps què és el desplaçament? I la velocitat? Explica-ho amb les teves paraules.
- En quines unitats s'expressa la velocitat en el SI?

Les motos s'estan movent en la mateixa direcció i sentit, però quan un pilot n'avança un altre té la sensació que l'altra moto es mou cap enrere.

- Saps explicar per què?

En el moment de la sortida les motos acceleren.

- Saps què és l'acceleració? Explica-ho amb les teves paraules.
- Amb quina unitat del SI es mesura l'acceleració?

Foto: Per a un observador a peu de pista, aquestes motos es mouen a gran velocitat.

EN AQUESTA UNITAT APRENDRÀS...

1 Les magnituds que permeten descriure i analitzar el moviment.

2 Què vol dir que el moviment d'un mòbil és rectilini i uniforme i quina equació el descriu.

3 Què vol dir que el moviment d'un mòbil és rectilini i uniformement accelerat i quines equacions el descriuen.

4 Com aplicar la segona llei de Newton per calcular acceleracions, velocitats i desplaçaments.

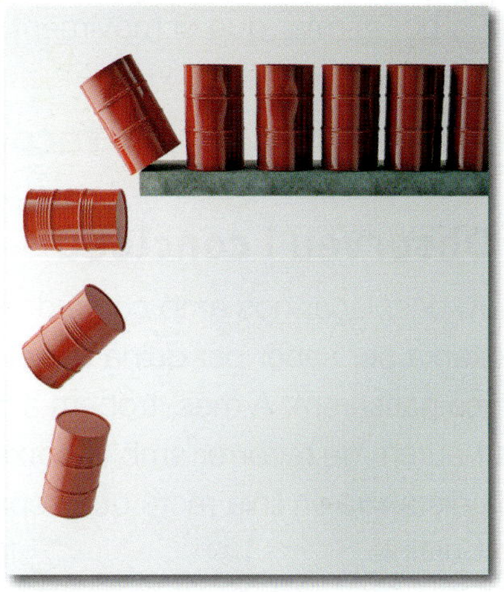

5 Com és el moviment d'un cos que es mou verticalment a causa de la força gravitatòria.

6 Què vol dir que el moviment d'un mòbil és circular i uniforme i quina equació el descriu.

I SERÀS CAPAÇ DE...

- Entendre fenòmens de la natura mitjançant l'experimentació.
- Interpretar i analitzar figures i gràfics, deduint lleis físiques.
- Aplicar i comprendre en fets del nostre entorn els coneixements científics apresos.
- Prendre consciència de la necessitat de ser responsable a l'hora de circular amb un vehicle i de quines pautes de seguretat es poden seguir.

1. L'estudi del moviment

Cada dia podeu observar al vostre voltant tot tipus d'objectes que s'estan movent: cotxes, persones, astres, éssers vius... Ara bé, quines són les magnituds que permeten descriure i analitzar el moviment?

1.1 La posició i el moviment

La **posició** indica el lloc on es troba un cos en un moment determinat.

Observeu i deduïu

En un tram d'una pista d'atletisme s'han marcat dos punts, A i B.

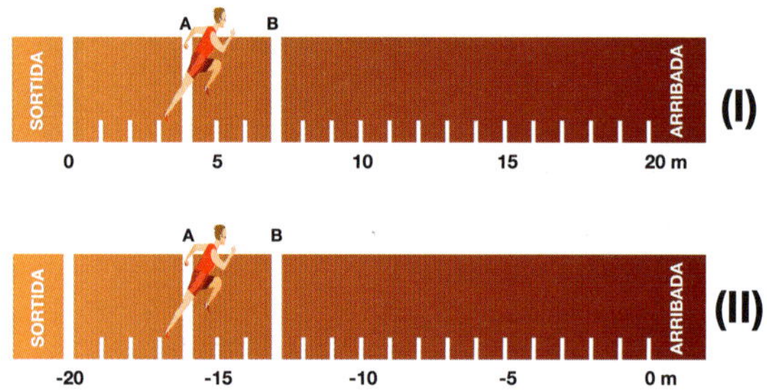

a | Indiqueu la **posició** del corredor en el punt A en cada cas. Quina serà la posició del corredor en el punt B en cada cas?

b | En tots dos casos, el **sistema de referència** és el mateix, la pista d'atletisme. Quin **punt de referència** heu emprat en el cas I? I en el cas II?

c | Es pot afirmar que el moviment és relatiu? Justifiqueu la resposta.

1.2 Trajectòria, espai recorregut i desplaçament

Observeu i concloeu

Volem desplaçar-nos amb cotxe de Sallent a Berga i busquem informació a la xarxa per saber per quina carretera haurem de circular i per quins pobles passarem. A més, trobem altres informacions, com ara la distància que haurem de recórrer amb el cotxe i el temps necessari per recórrer-la, la distància en línia recta que separa les dues poblacions o el cost del combustible.

a | Observeu el mapa. Per quins pobles passarem? Copieu el mapa i dibuixeu la trajectòria que seguirem.

b | Busqueu a la xarxa l'espai que el vehicle haurà de recórrer i la distància en línia recta que separa aquestes dues poblacions. En quines unitats de longitud s'expressen? Expresseu-les en la unitat corresponent del SI.

c | Proposeu una definició de **trajectòria**, **espai recorregut** i **desplaçament**.

d | Representeu amb un vector el desplaçament efectuat pel cotxe.

ACTIVITATS

1. Un tren es mou per una andana on hi ha gent que espera el proper tren. Justifica quin és el mòbil, és a dir, el cos que es mou, quan el sistema de referència està situat:

   a) A l'andana   b) A dins del tren

1.3 La velocitat

La **velocitat** relaciona el desplaçament amb el temps emprat per recórrer-lo.

Observeu i deduïu

Un mòbil es desplaça en línia recta d'una posició P_0 a una altra P.

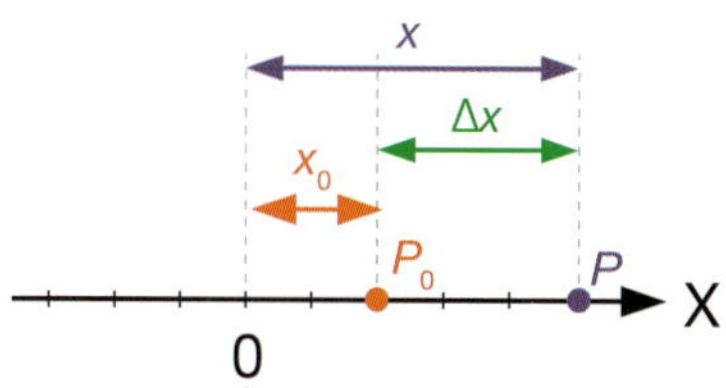

a | Quina expressió matemàtica utilitzaríeu per determinar el desplaçament Δx?

b | La **velocitat mitjana**, $\boldsymbol{v}_m$, d'un mòbil es calcula per mitjà de l'equació:

$$\boldsymbol{v}_m = \frac{\Delta \boldsymbol{x}}{\Delta \boldsymbol{t}}$$

En quines unitats del SI s'expressa la velocitat?

Analitzeu els resultats d'un experiment i concloeu

Al pati, amb ajuda d'un cronòmetre i d'una cinta mètrica, analitzeu el vostre moviment. En fer-ho, obteniu les dades següents:

Temps (s)	0	1	2	3	4	5	6
Posició (m)	0	10	20	30	40	50	60

a | Representeu en un gràfic la posició (eix ordenades) respecte del temps (eix abscisses).

b | Calculeu la velocitat mitjana entre els instants t = 1 s i t = 2 s. I entre els instants t = 4 s i t = 5 s.

c | Quin és el pendent del gràfic entre els instants t = 1 s i t = 2 s? I entre els instants t = 4 s i t = 5 s?

d | Compareu els resultats de les velocitats mitjanes amb els resultats dels pendents i expliqueu com podeu calcular la velocitat mitjana a partir del gràfic posició-temps.

Pendent: en matemàtiques, el pendent d'una recta és una mesura de la seva inclinació. Es determina calculant el quocient $\Delta y/\Delta x$.

Δy és la variació en sentit vertical (eix de les ordenades).

Δx és la variació en sentit horitzontal (eix de les abscisses).

Analitzeu els resultats d'un experiment i deduïu

La **velocitat instantània**, $\boldsymbol{v}$, és la velocitat que té un mòbil en un instant de temps determinat.

En estudiar l'arrencada d'un cotxe, hem trobat que la velocitat en l'instant t = 1,0 s és de 2 m/s.

Hem pres nota de la posició i el temps entre els instants t = 1,0 s i t = 1,5 s:

Temps (s)	1,0	1,1	1,2	1,3	1,4	1,5
Posició (m)	1,0	1,2	1,4	1,7	2,0	2,3

a | Completeu la taula:

	Δt = 1,5 − 1 s	Δt = 1,4 − 1 s	Δt = 1,3 − 1 s	Δt = 1,2 − 1 s	Δt = 1,1 − 1 s
Velocitat mitjana (m/s)					

b | Compareu els valors de les velocitats mitjanes que heu calculat amb el valor de la velocitat instantània per a l'instant t = 1,0 s. A mesura que l'interval Δt es va fent més petit, com és la velocitat mitjana comparada amb la velocitat instantània?

c | Expliqueu de quina manera podríeu trobar gràficament la velocitat instantània. Podeu consultar-ho al web.

Interpreteu i deduïu

Un mòbil que es desplaça a velocitat constant es diu que té un **moviment uniforme**, mentre que si la velocitat varia, el mòbil presenta un **moviment variat**.

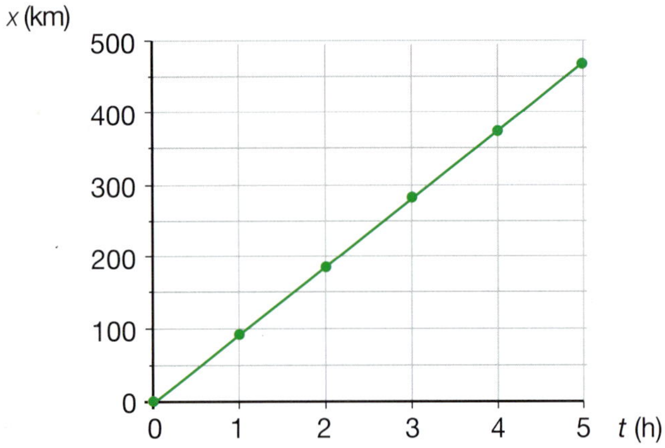

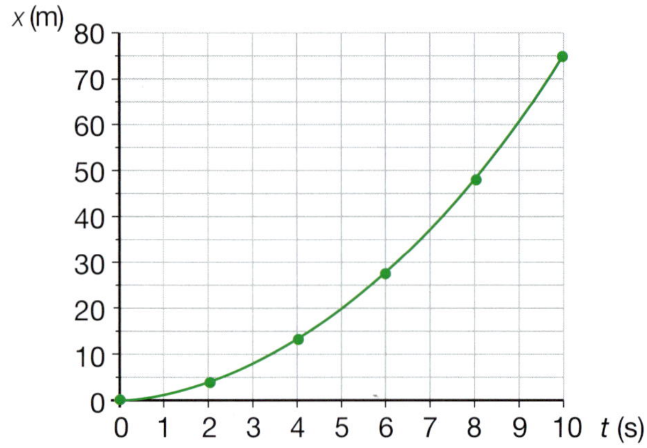

a | Justifiqueu quin dels dos gràfics mostra un moviment uniforme i quin un moviment variat.

b | Quin dels dos gràfics descriu el moviment d'un cotxe que arrenca en posar-se verd un semàfor? Justifiqueu la resposta.

Interpreteu un gràfic

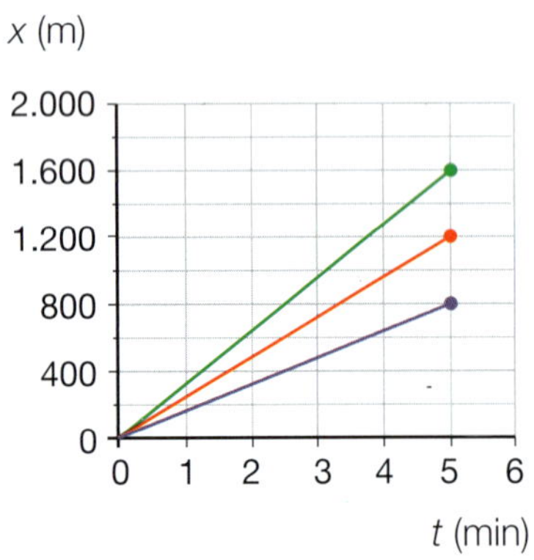

El gràfic següent mostra el moviment de tres bicicletes que surten del mateix punt.

a | Com és el moviment de les bicicletes, uniforme o variat? Justifiqueu la resposta.

b | Sense fer cap càlcul, justifiqueu quina de les bicicletes té una velocitat més gran.

c | Calculeu la velocitat de cadascuna de les bicicletes.

ACTIVITATS

2 Quina velocitat, mitjana o instantània, mesura el velocímetre d'un cotxe?

3 Calcula les velocitats mitjanes, en km/h dels éssers vius següents:

	Falcó	Guepard	Orca	Dofí	Cargol
Δx (m)	100	100	100	100	1
Δt (s)	1	3	6	9	50

4 Un cotxe va de Madrid a València (360 km) en 3 hores i mitja. Expressa'n la velocitat mitjana en km/h i en unitats del SI.

5 Amb les dades de la taula:

a) Construeix el gràfic *x*-*t*.

b) Calcula la velocitat mitjana en cada interval de temps.

c) Es tracta d'un moviment uniforme o variat?

d) Què vol dir que una velocitat mitjana doni zero?

t (h)	0	0,5	1,5	2	4
x (km)	0	3	3	1,7	0

1.4 L'acceleració

Per acabar de descriure el moviment cal definir també el ritme de canvi de la velocitat, és a dir, **l'acceleració**.

Interpreteu i deduïu

Amb ajuda d'un *smartphone* estudieu la velocitat de dos objectes si s'han obtingut els gràfics *v*-*t* (velocitat-temps) següents:

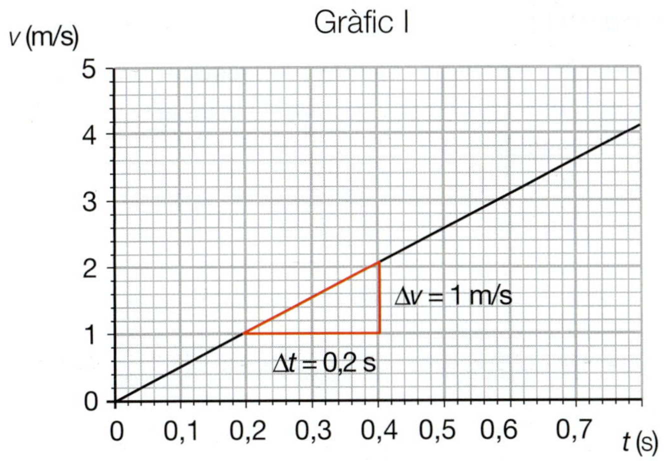

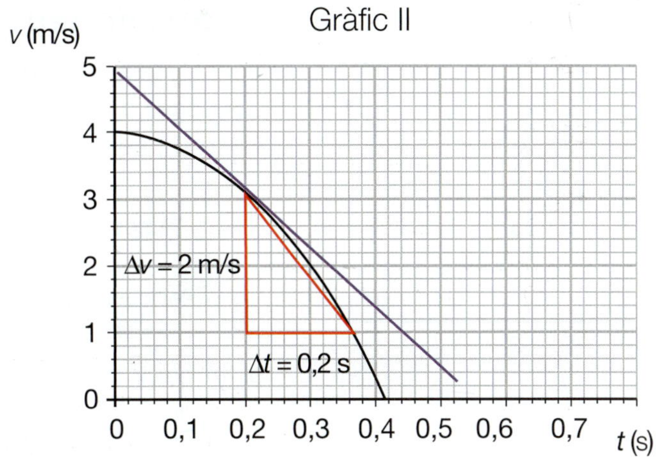

a | L'**acceleració mitjana**, $\boldsymbol{a}_m$, es defineix com $\boldsymbol{a}_m = \frac{\Delta v}{\Delta t}$. En quines unitats de SI s'expressa l'acceleració?

b | Calculeu les acceleracions mitjanes de cada mòbil en els intervals de temps indicats en els gràfics?

c | Què vol dir que l'acceleració mitjana és positiva? I negativa?

d | Quin és el pendent del gràfic (I)?

e | Comparant el valor del pendent del gràfic (I) amb el valor de l'acceleració mitjana que heu calculat, expliqueu com podem calcular l'acceleració mitjana a partir del gràfic velocitat-temps.

f | L'**acceleració instantània**, ***a***, és l'acceleració que experimenta un mòbil en cada instant de temps. En quin dels dos moviments l'acceleració instantània és sempre igual? Justifiqueu la resposta.

ACTIVITATS

6 Una manera de mesurar la potència d'un vehicle és calculant el temps que tarda en assolir certa velocitat. Si un vehicle passa de 0 km/h a 100 km/h en 10 s i un altre ho fa en 3 s, quin és més potent? Quina acceleració té cadascun? Expressa els resultats en unitats del SI.

7 Un motorista que surt del repòs assoleix una velocitat de 40 m/s en 9 s. Després frena fins a aturar-se en 18 s. Quina és l'acceleració en cada cas? Comenta els signes dels resultats obtinguts.

8 El gràfic mostra el moviment d'una motocicleta.

a) Justifica en quins trams el moviment és uniforme i en quins és variat.

b) Calcula l'acceleració mitjana en cada tram.

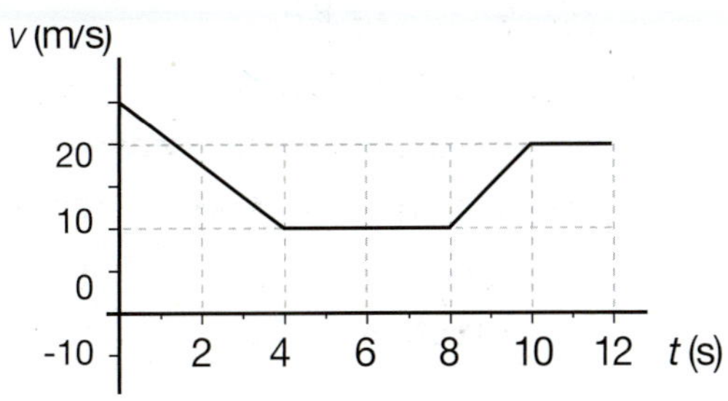

Activitats interactives

Activitat de síntesi

2. El moviment rectilini uniforme

En la vida quotidiana sovint apareix un tipus de moviment en què la velocitat és sempre la mateixa: un tren en una via recta, un avió amb velocitat de creuer, una bola de billar... Tots aquests mòbils, durant una part del seu recorregut, tenen un moviment rectilini uniforme (MRU). Però, què vol dir que el moviment d'un mòbil és rectilini i uniforme i quina equació el descriu?

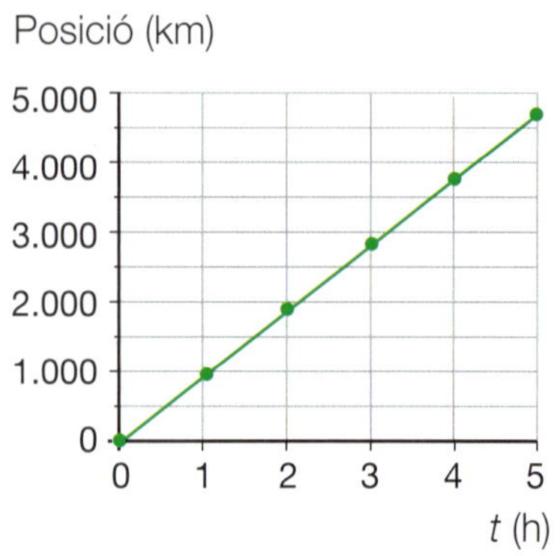

Interpreteu i deduïu

Un avió, després d'enlairar-se, es mou amb un moviment rectilini i uniforme. Les dades d'aquesta part del moviment estan recollides a la taula i representades al gràfic *x*-*t* de l'esquerra.

Temps (h)	0	1	2	3	4	5
Posició (km)	0	950	1.900	2.850	3.800	4.750

a | A partir del gràfic justifiqueu que l'avió es mou amb velocitat constant. Quina és la velocitat de l'avió?

b | Com és la trajectòria i la velocitat en un MRU?

c | El gràfic x-*t* (posició – temps) d'un MRU és una recta. Quina relació hi ha entre aquesta recta i la velocitat?

d | En el MRU, com són la velocitat mitjana i la instantània? Justifiqueu la resposta.

e | A partir de la definició de velocitat $v = \frac{\Delta x}{\Delta t}$ deduïu l'**equació de la posició** o **equació del moviment** d'un MRU:

$$v = \frac{\Delta x}{\Delta t} = \ldots \Rightarrow \boldsymbol{x = x_0 + v \cdot (t - t_0)}$$

f | Indiqueu què representen les lletres de l'equació del moviment d'un MRU.

g | Quin serà el valor de t_0 en el cas que el mòbil parteixi del repòs? Quina serà l'expressió de l'equació del moviment en aquest cas?

Exercici resolt

1. La Laia va de casa seva a l'escola, que és a 3 km, en bicicleta amb una velocitat de 12 km/h. Quant temps tarda a arribar-hi?

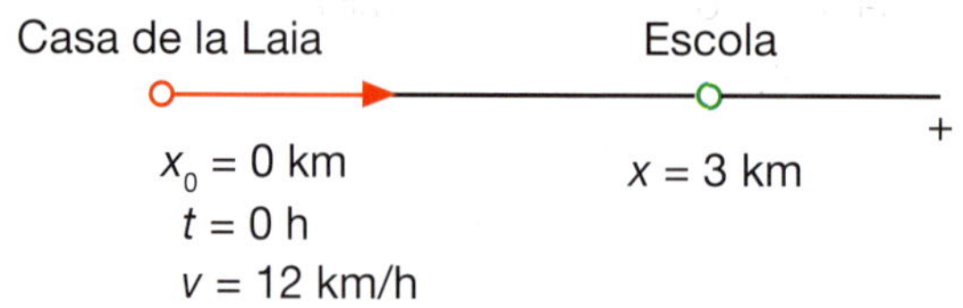

$$x = x_0 + v \cdot (t - t_0)$$

$$3\ \text{km} = 0 + 12\ \frac{\text{km}}{\text{h}} \cdot t$$

$$t = \frac{3\ \text{km}}{12\ \text{km/h}} = 0{,}18\ \text{h} = 0{,}18\ \cancel{\text{h}} \cdot \frac{60\ \text{min}}{1\ \cancel{\text{h}}} = \mathbf{10{,}8\ min}$$

2.1 Els gràfics en el MRU

Interpreteu i concloeu

Observeu aquests gràfics i responeu a les preguntes següents:

a | Justifiqueu que aquests gràfics velocitat-temps corresponen a moviments rectilinis uniformes.

b | Quin valor té la velocitat en el gràfic A? I en el gràfic B? Què creieu que indica el signe negatiu?

c | Calculeu el desplaçament realitzat pel mòbil A al cap de 4 segons. Coincideix amb l'àrea pintada entre la recta i l'eix de les abscisses? Feu el mateix per al mòbil B.

d | Quina informació podem extreure del gràfic v-t d'un MRU?

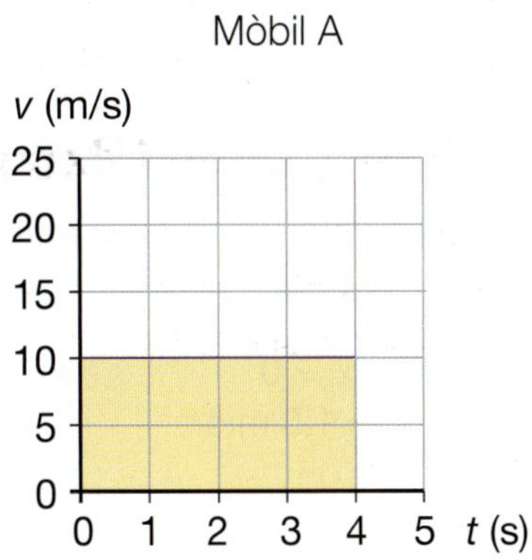

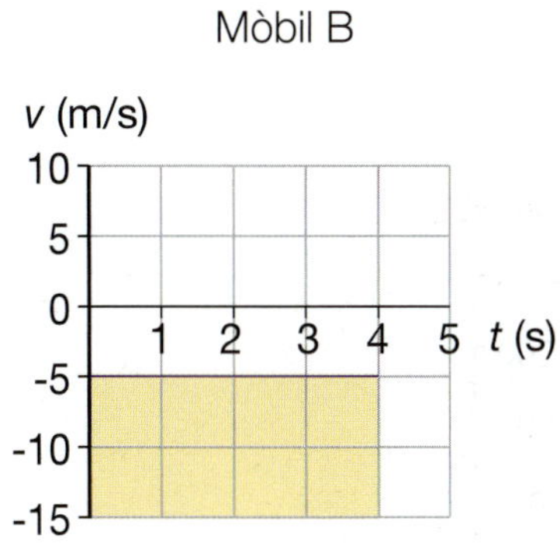

Interpreteu i concloeu

Observeu aquests gràfics i responeu a les preguntes següents:

a | Justifiqueu que aquests gràfics posició-temps corresponen als mòbils A i B de l'activitat anterior.

b | Quina és la posició inicial i final del mòbil A? I la posició inicial i final del mòbil B?

c | En quin sentit es desplaça el mòbil A? I el mòbil B?

d | Comproveu que la velocitat correspon al pendent del gràfic x-t.

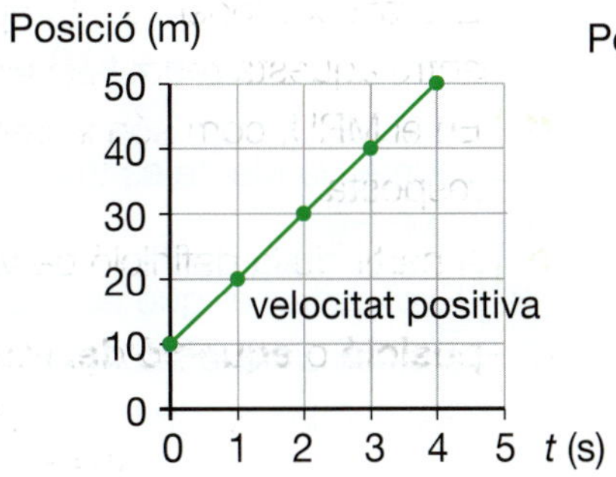

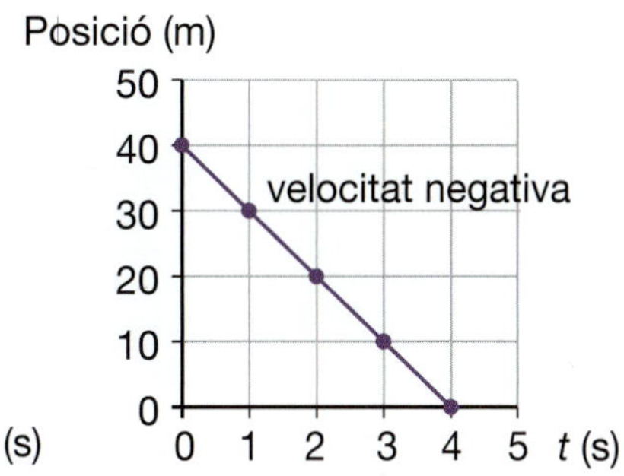

ACTIVITATS

9 Un motorista passa per un semàfor en verd. Si se sap que es desplaça 500 m cada minut:

a) Quina és la velocitat del motorista?

b) Si manté aquesta velocitat, quina serà la posició del motorista respecte del semàfor mitja hora després de passar pel seu costat?

c) Amb aquesta velocitat, quant temps tardarà a recórrer 3 km?

10 Un cotxe de joguina teledirigit es desplaça per damunt d'una pista a una velocitat de 30 cm/s. Sabent que ha arrencat d'un punt que es troba a 3 m de l'origen, determina:

a) L'equació del moviment.

b) El temps que tarda a recórrer 1,5 m.

c) La posició del cotxe 20 s després d'arrencar.

d) Construeix els gràfics x-t i v-t.

11 En desplaçar-se al llarg d'una trajectòria rectilínia, un mòbil descriu un moviment representat per aquest gràfic x-t.

a) Descriu el moviment del mòbil en cada tram.

b) Calcula la velocitat en cada tram.

c) Explica per què el moviment global no correspon a un MRU.

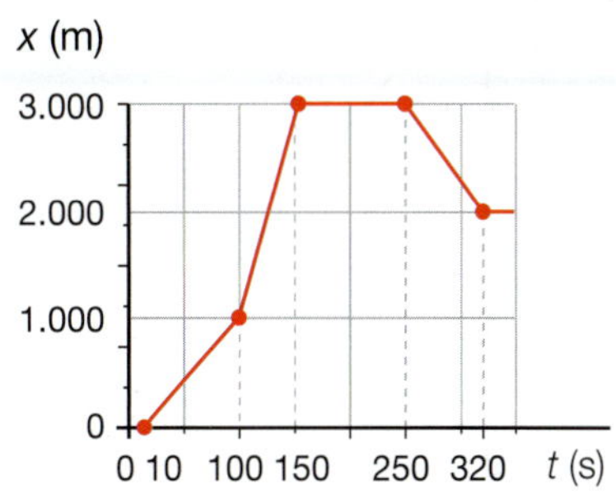

2.2 Moviment de dos mòbils en la mateixa direcció i sentit contrari

Analitzeu la resolució d'un problema

En Jaume i la Mercè viuen al mateix carrer, a una distància de 1.200 m l'un de l'altre. Decideixen trobar-se. La Mercè surt de casa a les 10 h a 1,5 m/s. Un minut més tard, en Jaume surt amb la seva bici cap a casa de la Mercè a una velocitat de 18 km/h. On es trobaran i a quina hora?

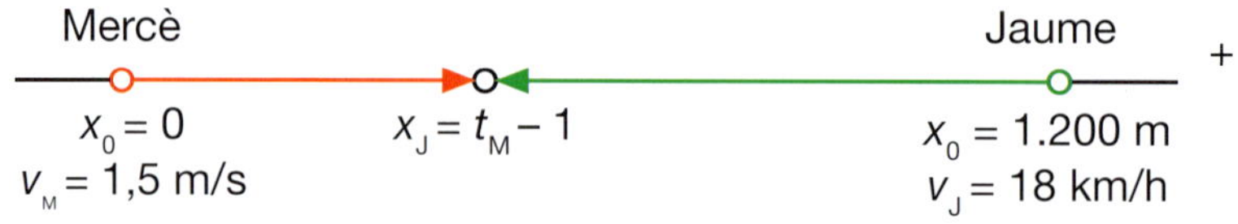

Agafem com a origen la casa de la Mercè.

$$18\,\frac{\text{km}}{\text{h}} = 18\,\frac{\text{km}}{\text{h}} \cdot \frac{1\,\text{h}}{60\,\text{min}} \cdot \frac{1.000\,\text{m}}{1\,\text{km}} = 10{,}8\ \text{min}$$

$$x_M = x_0 + v_M \cdot (t_M - t_0) = 0 + 1{,}5 \cdot t_M$$

$$x_j = x_0 + v_j \cdot (t_j - t_0) = 1.200 - 5 \cdot (t_M - 60)$$

$$t_M = 230{,}8\ \text{s} \cdot \frac{1\ \text{min}}{60\ \text{s}} = 3{,}85\ \text{min}\ ;\ x_M = \mathbf{346{,}15\ m}$$

En Jaume i la Mercè es troben a les 10 h i 3,85 minuts a 346,15 m de casa de la Mercè.

a | Expliqueu per què és important començar el problema dibuixant un esquema de la situació.
Per què la velocitat d'en Jaume es considera negativa?

b | Per quin motiu s'aplica, per a cada mòbil, l'equació del moviment d'un MRU?

c | Què significa l'expressió (t_M – 60) que apareix a la segona equació del moviment?

d | Expliqueu pas a pas com s'ha resolt el problema.

Interpreteu un gràfic

A partir de les equacions del moviment del problema anterior obtenim una taula de valors amb els qual construïm els gràfics *x*-*t* (posició-temps) següents.

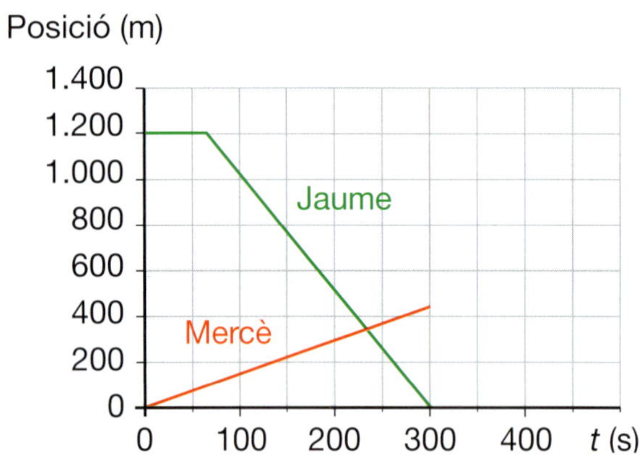

a | Quina informació us donen els pendents sobre el tipus de moviment i el signe de la velocitat?

b | De quina manera el gràfic us indica que en Jaume està aturat durant 60 s?

c | El punt on es tallen els dos gràfics indica de manera gràfica la posició i l'instant on es troben en Jaume i la Mercè.
Comenteu la precisió dels resultats obtinguts gràficament comparats amb els que heu obtingut amb la resolució de les equacions del moviment.

2.3 Moviment de dos mòbils en la mateixa direcció i sentit

Interpreteu i calculeu

Un autobús i un cotxe es desplacen al llarg d'una carretera rectilínia d'acord amb el gràfic següent:

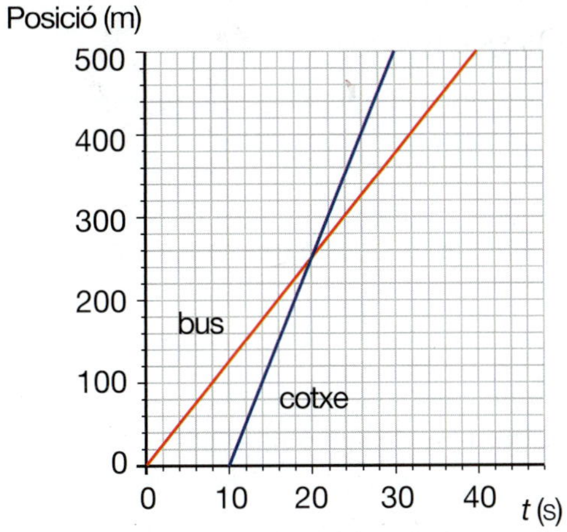

a | Tenen la mateixa posició inicial? Han iniciat el moviment tots dos alhora? Justifiqueu les respostes.

b | Els dos vehicles es mouen en el mateix sentit o en sentit contrari? Com ho sabeu?

c | Sense fer cap càlcul, quin va a més velocitat?

d | Expliqueu què faríeu per calcular la velocitat de cada vehicle. Feu el càlcul.

e | Redacteu l'enunciat d'un problema que descrigui la situació plantejada i resoleu-lo utilitzant les equacions del moviment.

ACTIVITATS

12 Ets al carrer i veus 100 m davant teu una amiga que està corrent. Li vols donar una sorpresa i et poses a córrer a 17 km/h. Si la teva amiga corre a 10 km/h, quan l'atraparàs? Quin distància haurà recorregut la teva amiga fins al punt on l'atraparàs?

13 Un veler surt de Ciutadella (Menorca) en direcció al port de Barcelona a una velocitat, que se suposa constant, de 6 nusos. Un altre vaixell surt en el mateix moment de Barcelona cap a Ciutadella a una velocitat de 25 nusos.

a) Quant triga el primer vaixell a arribar? I el segon?

b) En quin moment i en quin punt es trobaran? Distància Barcelona-Ciutadella: 112 milles nàutiques. El nus és una unitat de velocitat utilitzada en navegació que equival a 1 milla nàutica per hora.

14 En Dani surt en bicicleta de casa seva cap a l'escola a una velocitat de 15 km/h. Quan ja ha fet 2 km es creua amb la Judit, que torna caminant a una velocitat de 6 km/h. Resulta que, casualment, tots dos havien iniciat els seus trajectes a la mateixa hora. Quina és la distància que hi ha entre la casa d'en Dani i l'escola?

15 Uns lladres roben un cotxe i fugen a una velocitat de 140 km/h. Un cotxe de policia que es trobava a 5 km del lloc dels fets rep l'avís del robatori 5 minuts després i surt a perseguir els lladres a 180 km/h. Quant trigarà la policia a atrapar-los? A quina distància del lloc del robatori els atraparà?

Activitats interactives
Activitat de síntesi

3. El moviment rectilini uniformement accelerat

Un avió en el moment d'enlairar-se o aterrar i un atleta dels 100 m llisos que comença a córrer són exemples de mòbils que tenen, durant una part del seu recorregut, un moviment rectilini uniformement accelerat (MRUA). Però, que vol dir que el moviment d'un mòbil és rectilini uniformement accelerat i quines equacions el descriuen?

Interpreteu i deduïu

En frenar, es pot considerar que un cotxe descriu un moviment **rectilini uniformement accelerat** (**MRUA**). Si s'analitza el seu moviment s'obté aquest gràfic:

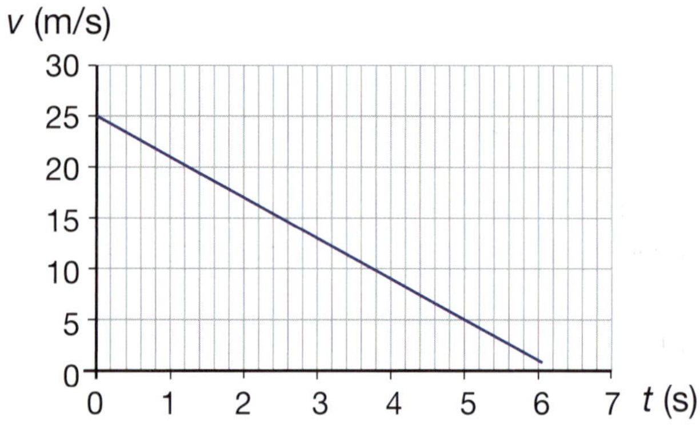

a | Quant val l'acceleració mitjana entre els instants $t = 0$ i $t = 5$ s?

b | Justifiqueu, a partir del gràfic, que l'acceleració és constant.

c | Completeu les frases següents:

Un mòbil es desplaça segons un MRUA quan la seva trajectòria és una línia ______ i l'acceleració és ______.

El gràfic *v*-*t* (velocitat-temps) d'un MRUA és una recta, el pendent de la qual correspon a l'______.

d | A partir de la definició de l'acceleració $a = \frac{\Delta v}{\Delta t}$ deduïu l'**equació de la velocitat** d'un MRUA:

$$\mathbf{v = v_0 + a \cdot (t - t_0).}$$

Deduïu i feu una cerca

L'àrea del gràfic *v*-*t* (velocitat-temps) permet determinar el desplaçament fet per un mòbil.

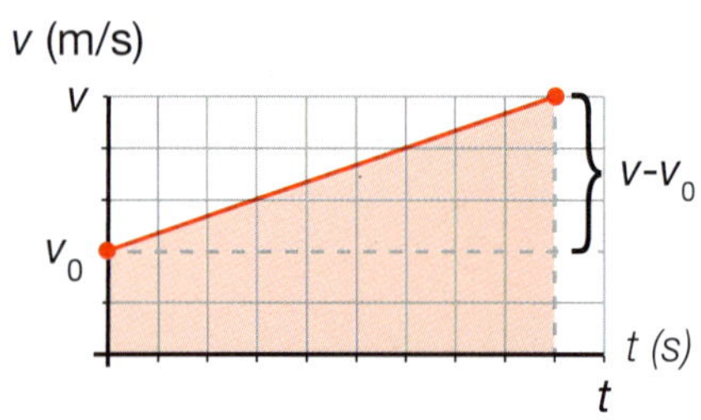

a | Fixeu-vos que l'àrea sota la recta és la suma de les àrees d'un rectangle i d'un triangle. Utilitzant aquest fet i que $v - v_0 = a \cdot t$, deduïu l'**equació de la posició o del moviment** d'un MRUA.

$$\mathbf{x = x_0 + v_0 t + \frac{1}{2} a t^2}$$

b | Cerqueu informació sobre les paràboles. Expliqueu per què l'equació de la posició d'un MRUA és una paràbola.

Apliqueu una equació

A partir de l'equació de la velocitat i la de la posició d'un MRUA es pot deduir l'equació:

$$v^2 = v_0^2 + 2 \cdot a \cdot (x - x_0)$$

a | Resoleu el problema següent: un cotxe es desplaça a 100 km/h i frena amb una acceleració de 4 m/s². Quina distància necessita per aturar-se completament?

b | Redacteu un text per explicar pas a pas a un company o companya de classe com heu resolt el problema.

Analitzeu i compareu

Dos cotxes de F1 arriben al final d'una recta i frenen. La telemetria dels equips mostra els gràfics *v-t* (velocitat-temps) següents:

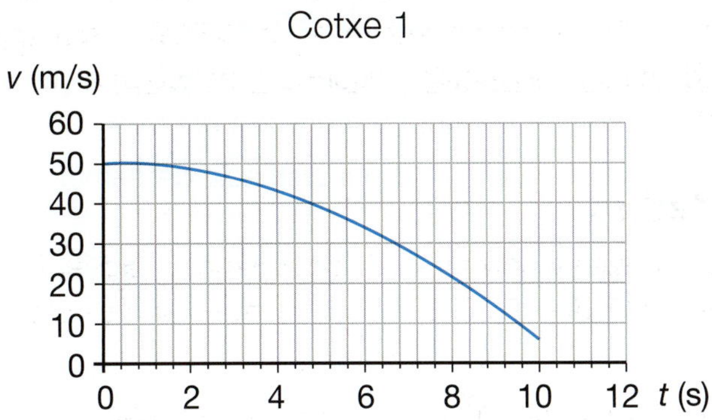

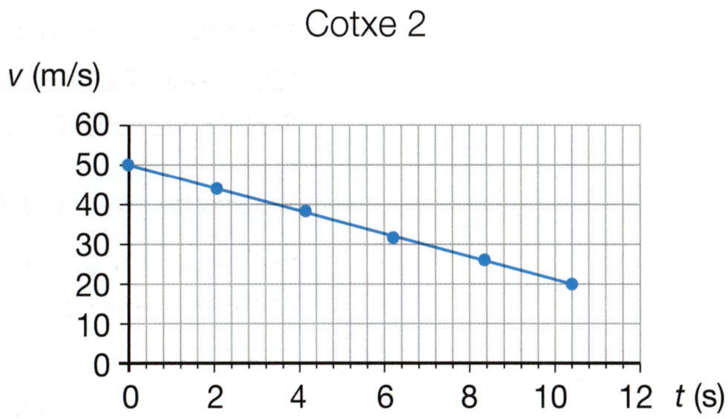

a | Observeu els gràfics i justifiqueu si la frase següent és certa o falsa:

Tots els moviments variats són uniformement accelerats.

b | Justifiqueu quin dels dos vehicles frena seguint un MRUA. Quant val la seva acceleració?

c | Construïu el gràfic *x-t* (espai-temps) del moviment que segueix un MRUA. Descriviu la forma del gràfic que obteniu.

d | Calculeu el desplaçament del cotxe que ha frenat segons un MRUA.

ACTIVITATS

16 Un mòbil té un moviment descrit per l'equació de moviment $x = 1 + t + 2 \cdot t^2$

a) Quan val la posició inicial? I la velocitat inicial? I l'acceleració?

b) Representa el gràfic *x-t* (posició-temps). Quin tipus de gràfic has obtingut?

17 Un cotxe passa per un punt quilomètric d'una carretera a 80 km/h amb una acceleració de 2 m/s². A quina distància estarà del punt quilomètric quan vagi a 120 km/h?

18 El catàleg d'un cotxe afirma que té una acceleració d'1,8 m/s².

a) Quant de temps tardarà en arribar a una velocitat de 90 km/h?

b) Si surt del repòs, quina distància haurà recorregut quan la seva velocitat sigui de 90 km/h?

c) Si pogués mantenir aquesta acceleració durant un minut, a quina velocitat arribaria?

19 Un cotxe que circula a 30 m/s per una carretera veu un obstacle al seu davant. Frena i s'atura en 12 segons.

a) Quina és l'acceleració de frenada del cotxe?

b) Quina distància recorre el cotxe en aquest temps?

c) Representa els gràfics *a-t* (acceleració-temps) i *v-t* (velocitat-temps) del moviment del cotxe.

20 Un corredor de 1.000 m llisos comença la cursa amb una acceleració de 2 m/s² fins a assolir una velocitat de 9 m/s. Manté aquesta velocitat durant 200 m i després comença a desaccelerar a un ritme de 0,05 m/s². Quant tarda a recórrer els 1.000 m?

21 Un mòbil es desplaça segons el gràfic *v-t* (velocitat-temps) adjunt.

a) Calcula l'acceleració en cada tram.

b) Quin és el desplaçament entre els instants 20 s i 50 s?

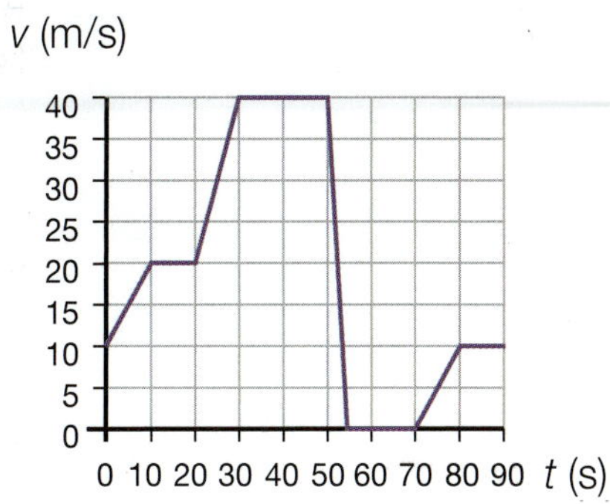

3.1 Moviment de dos mòbils en la mateixa direcció i el mateix sentit

Analitzeu la resolució d'un problema

Un camió passa per un semàfor a una velocitat constant de 8,3 m/s. En el semàfor, una moto arrenca amb una acceleració constant d'1 m/s².

Quant tardarà la moto a atrapar el camió? A quina distància del semàfor l'atraparà?

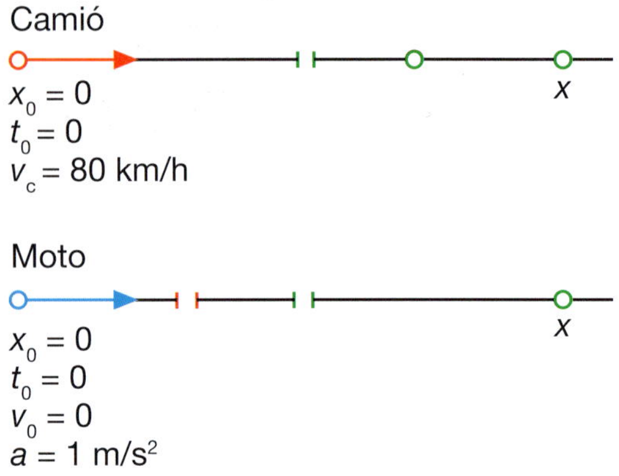

$$x_c = x_0 + v \cdot t = 0 + 8{,}3 \cdot t$$

$$x_m = x_0 + v_0 t + \frac{1}{2} a t^2 = 0 + 0 \cdot t + \frac{1}{2} \cdot 1 \cdot t^2$$

Quan dos mòbils es creuen, ocupen la mateixa posició, per tant: $x_c = x_m$

En igualar les dues equacions de posició, obtenim dues solucions: $t = 0$ s i $t = 12{,}6$ s.

Així doncs, la moto tarda **12,6 s** a atrapar el camió.

En substituir $t = 12{,}6$ s en qualsevol de les dues equacions de posició, obtenim la distància a la qual la moto atraparà el camió: a **137,8 m** del semàfor.

a | Per què s'utilitzen equacions de la posició diferents per a cada mòbil?

b | Per què es consideren les dues velocitats positives?

c | La solució $t = 0$ s també representa un punt en el qual els dos mòbils es troben. Quin és aquest punt?

Interpreteu i deduïu

Els gràfics següents pertanyen al moviment de dos cotxes per una autovia, que en l'instant $t = 0$ s passaven pel mateix lloc.

a | Expliqueu quin tipus de moviment té cada cotxe.

b | Justifiqueu que els dos cotxes es mouen en el mateix sentit.

c | A partir del gràfic determineu per a cada cotxe l'acceleració i el desplaçament en els primers 32 s.

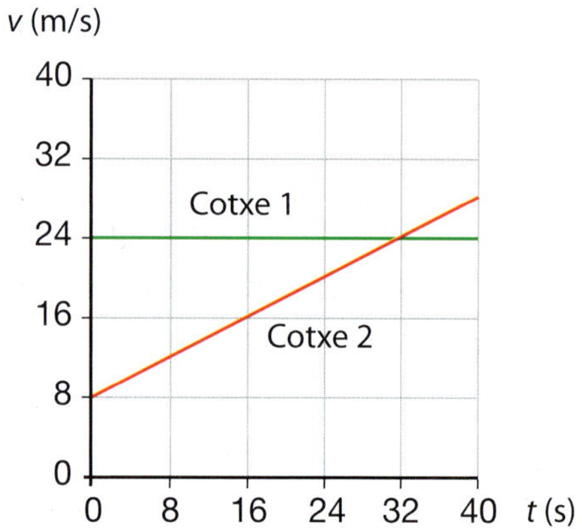

ACTIVITATS

22 Una moto passa per un punt a una velocitat constant de 60 km/h. Darrere seu, a 100 m, s'apropa un cotxe en la mateixa direcció i sentit a una velocitat de 30 km/h i amb una acceleració constant de 0,8 m/s². En quin moment i a quina distància el cotxe atraparà la moto?

23 Dos ciclistes situats a una distància de 50 m l'un de l'altre surten del mateix punt a la vegada. El primer ho fa amb una acceleració de 0,8 m/s² i el segon amb una acceleració d'1,2 m/s². Aconseguirà el segon ciclista atrapar el primer? Quan? On?

Activitats interactives

Activitat de síntesi

4. Les forces i el moviment

La **cinemàtica** és la part de la física que explica el moviment, però no n'explica les causes. D'estudiar les causes se n'ocupa la **dinàmica** amb ajuda de les lleis de Newton. Ara bé, saps com aplicar la segona llei de Newton per calcular acceleracions, velocitats i desplaçaments?

Analitzeu la resolució d'un problema

Un vehicle de 1.000 kg comença a moure's en línia recta empès pel seu motor, que li proporciona una força de 5.000 N, durant 10 s. Si el coeficient de fregament amb el terra és de 0,1 calculeu:

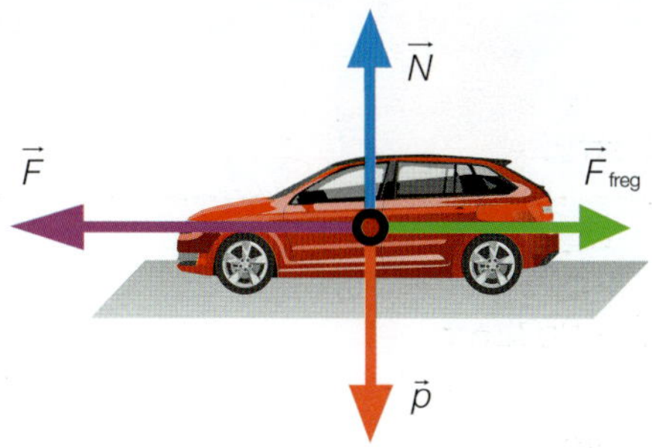

a | La velocitat que adquireix el vehicle.

b | El desplaçament que ha fet en aquests 10 s.

a)

$$N - p = 0$$

$$F - F_{freg} = m \cdot a$$

$$N = p = 1.000 \text{ kg} \cdot 9{,}8 \text{ m/s}^2 = 9.800 \text{ N}$$

$$F_{freg} = \mu \cdot N = 0{,}1 \cdot 9.800 \text{ N} = 980 \text{ N}$$

$$F = m \cdot a \Rightarrow a = \frac{F}{m} = \frac{5.000 \text{ N} - 980 \text{ N}}{1.000 \text{ kg}} = 4{,}02 \text{ m/s}^2$$

$$v = v_0 + a \cdot t = 0 + 4{,}02 \text{ m/s}^2 \cdot 10 \text{ s} = \mathbf{40{,}2\ m/s}$$

b)

$$x_m = x_0 + v_0 t + \frac{1}{2}at^2 = 0 + 0 \cdot t + \frac{1}{2} \cdot 4{,}02 \text{ m/s}^2 \cdot 100 \text{ s}^2 = \mathbf{201\ m}$$

- Quina llei de la física esteu utilitzant per calcular l'acceleració?
- Com és la direcció de l'acceleració comparada amb la de la força resultant?
- Justifiqueu, sabent que la força resultant és constant en direcció i sentit, que el mòbil descriu un moviment rectilini uniformement accelerat.
- Redacteu un text per explicar pas a pas a un company o companya de classe com s'ha resolt el problema.

ACTIVITATS

24 El motor d'un cotxe de 800 kg de massa exerceix una força de 1.500 N.

a) Calcula l'acceleració amb què arrenca.

b) Si manté l'acceleració durant 8 s, quina velocitat assoleix?

c) Quin ha estat el seu desplaçament en aquest temps?

25 En aterrar, un avió contacta amb la pista a 180 km/h i comença a frenar amb una acceleració de 4 m/s^2. Quina ha de ser la longitud mínima de la pista d'aterratge?

26 En el catàleg d'una moto s'indica que quan es desplaça a 50 km/h presenta un fregament de 100 N i quan va al doble de velocitat el fregament és de 300 N. Quina força ha de fer el motor en cada cas per mantenir la velocitat constant?

27 Un iot de 2.000 kg comença a navegar en línia recta empès pel seu motor, que li proporciona una força neta de 400 N, durant un minut. Després redueix la força per compensar la força de fregament amb l'aigua, i avança durant un altre minut. Quin espai ha recorregut en total?

28 Un cotxe viatja a 30 m/s per una carretera horitzontal. El coeficient estàtic de fregament entre la carretera i els pneumàtics és de 0,5 i el cinètic és igual a 0,3:

a) Determina la distància de frenada si el cotxe frena amb un sistema ABS, de manera que les rodes no llisquen.

b) Justifica la importància que un cotxe disposi de sistema ABS a l'hora de frenar.

Activitats interactives

Activitat de síntesi

5. El moviment de caiguda lliure

Un cos que cau pel seu propi pes des d'una certa altura segueix una trajectòria rectilínia i diem que té un moviment de caiguda lliure. Com és el moviment d'un cos que es mou verticalment a causa de la força gravitatòria?

Analitzeu el resultat d'un experiment i deduïu

Amb l'ajut d'un ordinador estudiem el moviment d'una pilota de bàsquet que llancem verticalment cap amunt amb una velocitat inicial de 20 m/s. Situem l'origen del sistema de referència en el punt de llançament i prenem l'eix Y positiu en sentit ascendent.

L'ordinador permet obtenir les dades següents:.

Temps (s)	0,0	0,5	1,0	1,5	2,0	2,5	3,0
Velocitat (m/s)	20,0	15,1	10,2	5,3	0,4	–4,5	–9,4

a | Feu el gràfic *v-t* del moviment de la pilota i justifiqueu a partir del gràfic que el moviment de la pilota és un MRUA.

b | Calculeu l'acceleració que experimenta la pilota en el seu moviment.

c | En el seu moviment, la pilota passa per tres situacions: A, quan està pujant; B, quan està a dalt de tot i C, quan baixa. Completeu la taula:

Situació	**Sentit del vector acceleració**	**Valor de l'acceleració**	**Sentit del vector velocitat**
A (pujant)			
B (a dalt de tot)			
C (baixant)			

Deduïu una equació

Durant la caiguda lliure només actua la força de la gravetat. Així:

$$p = m \cdot g \qquad m \cdot a = m \cdot g \qquad a = g = -9{,}8\ \text{m/s}^2$$

a | Quina llei física esteu utilitzant per obtenir que $a = g$?

b | Per què l'acceleració és negativa?

c | L'acceleració del moviment de caiguda lliure depèn de la massa? Raoneu la resposta.

d | En una caiguda lliure, l'acceleració del mòbil, *a*, és igual a l'**acceleració de la gravetat**, *g*. Si actués una força de fregament, com seria l'acceleració del mòbil comparada amb l'acceleració de la gravetat *g*?

Deduïu i justifiqueu

Justifiqueu els passos que se segueixen per arribar a les següents equacions vàlides per a un moviment de caiguda lliure:

$$y = y_0 + v_0 t + \frac{1}{2}at^2 = y_0 + v_0 t + \frac{1}{2}gt^2 = y_0 + v_0 t + \frac{1}{2}9{,}8t^2$$

$$v = v_0 + at = v_0 + gt = v_0 - 9{,}8t$$

$$v^2 = v_0^2 + 2a(x - x_0) = v_0^2 + 2g(x - x_0) = v_0^2 + 2 \cdot 9{,}8(y - y_0)$$

Analitzeu la resolució d'un problema

Llanceu una pilota cap amunt amb una velocitat inicial de 8 m/s.

a | Quina és l'altura màxima a què arribarà?

b | Quant tardarà a tornar a les vostres mans?

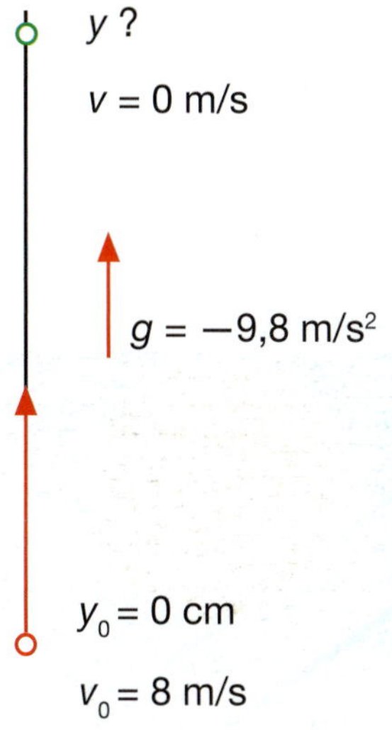

a) $y = y_0 + v_0 t \Rightarrow 0 = 8\ \text{m/s} + \left(-9{,}8\ \text{m/s}^2\right) \cdot t = \dfrac{-8\ \text{m/s}}{-9{,}8\ \text{m/s}^2} = 0{,}8\ \text{s}$

$y = y_0 + v_0 t + \dfrac{1}{2} a t^2$

$y = 0 + 8\ \text{m/s} \cdot t + \dfrac{1}{2} \cdot \left(-9{,}8\ \text{m/s}^2\right) \cdot 0{,}8^2\ \text{s} = \mathbf{3{,}3\ m}$

b) $y = y_0 + v_0 t + \dfrac{1}{2} a t^2$

$0 = 0 + 8\ \text{m/s} \cdot t + \dfrac{1}{2} \cdot \left(-9{,}8\ \text{m/s}^2\right) \cdot t^2$

La resolució d'aquesta equació de segon grau té dues solucions, $t = 0$ s i $t =$ **1,6 s**, que és el temps que la pilota tardarà a tornar a les vostres mans.

- Per què es pren el valor de g com a negatiu?
- Per què en el punt més alt de la trajectòria la velocitat és zero?
- Si compareu el temps de pujada amb el temps total que ha tardat la pilota a tornar a les vostres mans, què observeu?

ACTIVITATS

29 L'enxaneta d'una colla castellera cau des d'11 m d'altura quan el castell que acaba de carregar fa llenya. Calcula amb quina velocitat impacta sobre els companys que fan la pinya, a 1,80 m de terra.

30 Es llança una pilota de tennis verticalment cap amunt amb una velocitat de 15 m/s.

a) Quant tarda a arribar a l'altura màxima?

b) Quina és aquesta altura?

31 Calcula amb quina velocitat impactarà un paquet que es deixa caure des del terrat d'un edifici de 15 pisos. (Considera que cada pis té 3 m d'altura.) −29,7 m/s

32 Un saltador d'altura té una marca personal de 2,40 m. Determina la velocitat amb què ha saltat verticalment per arribar a aquesta marca. 6,8 m/s

33 Una grua aixeca un palet de sacs de ciment amb una velocitat de 5 m/s. Quan es troba a 6 m d'altura un dels sacs cau: 1'75 11,7 m

a) Quant temps tarda el palet a arribar a terra?

b) Amb quina velocitat impacta el sac a terra?

34 Deixes anar una pedra des d'una certa altura que xoca amb l'aigua. Justifica quin dels gràfics següents representa aquest moviment de caiguda lliure.

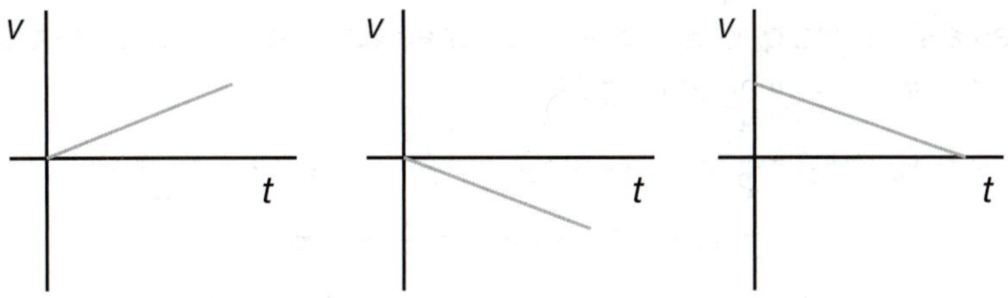

Activitats interactives

Activitat de síntesi

6. El moviment circular uniforme

Les busques d'un rellotge, la roda d'un parc d'atraccions o el moviment de rotació de la Terra són exemples de moviment circular i uniforme (MCU). Però, què vol dir que el moviment d'un mòbil és circular i uniforme i quina equació el descriu?

6.1 Posició, desplaçament angular i longitud d'arc

El desplaçament d'un mòbil sobre una circumferència es pot indicar per mitjà del **desplaçament angular** o **angle recorregut** $\Delta\varphi$ o **del desplaçament lineal** o **longitud d'arc** Δs.

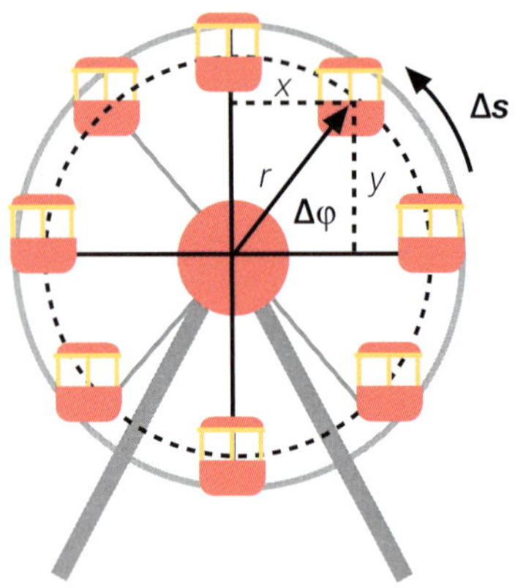

Observeu i deduïu

Una roda de fira està girant. Si us fixeu en una de les cabines, la seva posició es pot indicar amb les coordenades *x* i *y*.

a | Justifiqueu que per indicar la **posició** de la cabina també es pot utilitzar el radi *r* i l'angle φ.

b | En quines unitats del SI es mesura la longitud d'arc?

c | Utilitzant el concepte de **desplaçament angular**, expliqueu com es pot saber que la cabina està girant.

Apliqueu una definició i deduïu

En el SI, els angles es mesuren en una unitat anomenada **radian** (**rad**). Un radian és l'angle que cal recórrer perquè la longitud d'arc sigui igual al radi, és a dir, que un radian equival a la longitud d'un radi.

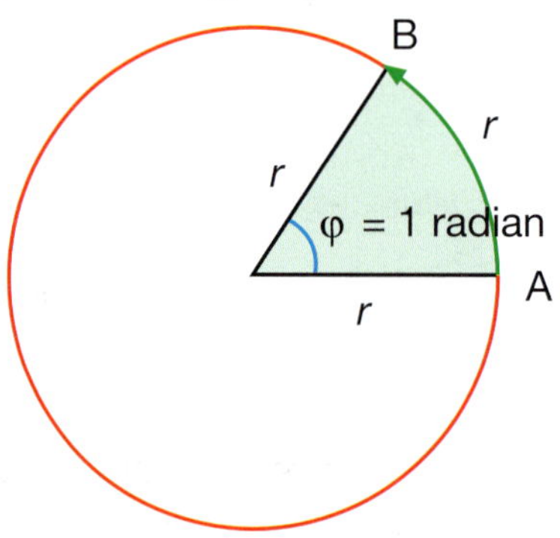

a | Completeu la taula següent:

Δs (m)	r	$2r$	$3r$	$4r$
Δφ (rad)				

b | Justifiqueu a partir de la taula que $\Delta s = \Delta\varphi \cdot r$

ACTIVITATS

35 La longitud d'una circumferència és $L = 2\pi r$ on r és el radi de la circumferència. Justifica el factor de conversió següent: 360° = 2π rad.

36 Fes els següents canvis d'unitats de graus a radians: 30°, 45°,60°, 90°, 180°.

37 Fes els següents canvis d'unitats de radians a graus: π, 3π/4, 7π/3; 2π/3; 5π.

6.2 Velocitat angular i velocitat lineal

La **velocitat angular** (ω) és l'angle que el mòbil recorre per unitat de temps.

En un MCU també el desplaçament es pot mesurar utilitzant la longitud d'arc, llavors parlem de **velocitat lineal**, que és l'espai recorregut per unitat de temps.

Deduïu

Per analogia amb el moviment rectilini, la **velocitat angular mitjana** es defineix com:

$$\omega_m = \frac{\Delta\varphi}{\Delta t} = \frac{\varphi - \varphi_0}{t - t_0}$$

En el cas que el moviment sigui circular uniforme (MCU), aquesta velocitat angular és constant, de manera que $\omega_m = \omega$, en què ω és la **velocitat angular instantània**.

Quines són les unitats de la velocitat angular? Raoneu la resposta.

Construïu un gràfic i deduïu

En estudiar el moviment d'un mòbil que descriu una trajectòria circular s'obtenen les dades següents:

Temps (s)	0	1	2	3	4	5	6
φ (rad)	0	10	20	30	40	50	60

a | Representeu en un gràfic, l'angle (eix d'ordenades) en funció del temps (eix d'abscisses).

b | Quina és la velocitat angular mitjana entre els instants t = 3 s i t = 2 s? I entre els instants t = 5 i t = 3 s?

c | Justifiqueu que el moviment representat al gràfic correspon a un MCU.

d | A partir de l'equació que permet calcular la velocitat angular, $\omega = \frac{\Delta\varphi}{\Delta t}$ deduïu l'equació de la posició per a un MCU, $\boldsymbol{\varphi = \varphi_0 + \omega \cdot (t - t_0)}$

Analitzeu i deduïu

En el gràfic següent s'ha representat la velocitat angular d'un mòbil que descriu una trajectòria circular en funció del temps.

a | Quina és la velocitat angular als 2 s? I als 4 s? I als 6 s?

b | Quin desplaçament angular ha fet en els 5 primers segons?

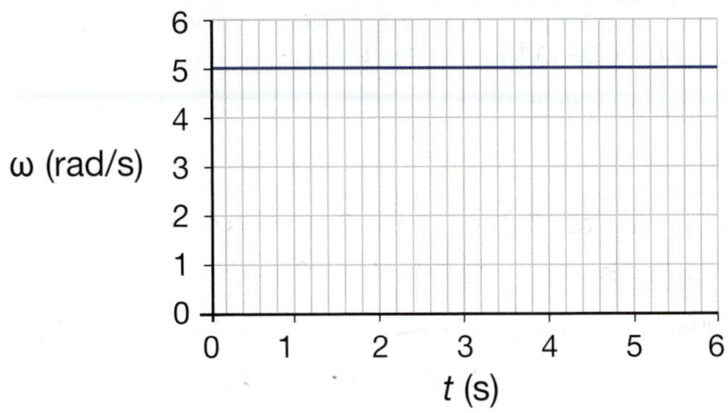

Deduïu una fórmula

La velocitat lineal ve donada per l'equació:

$$v = \frac{\Delta s}{\Delta t}$$

a | Aquesta velocitat lineal és constant en un moviment circular uniforme? Raoneu la resposta.

b | Justifiqueu els passos que se segueixen per arribar a l'expressió que relaciona la velocitat lineal amb la velocitat angular:

$$s = \varphi \cdot r \Rightarrow \frac{\Delta v}{\Delta t} = \frac{\Delta v}{\Delta t} \cdot r \Rightarrow \boldsymbol{v = \omega \cdot r}$$

6.3 Període i freqüència

El **període**, ***T***, és el temps que tarda el mòbil a fer una volta.

La **freqüència**, ***f***, és el nombre de voltes que fa el mòbil en un segon.

Deduïu i feu una cerca

A partir de la informació següent deduïu una expressió matemàtica per calcular el període i la freqüència d'un mòbil que té un MCU.

Una roda de fira fa dues voltes en un minut.

a | En quines unitats del SI es mesura el període? I la freqüència?

b | Quin és el valor del període i la freqüència de la roda de fira?

Deduïu una equació

Justifiqueu els passos que se segueixen per arribar a l'equació que relaciona la velocitat angular d'un MCU amb el període:

$$\omega = \frac{\Delta \varphi}{\Delta t} = \frac{2\pi}{T} = 2\pi \cdot \frac{1}{T} = 2\pi f$$

ACTIVITATS

38 Un cos gira seguint un MCU amb una freqüència de 200 Hz.

a) Quin és el seu període?

b) Quina és la velocitat angular d'aquest cos?

c) Quin angle, en radians, descriurà en 20 s?

39 Es fa girar un objecte lligat a una corda amb una velocitat de 2 rad/s. Si la longitud de la corda és de 0,75 m, calcula:

a) La velocitat lineal de l'objecte.

b) L'angle recorregut per l'objecte en 1 minut.

c) El nombre de voltes que ha fer l'objecte.

40 La Lluna gira al voltant de la Terra amb una trajectòria que es pot considerar circular. Sabent que la distància entre els dos astres és de 384.400 km i que el període del seu moviment és de 27,3 dies, calcula la velocitat angular i la velocitat lineal de la Lluna.

6.4 L'acceleració i la força centrípeta

L'acceleració present en un MCU s'anomena **acceleració centrípeta** o **acceleració normal**. Aquesta acceleració és un vector dirigit cap al centre i es calcula amb l'equació següent:

$$a_c = \frac{v^2}{r}$$

En què *r* és el radi de la trajectòria i *v* la velocitat lineal.

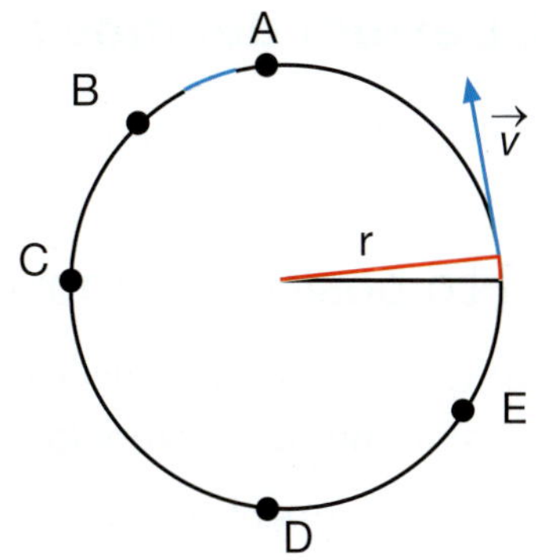

Interpreteu i dibuixeu

En un interval de temps Δt molt petit, un mòbil que descriu un MCU ha recorregut un arc Δs molt petit que fa que es pugui considerar que en aquest interval de temps el mòbil ha seguit un MRU. Això fa que el vector velocitat lineal sigui tangent a la circumferència.

a | Justifiqueu que en un MCU, el mòdul del vector velocitat és sempre igual.

b | Dibuixeu el vector velocitat lineal en els diferents punts A, B, C, D i E.

c | Justifiqueu per què en un MCU hi ha acceleració. Podeu consultar el web.

Deduïu una equació

Justifiqueu els passos que cal seguir per escriure l'equació que permet calcular la **força centrípeta** o **força normal**:

$$F_c = m \cdot a_c = m \cdot \frac{v^2}{r}$$

ACTIVITATS

41 Un cotxe de 1.150 kg de massa agafa un revolt de 60 m de radi a 75 km/h. Quant val la força centrípeta?

42 Una roda de fira de 40 m de diàmetre gira seguint un MCU amb un període de 60 s.

a) Quina és la velocitat lineal de les persones que hi ha a la roda?

b) Estan accelerant? Si ho fan, amb quina acceleració?

43 Es fa girar un objecte de 200 g amb ajuda d'una corda de 90 cm de longitud sobre la superfície d'una taula. Si l'objecte fa dues voltes en un segon i se suposa que no hi ha fregament, quina és la tensió de la corda?

44 Una rentadora centrifuga la roba amb una velocitat angular de 900 rpm. Si el radi del cilindre és de 30 cm:

a) Quina és la velocitat lineal d'una peça de roba?

b) Si la peça de roba té una massa de 200 g, quina és la força centrípeta que actua sobre ella?

45 En agafar un cotxe de 700 kg un revolt de 60 m de radi, sobre les rodes del vehicle actua una força de fregament dirigida cap al centre del revolt. Si el coeficient de fregament estàtic entre les rodes i el terra és de 0,8:

a) Quant val la força de fregament?

b) A quina velocitat màxima pot agafar el revolt?

c) Què passarà si l'agafa a més velocitat?

Activitats interactives
Activitat de síntesi

PER ESTUDIAR

1. L'estudi del moviment

Un cos es mou quan canvia de posició al llarg del temps.

1.1 La posició i el moviment

Per descriure el moviment d'un cos, s'ha de fer servir un **sistema de referència**:

- Si el moviment ocorre en **una direcció**, n'hi haurà prou amb un sistema de referència compost per un **eix i un origen de coordenades** (O), que prenem com a punt de referència.
- Si el moviment ocorre en un **pla**, necessitarem **dos eixos de coordenades perpendiculars**, X i Y, la intersecció dels quals és l'origen de coordenades (O), que prenem com a punt de referència.

El lloc en què es troba un cos respecte del sistema de referència s'anomena **posició**. La posició s'indica mitjançant nombres anomenats **coordenades**.

Diem que un cos, anomenat **mòbil**, es mou quan **canvia de posició**.

La posició depèn del sistema de referència escollit. Per això es diu que la **posició és relativa**. Igualment, com que el moviment és el canvi de posició, aquest canvi és també relatiu i per això també el **moviment és relatiu**.

1.2 Trajectòria, desplaçament i espai recorregut

- La **trajectòria** és la línia que uneix les successives posicions que va assolint el mòbil al llarg del seu moviment.

Segons com sigui la trajectòria es parla de:

- **Moviment rectilini** quan el mòbil es desplaça en línia recta.
- **Moviment circular** quan el mòbil es desplaça segons una circumferència.

- L'**espai recorregut** és la longitud de la trajectòria, que, en el sistema internacional d'unitats (SI), es mesura en metres (m).
- El **desplaçament** és un **vector** que uneix les posicions inicial i final del mòbil. En el SI es mesura en metres (m).
- El desplaçament es calcula:

$$\Delta x = x\text{ (final)} - x\text{ (inicial)} \quad \text{o} \quad \boldsymbol{\Delta x = x_t - x_0}$$

1.3 La velocitat

- La **velocitat mitjana** relaciona el desplaçament del mòbil amb el temps emprat. En un moviment rectilini:

$$v_m = \frac{x_2 - x_1}{t_2 - t_1} \Rightarrow \boldsymbol{v = \frac{\Delta x}{\Delta t}}$$

- La **velocitat instantània** és la velocitat d'un mòbil en cada instant de temps.

En el SI, la velocitat s'expressa en **metres per segon (m/s)**.

Segons com sigui la velocitat, els moviments poden ser:

- **Uniformes**: quan la velocitat és constant.
- **Variats**: quan la velocitat canvia.

1.4 L'acceleració

- L'**acceleració mitjana** (a_m) és l'increment de velocitat per unitat de temps.

$$\boldsymbol{a = \frac{\Delta v}{\Delta t} = \frac{v - v_0}{t - t_0}}$$

- L'**acceleració instantània** és la que experimenta un mòbil en cada instant de temps.

En el SI, l'acceleració s'expressa en **metres per segon al quadrat (m/s²)**.

ACTIVITATS

1. Una noia va en tren mirant per la finestra i veu els arbres que es van quedant enrere. Qui s'està movent, la noia o els arbres?

2. Fes un esquema en el pla del moviment següent: surts de casa (origen de coordenades) cap a casa d'un amic (4 km cap a dalt). Després vas al parc (3 km cap a la dreta) i finalment tornes a casa pel mateix camí. Quin es l'espai total recorregut? I el desplaçament?

3. Un cotxe es mou de Barcelona a Lleida a 173 km de distància, però als 45 minuts de viatge s'atura en una benzinera situada a 80 km de Barcelona. S'espera 40 minuts i després reprèn el viatge i arriba a Lleida 40 minuts més tard.
   a) Quina és la velocitat mitjana del cotxe en la primera meitat del viatge?
   b) Quina és la velocitat mitjana de tot el recorregut?

4 Un mòbil es desplaça d'acord amb la representació gràfica x-t (posició-temps) següent:

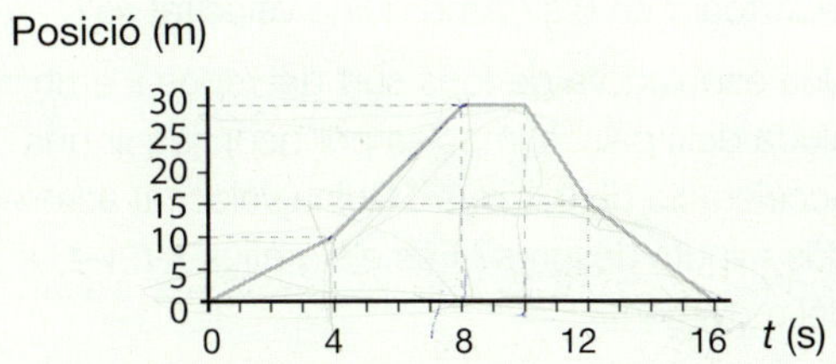

a) Explica el tipus de moviment (uniforme o variat) que té el mòbil en cada tram del recorregut.

b) Calcula la velocitat mitjana de cada tram.

c) Per què obtenim velocitats negatives?

5 Un ciclomotor va pel carrer i en veure un obstacle davant seu frena, de manera que passa de 15 m/s a 0 m/s en tres segons. Quina ha estat la seva acceleració mitjana?

2. El moviment rectilini uniforme

El moviment rectilini uniforme (MRU) és un tipus de moviment en què la velocitat no canvia i la trajectòria és rectilínia.

Com que la **velocitat** no canvia, llavors la velocitat instantània i la velocitat mitjana coincideixen.

$$v = \frac{\Delta x}{\Delta t}$$

L'equació de la posició és una funció lineal:

$$x = x_0 + v \cdot (t - t_0)$$

2.1 Els gràfics en el MRU

- El **gràfic *x-t*** (posició-temps) és una recta, el pendent de la qual correspon a la velocitat. A mesura que augmenta el pendent, augmenta la velocitat. Si el pendent és negatiu, la velocitat serà negativa.

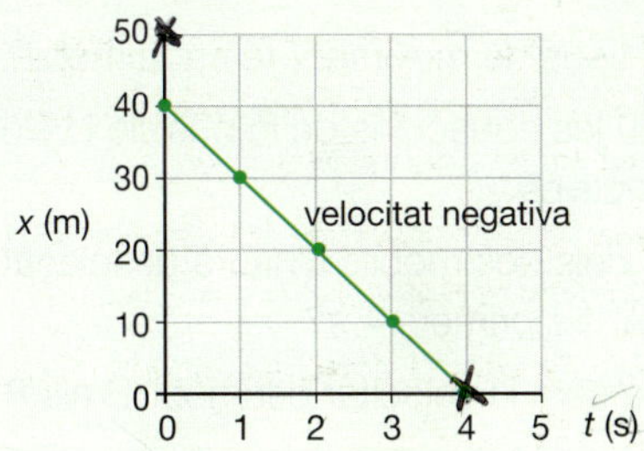

- El **gràfic *v-t*** (velocitat-temps) és una recta horitzontal, perquè la velocitat no canvia a mesura que passa el temps.

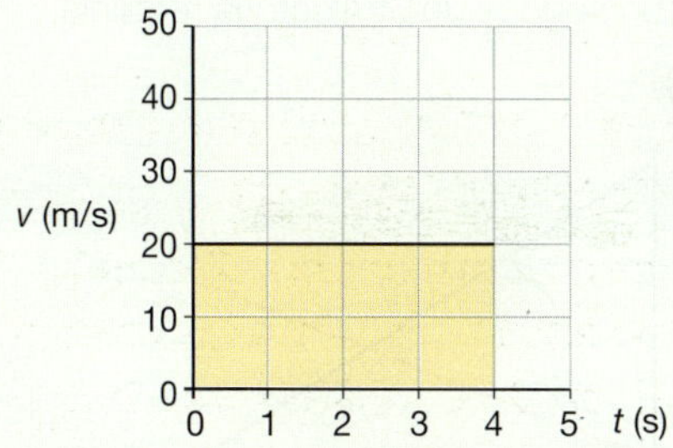

L'**àrea** determinada pel gràfic v-t d'un MRU permet calcular el **desplaçament** del mòbil.

2.2 i 2.3 Moviment de mòbils que es desplacen amb MRU

Per resoldre problemes de mòbils que es desplacen amb MRU, es pot seguir el procediment següent:

- Es fa un esquema del problema tot indicant l'origen del sistema de referència i l'eix.
- S'expressen les dades en les mateixes unitats.
- S'escriu per a cada un dels mòbils l'equació del moviment.
- Se substitueixen les dades en les equacions tenint en compte la direcció i el sentit de les magnituds vectorials.
- Es resol l'equació o sistema d'equacions.
- Ens assegurem que els resultats són coherents i tenen les unitats adequades.

ACTIVITATS

6 El gràfic següent mostra el moviment de dues motocicletes:

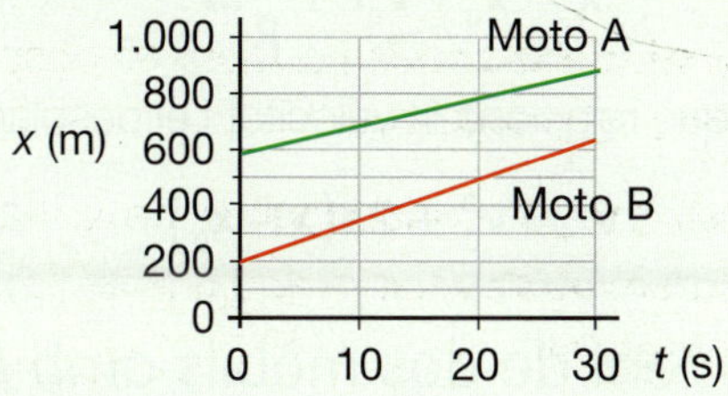

a) Quin tipus de moviment descriu cada mòbil? Justifica la resposta.

b) Calcula la velocitat dels dos mòbils.

c) Escriu les equacions del moviment respectives.

d) En quin instant la moto B atraparà la moto A?

7 Anant en bici a l'institut tardes 12 minuts. Si vas a 15 km/h i suposant que segueixes un MRU, a quina distància de casa teva es troba l'institut?

8 El gràfic següent correspon a dos mòbils que es desplacen segons una trajectòria rectilínia:

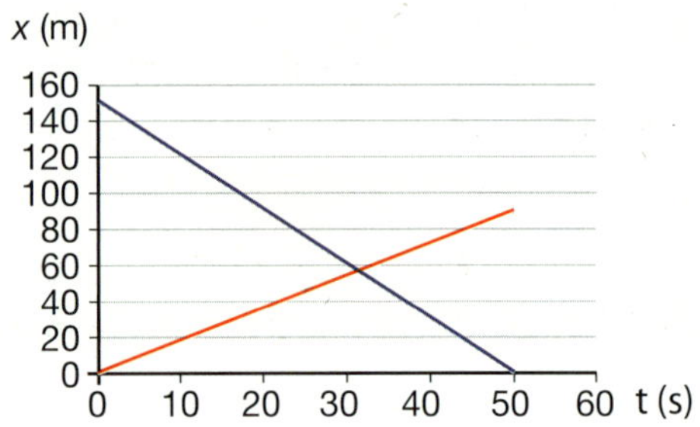

a) Quin tipus de moviment té cada mòbil? Justifica la resposta.

b) En quin instant i posició es troben?

c) Construeix en els mateixos eixos el gràfic *v-t* dels dos mòbils.

3. El moviment rectilini uniformement accelerat

El moviment en què la trajectòria és una línea recta i l'acceleració és constant rep el nom de **moviment rectilini i uniformement accelerat** (**MRUA**).

- **Equació de la velocitat** en funció del temps. Es una funció lineal:

$$v = v_0 + a \cdot t$$

Igual que en MRU, l'àrea que determina el gràfic *v-t* coincideix amb el desplaçament fet pel mòbil.

- **Equació de la posició** en funció del temps. És una funció parabòlica:

$$x = x_0 + v_0 t + \frac{1}{2} a t^2$$

- Equació que relaciona la velocitat i el desplaçament:

$$v^2 = v_0^2 + 2a(x - x_0)$$

3.1 Moviment de dos mòbils amb MRUA

Per resoldre qualsevol problema en el qual intervé un o més mòbils amb qualsevol tipus de moviment uniforme o uniformement accelerat és molt important tenir clar quin és el tipus de moviment de cada mòbil i utilitzar l'equació de moviment que li correspon.

ACTIVITATS

9 Una persona es posa a caminar amb una acceleració de 0, 2 m/s². Quina distància ha recorregut en 6 s? Amb quina velocitat va?

10 Una esquiadora de fons surt del repòs i, amb ajuda dels pals, s'impulsa per aconseguir una acceleració de 0,3 m/s². Quina velocitat assoleix dos minuts després? Fes els gràfics *x-t*, *v-t* i *a-t* del moviment.

11 Un patinador es desplaça en línia recta a 12 km/h i en 2 s redueix la seva velocitat fins als 2 m/s.

a) Quina és l'acceleració de frenada?

b) Què indica el signe del resultat?

c) Quina distància ha recorregut?

12 Un cotxe i un camió estan separats 50 m. El camió és mou amb un MRU a una velocitat de 54 km/h mentre que el cotxe, que estava inicialment aturat, arrenca amb una acceleració de 1,6 m/s² que manté constant.

a) Quant de temps tarda el cotxe a atrapar el camió? En quin punt l'atrapa?

b) Quina velocitat tindrà cada vehicle en el moment que es trobin?

13 Els gràfics mostren el moviment de dos mòbils, A i B:

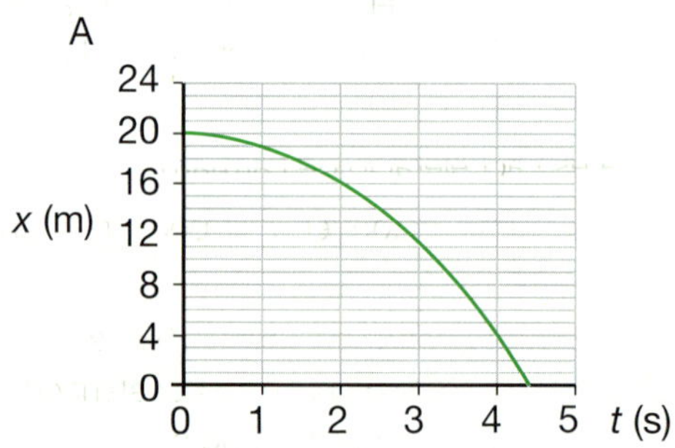

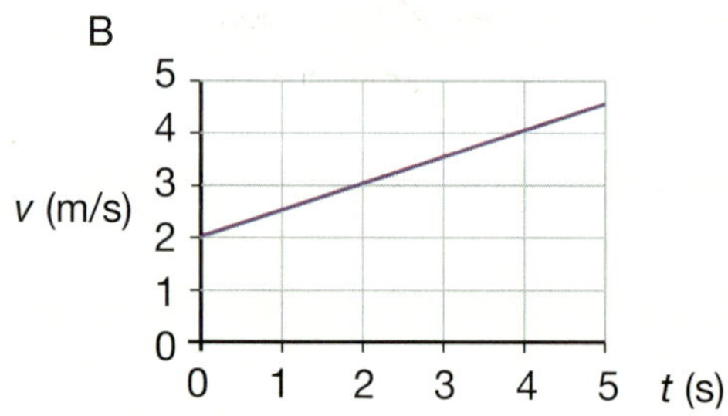

a) Quin tipus de moviment té cada mòbil?

b) Escriu les equacions de la posició i velocitat respectives.

c) Quin dels dos mòbils s'haurà desplaçat més durant els primers 4 s?

d) Quina serà la velocitat del mòbil B als 8 s?

4. Les forces i el moviment

Per calcular l'acceleració també es pot utilitzar la segona llei de Newton: $F = m \cdot a$

- Si la **força resultant**, F, és **constant** i **paral·lela** a la direcció del moviment, el moviment resultant és un **MRUA**.
- Si la **força resultant**, F, és **nul·la**, el mòbil està parat o es mou segons un **MRU**.

ACTIVITATS

14 Un cos de 1.000 kg que està a terra està sotmès a una força paral·lela al terra de 300 N durant 5 s. Si no hi ha fregament amb el terra:

a) Quina és l'acceleració que adquireix?

b) Quina velocitat tindrà al cap de 5 s?

c) Quina distància haurà recorregut?

15 A un cos de 50 kg que està sobre una superfície horitzontal se li aplica una força, també horitzontal, de 100 N. Si la força de fregament és de 40 N, determina:

a) L'acceleració que adquireix el cos.

b) La velocitat al cap de 8 s si ha sortit del repòs.

c) La posició al cap de 8 s.

16 Un armari de 80 kg és empès amb una força de 700 N. Si el coeficient de fregament amb el terra és de 0,7:

a) Quina és l'acceleració de l'armari?

b) Quina distància ha de recórrer per assolir una velocitat de 10 m/s?

17 Un bloc de fusta de 80 kg es mou a 10 m/s per una pista de gel sota l'acció d'una força constant de 100 N. Si el coeficient de fregament amb el gel és de 0,5:

a) Quina és l'acceleració del bloc?

b) Quant temps tardarà a aturar-se?

18 El gràfic següent mostra el moviment d'un cotxe de 1.200 kg:

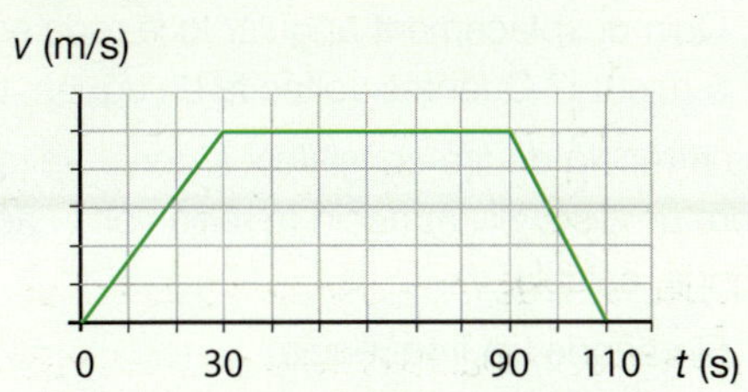

a) Descriu el moviment del cotxe en cada tram.

b) Calcula la força que rep el cotxe en cada tram.

c) Calcula la distància total que ha recorregut el cotxe.

5. El moviment de caiguda lliure

Quan deixem caure un cos des de certa altura, va augmentant progressivament la seva velocitat. L'increment de velocitat que es produeix és el mateix en cada unitat de temps: 9,8 m/s cada segon, a la superfície de la Terra. És a dir, té una acceleració constant, anomenada **acceleració de la gravetat**, que es simbolitza amb la lletra ***g***.

Si considerem un sistema de referència en què l'eix positiu va dirigit cap amunt, l'acceleració a en caiguda lliure serà:

$$a = -g = -9{,}8 \text{ m/s}^2.$$

Com que la caiguda lliure és un MRUA, les equacions del moviment que la descriuen són les mateixes que les del MRUA:

$$y = y_0 + v_0 t + \frac{1}{2} g t^2 = y_0 + v_0 t + \frac{1}{2} \cdot 9{,}8 t^2$$

$$v = v_0 + gt = v_0 - 9{,}8t$$

$$v^2 = v_0^2 + 2g(x - x_0) = v_0^2 - 2 \cdot 9{,}8(y - y_0)$$

ACTIVITATS

19 Es llança un objecte des de terra cap amunt amb una velocitat de 25 m/s.

a) Quant temps tarda a arribar a l'altura màxima?

b) A quina altura màxima arriba l'objecte?

20 Un globus es troba aturat a 80 m d'altura i a un dels ocupants li cau el mòbil.

a) Quant temps tardarà el mòbil a arribar a terra?

b) Si el globus pugés a 2 m/s, quant tardaria ara el mòbil a impactar a terra?

21 Deixem anar un objecte des del terrat d'un edifici i observem que tarda 2,5 segons a xocar amb el terra.

a) Amb quina velocitat arriba a terra?

b) Quina és l'alçada del terrat?

22 Estàs jugant a futbol i xutes la pilota verticalment cap amunt de manera que, en caure, torna al teu peu. Explica quin dels tres gràfics següents descriu aquest moviment.

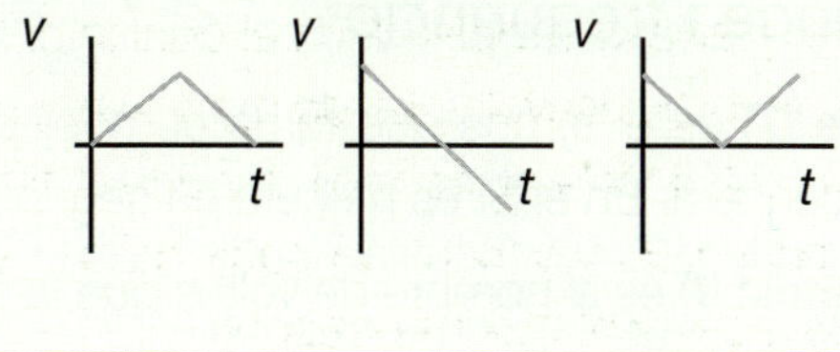

6. El moviment circular uniforme

El **moviment circular uniforme** (**MCU**) es caracteritza perquè la seva trajectòria és una circumferència i el mòdul de la velocitat és constant.

6.1 Posició, desplaçament angular i longitud d'arc

Per identificar la posició d'un objecte necessitem saber l'angle que ha recorregut a mesura que es mou, és a dir, el **desplaçament angular** φ . La unitat amb què es mesura aquest angle en el SI és el **radian** (**rad**):

$$360^\circ = 2\pi \text{ rad}$$

L'espai recorregut o longitud d'arc es calcula multiplicant l'angle recorregut φ pel valor del radi r:

$$\mathbf{s} = \varphi \cdot \mathbf{r}$$

6.2 Velocitat angular i lineal

- La **velocitat angular** (ω) en un MCU es calcula dividint el desplaçament angular pel temps:

$$\omega = \frac{\Delta\varphi}{\Delta t}$$

La velocitat angular ω es mesura en el SI en **radians per segon** (**rad/s**). Sovint, però, també es mesura en **revolucions per minut** (**rpm**).

- L'**equació de la posició** ve donada per l'equació:

$$\varphi = \varphi_0 + \omega t$$

- La **velocitat lineal** (v) és l'arc recorregut per unitat de temps, es mesura en metres per segon, i es calcula amb la fórmula:

$$\omega = \frac{\Delta\varphi}{\Delta t}$$

Es relaciona amb la velocitat angular de la manera següent:

$$v = \omega \cdot r$$

6.3 Període i freqüència

El **període** (T) és el temps que tarda el mòbil a donar una volta sencera. En el SI es mesura en segons.

La **freqüència** (f) és el nombre de voltes que fa el mòbil en cada unitat de temps. En el SI es mesura en Hz, en què $1\text{ Hz} = \frac{1\text{ volta}}{1\text{ s}} = 1\text{ s}^{-1}$

La freqüència i el període són inversament proporcionals: $f = \frac{1}{T}$

La velocitat angular ω es relaciona amb el període T per mitjà de l'equació:

$$\omega = \frac{2\pi}{T}$$

6.4 L'acceleració i la força centrípeta

En el moviment circular, el canvi constant en la direcció de la velocitat provoca una **acceleració centrípeta** o **normal** (a_c) que es calcula:

$$a_c = \frac{v^2}{r}$$

En què v és el mòdul de la velocitat lineal del cos i r el radi de la trajectòria.

Segons la segona llei de Newton, aquesta acceleració ve donada per una força que actua en la mateixa direcció i sentit i que s'anomena **força centrípeta** (F_c):

$$F_c = m \cdot a_c = m \cdot \frac{v^2}{r}$$

ACTIVITATS

23. Un mòbil descriu un MCU de 2 m de radi. A l'instant $t = 0$ s, l'angle inicial és de 3 rad i quan el temps és de 5 s, l'angle val 5 rad. Quina és la velocitat angular del mòbil? I la lineal?
24. Calcula l'angle recorregut en 5 s per un mòbil que té una velocitat lineal de 6 m/s i fa un MCU de 4 m de radi. Quina és l'acceleració normal?
25. Una ciclista va per la carretera a 36 km/h. Si el radi de la roda és de 40 cm:
    a) Quina és la velocitat angular de la roda?
    b) Quin desplaçament angular fa la roda en 5 minuts? Quantes voltes fa en aquest temps?
26. Una atracció de fira consisteix a donar voltes sobre un disc. Si l'atracció fa mitja volta cada dos segons, calcula:
    a) El període i la freqüència.
    b) La velocitat angular en rad/s.
    c) L'acceleració i la força centrípeta d'un punt de 50 kg de massa situat a 5 m del centre de rotació.

Comprova el que saps
Mapa conceptual

Estudi del moviment rectilini uniformement accelerat

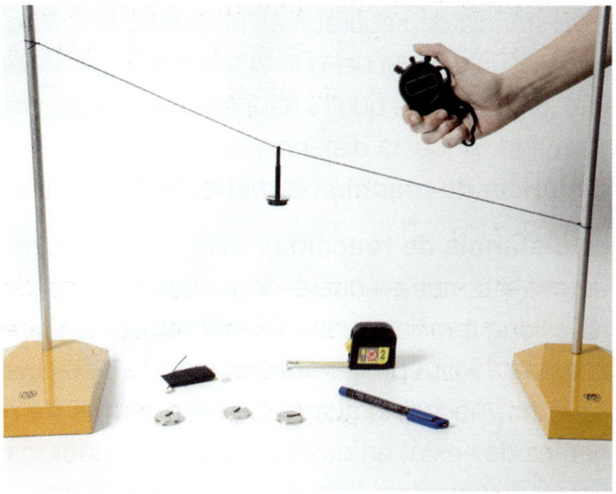

Objectiu

Calcular experimentalment el valor de l'acceleració en un MRUA.

Material

- Dos suports
- 4 metres de fil de niló
- Portapesos amb diversos pesos
- 4 o 5 cronòmetres
- Cinta mètrica
- Retolador permanent

Coneixement previs

El portapesos suspès del fil està sotmès a una força resultant diferent de zero paral·lela al fil que provoca que el portapesos llisqui fil avall. Com que la força resultant és constant, l'acceleració del portapesos és constant i, per tant, descriu un MRUA.

Procediment

1. Fem un muntatge com el que mostra la fotografia, col·locant el fil que farà de tirolina de manera que la inclinació sigui de 10° aproximadament i no augmenti gaire la velocitat de caiguda.
2. Marquem al fil, amb l'ajut de la cinta mètrica i el retolador, intervals regulars de 50 cm. En aquests senyals és on mesurarem els temps transcorreguts des que comencem a comptar.
3. Amb els cronòmetres, mesurem el temps que triga el portapesos durant la caiguda des de l'inici fins a cadascuna de les marques.
4. Per evitar els errors de mesura, prendrem diverses mesures dels temps en els quals el pes passa per cada senyal i calcularem la mitjana de les mesures.

Recollida de dades

Les dades les recollim en una taula com la següent:

Distància de l'inici (m)	Mesures de temps (s)						Velocitat en l'interval (m/s)
	t_1	t_2	t_3	t_4	t_5	t_m	
x_1 =							$\frac{x_1}{t_m}$
...							

ACTIVITATS

1. Construeix el gràfic *v*-*t* (velocitat-temps). Quin tipus de gràfic obtens? Aquest gràfic avala la hipòtesi que el pes descriu un MRUA? Justifica la resposta.
2. Quant val l'acceleració del moviment?
3. Construeix el gràfic *x*-*t* (posició-temps). Quin tipus de gràfic s'obté?
4. Si canvies el pes, com serà el nou moviment? Repeteix l'experiment i comprova la teva hipòtesi.
5. Quina altra variable podries modificar per tal d'obtenir acceleracions del moviment? Explica la teva resposta i redacta una proposta experimental per comprovar-ho.

ACTIVITAT FINAL

La distància de seguretat

La distància de seguretat és la distància mínima que ha de separar un vehicle del que el precedeix per tal de poder frenar i no xocar en cas que hi hagi alguna situació imprevista a la carretera. Aquesta distància és la suma de dues distàncies: la **distància de reacció** i la **distància de frenada**.

La **distància de reacció** és la distància que recorre el cotxe durant el temps en què el conductor s'adona del perill i reacciona trepitjant el fre. Durant aquest temps encara no està actuant la força de frenada, de manera que el vehicle manté la velocitat. Aquest temps s'anomena **temps de reacció** i depèn només de l'estat en què es troba el conductor: el cansament, els medicaments o l'alcohol que hagi pogut prendre, etc. En conductors experts i que es troben en bones condicions físiques, aquest temps és de l'ordre d'un segon.

La distància de seguretat ha de tenir en compte, a més de la velocitat, les condicions de la via i les condicions climatològiques.

Per altra banda, la **distància de frenada** és la distància que recorre el vehicle des que el conductor trepitja el fre fins que el vehicle queda totalment aturat. Aquesta distància depèn de molts factors, com ara la velocitat del cotxe, l'estat del cotxe, als pneumàtics i al ferm de la carretera.

Uns valors aproximats de les distàncies de reacció i de frenada es mostren a la taula següent:

v (km/h)	Distància de reacció (m)	Distància de frenada (m)	Distància de seguretat (m)
30	8	5	
50	14	15	
60	17	20	
80	22	37	
100	28	60	
120	33	80	

ACTIVITATS

1. Quin tipus de moviment té el vehicle durant el temps de reacció? Justifica la resposta. Comprova la resposta calculant la distància de reacció d'un vehicle que va a 50 km/h i a 80 km/h. Comenta els resultats obtinguts.
2. La informació que donen tant els Mossos d'Esquadra com la DGT diu que quan la velocitat es duplica, la distància de frenada es multiplica per quatre. És certa aquesta afirmació? Comprova-ho amb l'ajuda de les dades de la taula.
3. Quina és la distància de reacció quan un vehicle va a 40 km/h? I la distància de frenada, si l'acceleració és de 6,8 m/s^2? I quina és la distància de seguretat?
4. Completa la taula calculant les distàncies de seguretat.
5. Argumenta la importància que té el consum d'alcohol o drogues en la conducció.
6. Explica de quina manera l'estat dels pneumàtics incideix en la distància de seguretat.
7. Si el ferm de la carretera està moll, explica què passa amb la distància de seguretat.
8. Argumenta per què, en la realitat, la distància que cal mantenir amb el vehicle que va davant ha de ser més gran que la distància de seguretat.
9. Com pots saber si estàs a una distància suficient del vehicle que va davant? Al web trobaràs una regla per saber-ho. Consulta-ho i explica quin mètode es pot utilitzar per determinar si hi ha una distància suficient o no amb el vehicle que va al davant.

Autoavaluació

REVISTA DE CIÈNCIA

La Fórmula 1

La Fórmula 1 és un esport d'elit i pocs són els que tenen la sort de córrer en un monoplaça. Els monoplaces són cotxes petits, estudiats al mil·límetre i que el pilot ha d'exprémer al màxim per ser el més ràpid a les rectes, però també als revolts. Guanyar no només és qüestió d'honor; aquest món mou molts diners.

La història de les competicions de Fórmula 1 va començar l'any 1950 i al llarg de tots aquests anys hi ha hagut pilots molt populars, com el brasiler Emerson Fittipaldi, campió a la dècada del 1970.

Els primers trofeus van ser per a Giuseppe Farina i José Manuel Fangio, encara que el pilot que ha guanyat més mundials ha estat Michael Schumacher, que va patir un accident molt greu, no pas en un cotxe de Fórmula 1, sinó esquiant l'any 2013.

No obstant això, abans de l'aparició del campionat de Fórmula 1, ja existien les curses de cotxes, amb competidors com ara Tazio Nuvolari, que va destacar a la dècada del 1920. Per participar en les curses, els pilots d'aquella època es pagaven el seu cotxe i, per tant, el reutilitzaven durant diverses temporades. A Barcelona, Joan Jover i Paco Godia van ser els primers corredors de curses de l'Estat a mitjan segle passat i el circuit de Pedralbes, el primer d'Espanya on es va fer una cursa del campionat de Fórmula 1.

Els primers cotxes de Fórmula 1 eren molt diferents dels d'ara.

De fet, els primers pilots conduïen uns vehicles molt diferents dels actuals i molt menys estables. Els cotxes de Fórmula 1 sempre han estat baixos i allargats, i han portat les rodes separades del cos central. Malgrat tot, els models actuals, a diferència dels més antics, porten alerons per millorar-ne l'estabilitat. Amb el temps també han canviat molt les mesures de seguretat als circuits i als vehicles, i tot i que hi ha accidents, rarament els pilots hi perden la vida. Els darrers pilots morts a causa d'un accident en una cursa de Fórmula 1 van ser Jules Bianchi l'any 2015 i abans, Ayrton Senna, l'any 1994.

Actualment, els vehicles de Fórmula 1 poden assolir velocitats de fins a 413 km/h i acceleracions laterals que, en alguns revolts, poden ser de fins a 5 vegades la força de la gravetat. Les velocitats mitjanes estan al voltant dels 240 km/h en els circuits més ràpids. La majoria dels circuits de l'actual campionat de Fórmula 1 s'han dissenyat i pensat per tal que es puguin aconseguir velocitats elevades tot mantenint la màxima seguretat. La Fórmula 1 és un esport en què la tècnica i la tecnologia són molt importants; això implica que tant els enginyers que dissenyen els vehicles com els que fan els circuits han de tenir un bon coneixement dels principis de la física, per aconseguir una bona estabilitat dels cotxes, una bona aerodinàmica, un bon rendiment del motor i un disseny del circuit que sigui segur i, al mateix temps, espectacular.

COMPRENSIÓ LECTORA I REFLEXIÓ

1. Coneixes altres pilots de Fórmula 1 que no s'hagin esmentat en el text? Anomena'n algun.
2. Per què creus que han canviat els dissenys dels cotxes de Fórmula 1 al llarg del temps?
3. Trobes perillós realitzar curses de Fórmula 1 en circuits urbans? Per què creus que encara se'n fan, per exemple, a Mònaco?
4. Per què penses que la física és important en el món de la Fórmula 1?
5. Consideres que els avenços que s'apliquen als cotxes de Fórmula 1 tenen una repercussió posterior en els vehicles de carrer? Saps posar-ne algun exemple?

UNITAT 3 EL GRAN SISTEMA DEL MÓN

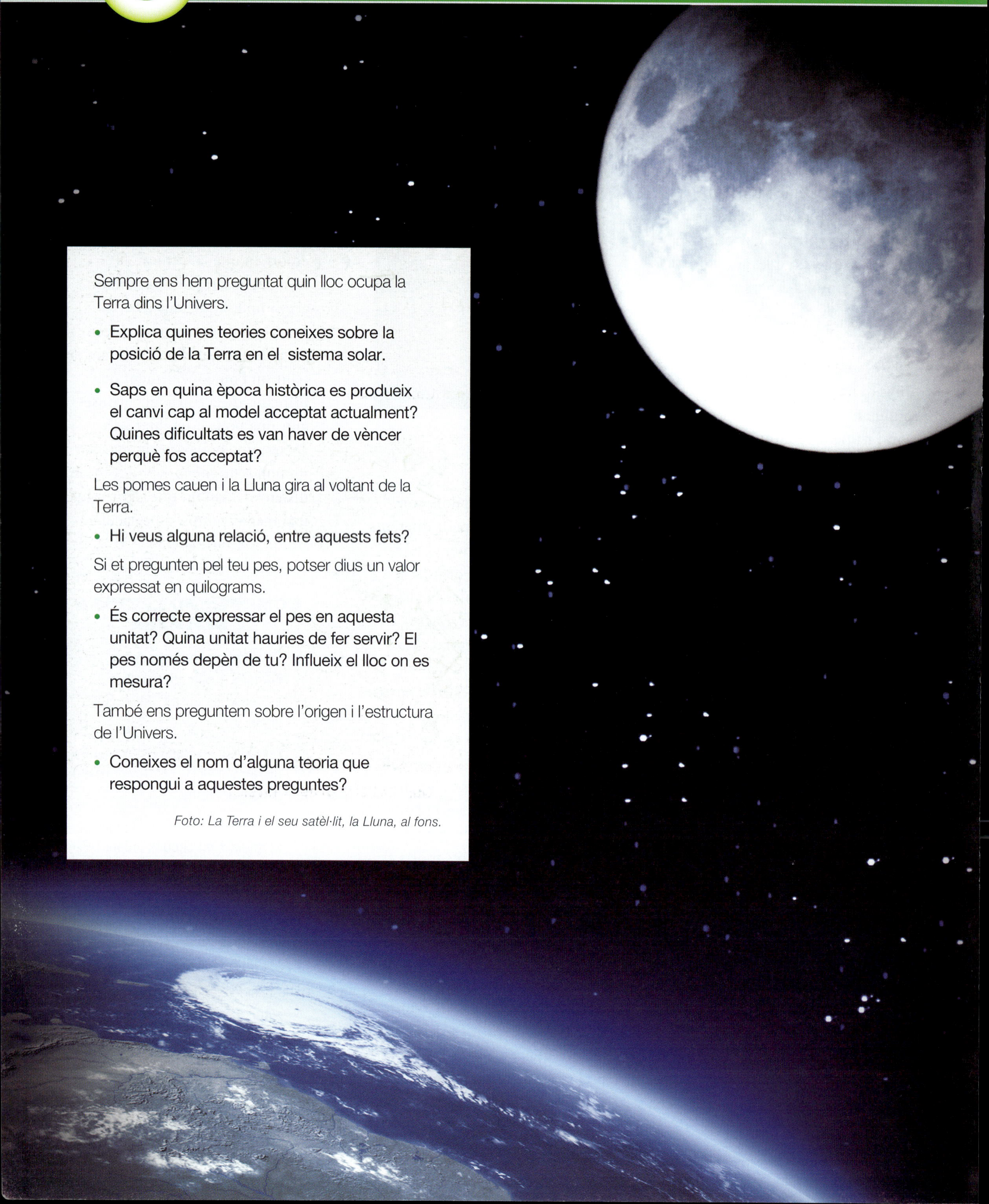

Sempre ens hem preguntat quin lloc ocupa la Terra dins l'Univers.

- Explica quines teories coneixes sobre la posició de la Terra en el sistema solar.
- Saps en quina època històrica es produeix el canvi cap al model acceptat actualment? Quines dificultats es van haver de vèncer perquè fos acceptat?

Les pomes cauen i la Lluna gira al voltant de la Terra.

- Hi veus alguna relació, entre aquests fets?

Si et pregunten pel teu pes, potser dius un valor expressat en quilograms.

- És correcte expressar el pes en aquesta unitat? Quina unitat hauries de fer servir? El pes només depèn de tu? Influeix el lloc on es mesura?

També ens preguntem sobre l'origen i l'estructura de l'Univers.

- Coneixes el nom d'alguna teoria que respongui a aquestes preguntes?

Foto: La Terra i el seu satèl·lit, la Lluna, al fons.

EN AQUESTA UNITAT APRENDRÀS...

1 Com ha evolucionat la nostra concepció del món.

2 Com es mou el món.

3 Què mou el món.

4 Quin és l'origen de l'Univers.

I SERÀS CAPAÇ DE...

- Descriure i explicar les diferències entre les teories que hi ha hagut sobre l'estructura del sistema solar.
- Situar històricament els diferents models, les persones que els va impulsar i les dificultats que hi va haver per acceptar els canvis.
- Descriure com es mouen els planetes al voltant del Sol a partir de les lleis que regeixen els seus moviments.
- Explicar la teoria sobre l'origen i l'evolució de l'Univers, els diferents objectes que s'hi troben i els mètodes d'observació que fem servir.

1. On es troba la Terra?

Vivim a la Terra i veiem el Sol, la Lluna, els altres planetes, les estrelles i els seus moviments. Sempre hi ha hagut teories per explicar com estan disposats i organitzats tots aquests elements. Saps com ha evolucionat la nostra concepció del món?

1.1 L'Univers segons Aristòtil

Aristòtil va formular el primer model de l'Univers. El dibuix del costat és una representació gràfica d'aquest model.

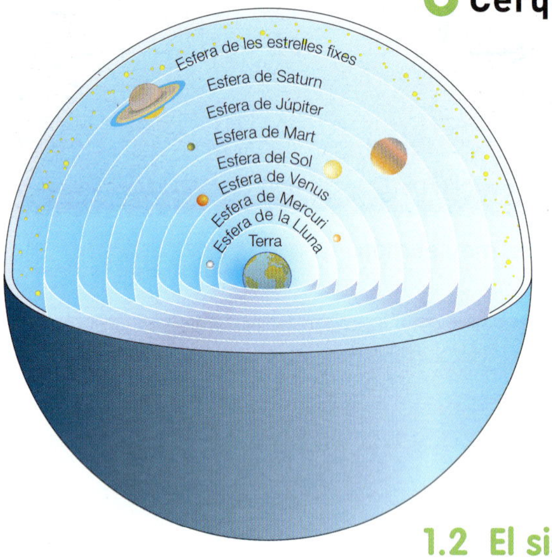

Cerqueu informació i contesteu

a | Qui va ser Aristòtil? En quin lloc i en quin segle va viure?

b | Descriviu les principals característiques del seu model d'Univers. Aquest model s'anomena de les **esferes concèntriques**; per què?

c | El seu model parla d'una **regió terrestre** i una **regió celeste**. Què forma cadascuna de les dues regions?

d | Quina de les dues regions era considerada perfecta i quina no? L'esfera es considera una figura geomètrica «perfecta»?

e | Creieu que aquest model s'ajusta a les observacions que hi havia en aquella època?

1.2 El sistema geocèntric de Ptolemeu

Aviat es va observar que alguns dels objectes de la regió celeste no seguien un moviment tan perfecte.

Cerqueu informació i contesteu

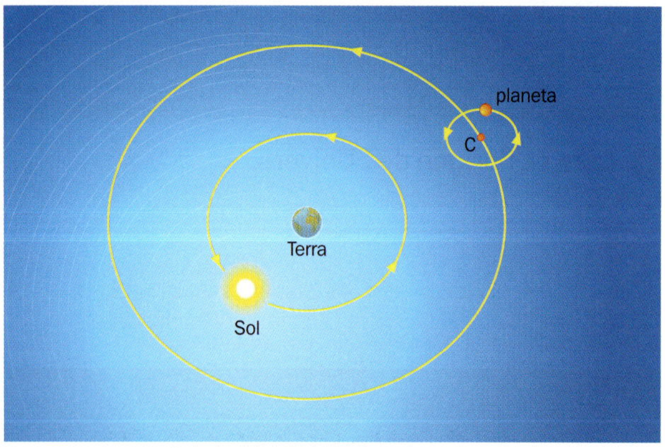

a | Quin és l'origen de la paraula **planeta**? Per quin motiu se'ls va anomenar així? Quina diferència hi havia entre el seu moviment i el del Sol, la Lluna o les estrelles llunyanes? Com s'anomena aquest moviment d'alguns planetes?

b | Qui va ser Ptolemeu? A quin país i en quin segle va viure? (Vigileu perquè hi ha diferents personatges amb aquest nom; trieu el correcte.)

c | Descriviu les principals característiques del seu model d'Univers. El dibuix del costat és una representació gràfica d'aquest model.

d | Com soluciona Ptolemeu el problema del moviment dels planetes? Com s'anomenen els dos tipus de circumferències que hi ha en aquest model?

e | Els dos models que hem vist fins ara es diu que són **geocèntrics**. Què significa aquesta paraula?

1.3 El sistema heliocèntric de Copèrnic

En el segle XVI, l'astrònom polonès Nicolau Copèrnic va plantejar un nou model d'Univers diferent del que s'havia acceptat fins aleshores. El seu model era físicament més simple, però més difícil d'acceptar.

Cerqueu informació i contesteu

a | Qui va ser Copèrnic? Feu un resum breu de la seva vida.

b | Descriviu les principals característiques del seu model d'Univers. Remarqueu les principals diferències amb els models anteriors.

c | Qui va presentar les principals dificultats perquè la teoria de Copèrnic fos acceptada? Per quins motius?

d | En el llenguatge quotidià es fa servir l'expressió «gir copernicà». Quin significat té aquesta expressió? Quan es fa servir?

e | Aquest model s'anomena **heliocèntric**, per què? Quin és l'origen i el significat d'aquesta paraula? Podeu trobar una simulació al web.

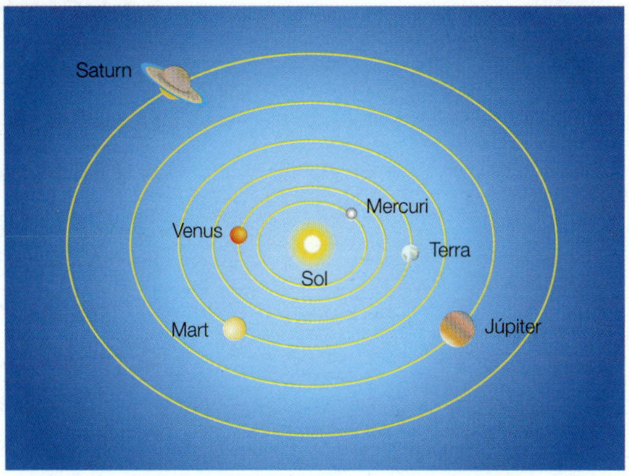

1.4 La contribució de Galileu

Galileu va acceptar el model heliocèntric i va aportar noves proves en contra del model geocèntric i la concepció aristotèlica de l'Univers.

Cerqueu informació i contesteu

Galileu va ser de les primeres persones a fer servir un telescopi.

a | Què va observar Galileu a la superfície de la Lluna? I a la del Sol? Quina prova, contrària a la teoria aristotèlica, aportava aquesta observació?

b | En l'observació de la Via Làctia, què va veure en relació amb les distàncies a les estrelles? Està d'acord amb el model aristotèlic?

c | Què va descobrir al voltant del planeta Júpiter? En què contradiu aquest descobriment el model geocèntric?

d | Feu un resum de les dificultats amb les quals va topar Galileu per difondre les seves idees. Hi ha una frase cèlebre atribuïda a Galileu, quina és? Què significa?

ACTIVITATS

1. Calcularem amb quina velocitat ens movem pel fet que la Terra gira sobre el seu eix.
   - a) Quin és el radi de la Terra? Quant triga a fer una volta sobre el seu eix?
   - b) Calcula la velocitat amb què es mou la Terra (i nosaltres) en el seu moviment de rotació. Expressa el resultat en m/s i en km/h.
   - c) El valor que has obtingut et sembla petit o gran? Repassa els càlculs! Has tingut mai la sensació que et movies a aquesta velocitat? Per què?
   - d) Ara pots calcular el mateix amb la velocitat de translació de la Terra al voltant del Sol; cerca les dades que calguin i fes els càlculs. Què et dóna, comparat amb abans?
   - e) Et sembla justificat que els primers models consideressin que la Terra no es movia?

Activitats interactives
Activitat de síntesi

2. Les lleis de Kepler

El model de Copèrnic fa un dibuix de la posició i el moviment dels planetes del sistema solar. Però cal anar més enllà, saber explicar i predir la posició dels diferents planetes; respondre a la pregunta com es mou el món? Vegem una mica de cinemàtica d'aquest moviment.

Cerqueu informació i contesteu

La primera persona que va intentar explicar matemàticament el moviment dels planetes va ser Johannes Kepler.

a | Feu un breu resum de la seva vida. Amb quin altre astrònom important de la seva època va treballar?

b | A l'època de Kepler no hi havia una distinció clara entre **astrologia** i **astronomia**. Definiu què es cadascuna i què les diferencia.

c | Kepler va dirigir fonamentalment els seus estudis a explicar el moviment d'un planeta. Quin? Qui va fer les observacions i va obtenir les dades que va utilitzar?

d | També és considerat com el primer autor de **ciència-ficció**. Per quin motiu? Com es diu el llibre que va escriure?

Interpreteu i deduïu

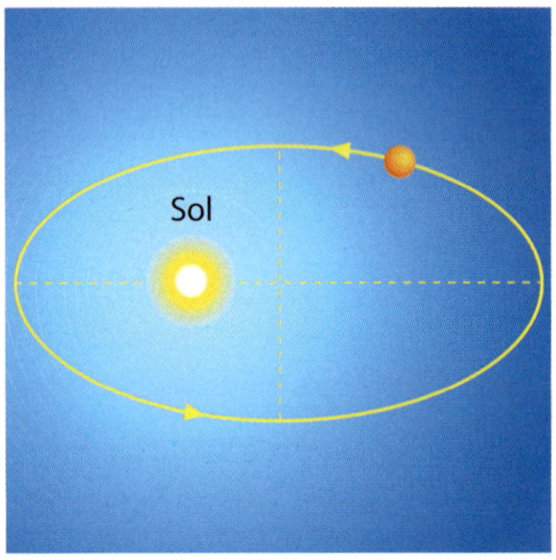

Kepler va formular les conclusions dels seus estudis empírics en tres lleis, que avui s'anomenen amb el seu nom.

La **primera llei de Kepler** accepta el model copernicà, amb alguna modificació. La imatge del costat la resumeix.

a | És circular el moviment dels planetes al voltant del Sol? Quina forma té la seva trajectòria? Cerqueu una definició d'aquesta figura geomètrica.

b | El Sol està situat al centre de la trajectòria? Com s'anomena el punt on està situat? La distància entre el Sol i els planetes és constant? Com s'anomena el punt més llunyà i el més proper entre un planeta i el Sol?

c | Escriviu l'enunciat de la primera llei de Kepler.

Cerqueu informació i interpreteu

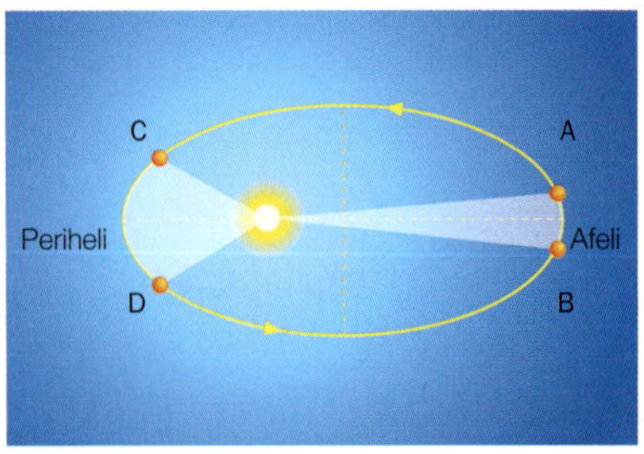

La **segona llei de Kepler** parla de la velocitat amb què es mouen els planetes en les seves òrbites. La imatge la resumeix.

a | Busqueu informació i escriviu l'enunciat de la segona llei de Kepler.

b | Com es defineix la **velocitat areolar**? Podríeu proposar una unitat de mesura en el SI? Aquesta unitat seria massa gran o massa petita per a mesures amb planetes?

c | Com són entre elles les àrees dels sectors dibuixats a la figura? Fixeu-vos en el nom de les posicions més propera i més llunyana al Sol.

d | On serà més gran la velocitat lineal del planeta en el seu moviment, entre A i B o entre C i D? Per què?

Investigueu i concloeu

La imatge següent mostra una òrbita completa de la Terra (T) al voltant del Sol, desplaçant-se de A a B i de B a A. L'òrbita està exageradament deformada.

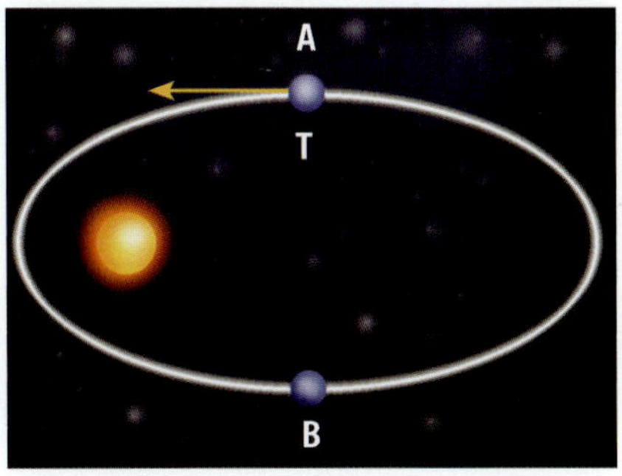

a | Acoloriu l'àrea escombrada per la Terra per anar de A a B i per anar de B a A. Són iguals?

b | Trigarà el mateix temps en els dos trams? Quin dels dos desplaçaments trigarà menys a realitzar-se? En quin tram la velocitat lineal de la Terra serà més gran?

c | La posició A correspon a l'equinocci de tardor (mes de setembre) i la posició B a l'equinocci de primavera o vernal (mes de març). Busqueu informació sobre les seves dates aquest any i compteu els dies que hi ha entre ells. Hi ha el mateix nombre de dies?

d | Coincideix aquest resultat amb la predicció que heu fet abans?

e | Creieu que la major o menor proximitat entre la Terra i el Sol té alguna relació amb les estacions de l'any? Busqueu algun argument que justifiqui la vostra afirmació. Quina és la causa, doncs, de les estacions?

Calculeu i deduïu

De fet, la trajectòria que descriuen els planetes no està tan deformada i, en una primera aproximació, es pot considerar que és quasi circular. Així ho farem nosaltres en la **tercera llei de Kepler**, utilitzarem una distància mitjana.

A partir de les observacions de les distàncies mitjanes entre diferents planetes i el Sol i dels períodes de rotació, Kepler va trobar una relació matemàtica que les relacionava.

a | La taula següent recull dades sobre alguns planetes del sistema solar. Feu l'operació indicada i completeu l'última columna.

Planeta	Distància mitjana al Sol (UA) r	Període (anys) T	$\frac{T^2}{r^3} = k$
Mercuri	0,39	0,24	
Venus	0,72	0,62	
Terra	1,00	1,00	
Mart	1,52	1,88	

Unitat astronòmica (UA): és la distància mitjana de la Terra al Sol.

1 UA = 1,5 · 10¹¹ m

b | Com són els diferents valors que heu calculat? Formuleu matemàticament la llei que heu obtingut.

c | La constant, *k*, que apareix en aquesta expressió, de quin factor creieu que depèn, del Sol, de cada planeta, o de tots dos? Per què? Comproveu-ho. Aquí teniu dades del sistema Terra-Lluna.

Satèl·lit	Distància mitjana a la Terra r	Període T	$\frac{T^2}{r^3} = k$
Lluna	384.400 km = $2,56 \cdot 10^{-3}$ UA	27,3 dies = 0,075 anys	

d | Repetiu els càlculs de l'apartat a). És igual el resultat? Es confirma la conclusió a la qual heu arribat a l'apartat c)?

e | Escriviu un enunciat per a la tercera llei de Kepler.

Analitzeu la resolució d'un problema

Sabem que el període orbital de Mercuri és de 0,25 anys terrestres i que la seva distància mitjana al Sol és de 0,39 UA. Calculeu la distància mitjana entre el Sol i Júpiter si sabem que el període orbital de Júpiter és d'11,9 anys terrestres.

Apliquem la tercera llei de Kepler: $\frac{T^2}{r^3} = k$

Si l'apliquem als dos planetes, que giren al voltant del Sol, la constant és la mateixa, i podem escriure:

$$\frac{T_1^2}{r_1^3} = \frac{T_2^2}{r_2^3}$$

En què:

T_1 és el període orbital de Mercuri.

T_2 és el període orbital de Júpiter.

r_1 és la distància mitjana Mercuri-Sol.

r_2 és la distància mitjana Júpiter-Sol.

Calculem r_2:

$$r_2^3 = \frac{T_2^2}{T_1^2} \cdot r_1^3 = \frac{11{,}9^2}{0{,}25^2} \cdot 0{,}39^3 = 134$$

$$r_2 = \sqrt[3]{134} = 5{,}12 \text{ UA}$$

- Cerqueu a Internet la distància mitjana Júpiter-Sol. Coincideix amb el que heu calculat? Recordeu que treballem amb distàncies mitjanes.

ACTIVITATS

2. Quins principis aristotèlics es veuen contradits per les lleis de Kepler?
3. On serà més gran la velocitat lineal d'un planeta, en el periheli o en l'afeli? Per què?
4. Podries calcular el període orbital de la Lluna al voltant de la Terra aplicant la tercera llei de Kepler i sabent la distància Terra-Lluna i el període orbital de la Terra al voltant del Sol? Per què?
5. L'any 1877 es van descobrir els dos satèl·lits de Mart: Fobos i Deimos. Sabem que el període orbital de Fobos és de 7 h i 39 min i que la seva distància mitjana a Mart és de 9.377 km. Si el període orbital de Deimos és de 30 h i 18 min, calcula la distància mitjana de Deimos a Mart.
6. Imagina que es descobrís un nou planeta a 70 UA del Sol. Quant duraria el seu any?
7. Les lleis de Kepler són aplicables al moviment dels satèl·lits artificials que hi ha al voltant de la Terra? Podem fer servir la mateixa constant que per a la Lluna? Per què?
8. Els satèl·lits de televisió (cap on apunten les antenes parabòliques) són geoestacionaris, giren amb la mateixa velocitat angular que la Terra. Sabent que la Lluna es troba a 384.400 km de la Terra i que el seu període orbital és de 27,3 dies, utilitza la tercera llei de Kepler per calcular l'altitud a la qual orbiten aquests satèl·lits.

Activitats interactives
Activitat de síntesi

3. La llei de la gravitació universal

Fins ara hem vist com es mouen els astres i podem explicar i predir les seves posicions i el seu moviment. Queda, però, una qüestió per resoldre: per què es mouen així? Què mou el món?

3.1 L'atracció entre masses

Fent servir els principis de la dinàmica, Newton va elaborar una teoria per explicar quines eren les causes del moviment dels planetes.

Cerqueu informació i deduïu

Hi ha una llegenda sobre com va descobrir Newton la llei de la gravitació universal. Encara que no sigui veritat, parlem-ne.

a | Resumiu-la molt breument. Creieu que la gran contribució de Newton a la Física va ser descobrir que les pomes cauen?

b | Si pensem en termes de forces i dinàmica, prescindint del fregament amb l'aire, quina força actua sobre la poma? Qui exerceix aquesta força? Com l'anomenem habitualment?

c | Aquesta força val, sempre i a tot arreu, el mateix? Coneixeu alguna situació en la qual no es noti? Quina? Per què no es nota en aquest lloc?

d | A la Terra aquesta força provoca una acceleració. Com l'anomenem? Per quina lletra es representa? Quin és el seu valor a la Terra? Creieu que a la Lluna val el mateix? Aporteu algun argument que ho justifiqui.

e | Escriviu l'equació que relaciona la força d'atracció sobre una massa i l'acceleració que li produeix la Terra.

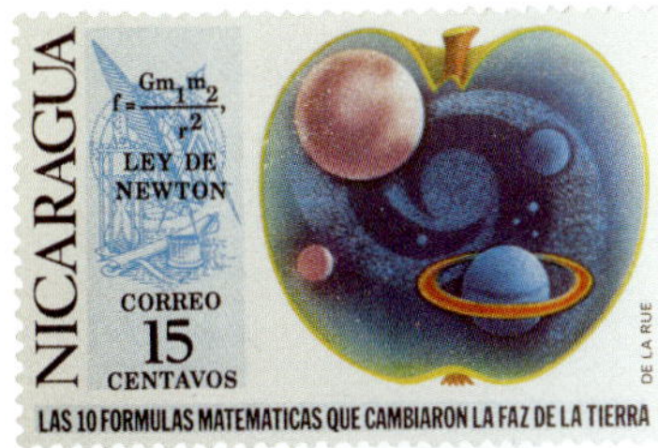

Segell amb la representació de la llei de Newton.

Creus que està justificat que s'associï aquest científic amb una poma?

Interpreteu i raoneu

No és fàcil deduir l'expressió de la llei de la gravitació universal. Al capdavall, tampoc som Newton. Però intentem-ho.

a | Si la mateixa poma pesa diferent a la Terra i a la Lluna, quina és la causa d'aquesta diferència? Què ha variat entre una situació i l'altra? De quina magnitud depèn, doncs, la força d'atracció?

b | Si allunyem la poma de la Terra, pesarà cada cop més o menys? Arribarà a desaparèixer el pes? De quina segona magnitud depèn, doncs, la força d'atracció?

c | Creieu que la Terra, igual que atrau la poma, també atrau la Lluna?

d | Newton pensava que l'atracció era una propietat de la matèria, i que totes les masses (inclosos els planetes) s'atrauen entre elles amb una força que es pot calcular d'acord amb l'expressió:

$$F = G \cdot \frac{m_1 \cdot m_2}{d^2}$$

En què m_1 i m_2 són les masses, d és la distància entre elles i G és una constant universal.
Aquesta expressió, està d'acord amb les deduccions que hem fet en els apartats anteriors?

e | Escriviu un enunciat per a la llei de la gravitació universal.

Analitzeu i deduïu

A l'expressió matemàtica de la llei de la gravitació universal hi apareix una constant, el valor de la qual va ser calculat per Cavendish el 1798. El seu valor numèric és $6{,}67 \cdot 10^{-11}$ (en unitats del SI).

a | Aïlleu el valor de G en l'expressió de la llei, i digueu-ne les unitats en el SI.

b | Calculeu la força d'atracció gravitatòria entre dues masses d'1 kg cadascuna, que estan separades una distància d'1 m. Creieu que és un valor a considerar? Repetiu el mateix càlcul per a dos camions de 6.000 kg de massa, separats 5 m. És un valor a considerar?

c | Repetiu els càlculs per a la força entre la Terra i la Lluna. La massa de la Terra és $5{,}97 \cdot 10^{24}$ kg, la de la Lluna $7{,}35 \cdot 10^{22}$ kg, i la distància entre elles és de 384.400 km. Compareu el valor obtingut amb el de l'apartat anterior. És un valor a considerar?

d | Calculeu la força amb la qual la Terra atrau un objecte d'1 kg de massa situat a la seva superfície. El radi de la Terra és de 6.371 km. Compareu aquest valor amb el que s'obté aplicant la definició de pes a la Terra.

e | Encara que l'atracció existeix entre tots els cossos, en quins casos val la pena tenir-ho present i en quins no?

Deduïu una expressió matemàtica

A partir del que hem vist fins ara podem trobar una expressió per calcular l'acceleració de la gravetat, *g*, a la Terra o en qualsevol altre planeta.

a | Per a un objecte de massa *m*, podem calcular el pes (*p*) i la força d'atracció (*F*) de la Terra cap a aquest objecte:

$$p = m \cdot g \qquad F = G \cdot \frac{M \cdot m}{r^2}$$

Què signifiquen les lletres *M* i *r*?

Si la força *F* i el pes *p* són iguals, deduïu un valor per a *g*.

b | De quines magnituds depèn el valor de *g*? Depèn del planeta, del cos, o de tots dos?

c | De l'expressió de *p* de l'apartat a), podeu aïllar el valor de *g* en funció del pes i la massa. Feu-ho i digueu en quines altres unitats es podria donar *g*, a més a més de m/s^2.

ACTIVITATS

9. Calcula la força d'atracció gravitatòria entre una persona de 80 kg de massa i un autobús de 5.000 kg que es troba a 1 m de distància d'ella.
10. La ciutat situada a més altitud de la Terra és La Rinconada, al Perú, a 5.100 m sobre el nivell del mar. Calcula quant pesa una dona de 60 kg en aquest indret. Quin seria el seu pes al nivell del mar?
11. Júpiter és el planeta més gran del sistema solar. La seva massa és 318 vegades la de la Terra i el seu radi és 11,2 vegades el del nostre planeta. Calcula quant pesaria la dona de 60 kg a Júpiter.
12. El Petit Príncep, el personatge creat per Antoine de Saint-Exupéry, viu en un planeta de 5 m de diàmetre i una massa de 360.000 kg. Si el Petit Príncep té una massa de 40 kg, calcula el seu pes i digues si li costaria abandonar-lo.

3.2 El moviment dels planetes

Si la força que atrau la poma és la mateixa que la que atrau la Lluna, com és que la poma cau i la Lluna no? La pregunta sembla lògica.

Analitzeu i deduïu

Recordeu alguns conceptes de cinemàtica i de dinàmica que heu estudiat en els dos temes anteriors i analitzeu el moviment de la Lluna al voltant de la Terra.

a | Quin tipus de moviment té la Lluna al voltant de la Terra?

b | És constant la velocitat en aquest moviment? Recordeu que la velocitat és un vector.

c | Té acceleració aquest tipus de moviment? Com s'anomena? Quina és l'expressió que serveix per calcular-la? Anomeneu *v* la velocitat de la Lluna i *r* el seu radi de gir.

d | Valdrà zero la força total que actua sobre la Lluna? Quina força actua sobre la Lluna? Com es calcula? Anomeneu *M* la massa de la Terra i *m* la de la Lluna.

e | Apliqueu la segona llei de Newton i relacioneu la força amb l'acceleració que produeix.

f | Aïlleu el valor de la velocitat amb què gira la Lluna al voltant de la Terra. De quins factors depèn aquesta velocitat? Depèn de la massa de la Lluna?

Exercici resolt

1. **Calculeu la velocitat de la Lluna en la seva òrbita al voltant de la Terra. Dades: M_T (massa de la Terra) = 5,97 · 10^{24} kg; *r* (radi de l'òrbita de la Lluna) = 384.400 km.**

La força que exerceix la Terra sobre la Lluna és: $F = G \cdot \frac{M_T \cdot M_{Ll}}{r^2}$

L'acceleració centrípeta de la Lluna és: $a_c = \frac{v^2}{r}$, en què *v* és la velocitat lineal de la Lluna al voltant de la Terra.

Aplicant la segona llei de Newton a la Lluna: $F = M_{Ll} \cdot a_c$

$$G \cdot \frac{M_T \cdot M_{Ll}}{r^2} = M_{Ll} \cdot \frac{v^2}{r}$$

El valor de la velocitat es pot calcular:

$$v = \sqrt{\frac{G \cdot M_T}{r}} = \sqrt{\frac{6{,}67 \cdot 10^{-11} \cdot 5{,}97 \cdot 10^{24}}{3{,}844 \cdot 10^{8}}} = \mathbf{1.020\ m/s}$$

Com que la velocitat de rotació de la Lluna i la massa de la Terra són constants, el radi de gir de la Lluna també ho serà. És per aquest motiu que la distància Terra-Lluna es manté constant i la Lluna no cau sobre la Terra.

ACTIVITATS

13 En l'exercici resolt d'aquesta pàgina hi ha una expressió que permet calcular la força d'atracció de la Terra sobre la Lluna. Quina seria la de la Lluna sobre la Terra? Justifica la resposta.

Activitats interactives
Activitat de síntesi

4. La concepció actual de l'Univers

Ens hem centrat bàsicament a estudiar allò que tenim més proper, el Sol, la Terra, la Lluna... Però hi ha més cossos al sistema solar i a la resta de l'Univers. Veient-ho tot, hi ha una darrera gran pregunta pendent de respondre, quin és l'origen de l'Univers?

4.1 Les distàncies a l'Univers

Les nostres unitats habituals de mesura de distàncies són massa petites per fer-les servir a l'Univers, i per això n'hi ha d'altres.

Cerqueu informació i calculeu

a | Busqueu informació sobre aquestes tres unitats per mesurar distàncies: **any llum**, **parsec** (**pc**) i **unitat astronòmica** (**UA**). Quina és la seva definició i la seva equivalència en el SI?

b | Calculeu la distància de la Terra al Sol en anys llum.

c | Si el Sol s'apagués, quan tardaríem a saber-ho?

4.2 El sistema solar

El sistema solar està format per diferents tipus d'objectes: **una estrella, planetes** i **planetes nans**, **satèl·lits**, **asteroides** i **cometes**.

Cerqueu i organitzeu informació

a | Definiu els termes següents:
sistema solar, *planeta*, *planeta nan*, *satèl·lit natural*, *cometa* i *asteroide*.

b | Indiqueu la diferència entre un planeta, un satèl·lit natural i un asteroide.

c | Quin és el criteri per distingir si un planeta és nan o no? Quins són els planetes nans del sistema solar?

d | Per a cada planeta i planeta nan busqueu les dades següents:
- Distància mitjana al Sol (UA)
- Diàmetre equatorial (km)
- Període de rotació (temps terrestre)
- Període orbital (temps terrestre)
- Nombre de satèl·lits coneguts

Feu servir les unitats que s'indiquen. Amb temps terrestre volem dir hores, dies o anys, segons calgui.

ACTIVITATS

14. Ordena els planetes del sistema solar de més gran a més petit. En quin lloc es troba la Terra?
15. Ordena els planetes segons la durada d'un dia (període de rotació). Quant dura un dia a Venus? I un any? Quant dura un dia a Júpiter?
16. Fins fa pocs anys, es considerava que Plutó era el novè planeta del sistema solar. Com se'l considera actualment? Per què?

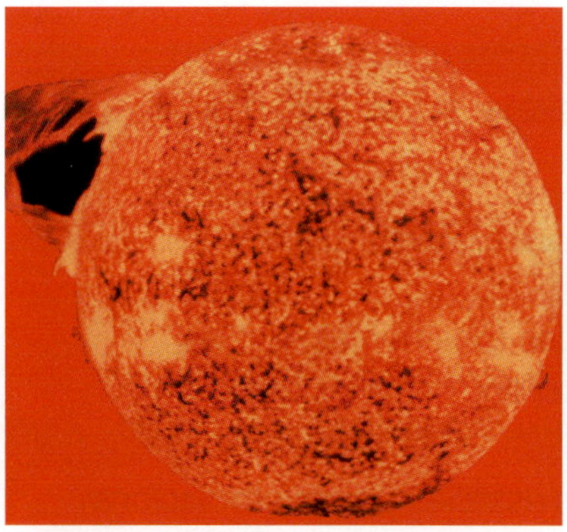

El **Sol** és una **estrella** relativament jove (només té 4.500 milions d'anys), de color groc, de massa mitjana ($1{,}98 \cdot 10^{30}$ kg). Té una temperatura de 6.000 K a la superfície, mentre que la temperatura al seu interior pot arribar als 13 milions de K. El seu diàmetre es d'1,4 milions de km.

Els **planetes**, com ara **Saturn**, són cossos esfèrics que orbiten al voltant d'una estrella i que a causa de la seva gran massa han estat capaços d'atreure i d'expulsar tots els cossos del voltant de la seva òrbita. A diferència de les estrelles, no emeten llum pròpia.

Els **planetes nans**, com ara **Plutó** amb el seu satèl·lit Caront, són cossos esfèrics que orbiten al voltant d'una estrella però no tenen prou massa per atreure o expulsar tots els cossos del voltant de la seva òrbita. Igual que els planetes, no emeten llum pròpia.

Els **satèl·lits naturals** són astres de mida reduïda que giren al voltant d'un altre cos planetari, generalment planetes. Tot sovint són més petits que el planeta que orbiten. La **Lluna** és el satèl·lit de la Terra. Per extensió,s'anomenen llunes els satèl·lits dels altres planetes.

Els **cometes** són cossos celestes formats per partícules de pols i gel amb una òrbita molt més allargada que la dels planetes. Quan s'acosten al Sol, mostren una cua visible. Alguns cometes són periòdics. El cometa **Kohoutek** va ser vist l'any 1973, i es creu que es tornarà a veure d'aquí a uns 10.000 anys.

Els **asteroides** són cossos celestes de naturalesa rocosa més petits que els planetes. Orbiten al voltant del Sol en dues regions diferenciades: el cinturó d'asteroides i el cinturó de Kuiper. L'asteroide **Sílvia** és un dels més grans del cinturó d'asteroides (261 km). És el primer cos conegut orbitat per dues llunes.

ACTIVITATS

17. Busca informació sobre el cometa Halley. De què està compost? Cada quant el podem veure? Per què es diu així? Quan va ser vist per última vegada des de la Terra? Fes una llista de les vegades que se n'ha documentat l'observació i dels astrònoms que ho han fet.
18. Què són els estels fugaços? Són realment estrelles? Per què brillen tant? Es podrien veure estels fugaços des de la Lluna? Per què?
19. En quines regions del sistema solar se situen la majoria d'asteroides?
20. A la superfície del Sol es produeixen, de tant en tant, grans explosions que provoquen emissions d'ones electromagnètiques cap a l'espai que viatgen a la velocitat de la llum. En arribar a la Terra, aquestes ones poden provocar interferències en els aparells electrònics. Calcula quant triguen a arribar a la Terra les ones generades per una explosió solar.

4.3 Les estrelles

El nostre sistema solar està centrat en una estrella: el Sol. Però n'hi ha moltes més i de diferents tipus.

Cerqueu informació

a | De quins elements químics estan formades fonamentalment les estrelles? Quin tipus de reaccions hi tenen lloc? Què es forma en aquestes reaccions?

b | Com a resultat d'aquestes reaccions, les estrelles emeten radiacions electromagnètiques. Què són aquestes radiacions?

c | No totes les estrelles són iguals, i nosaltres les classifiquem segons la seva massa, grandària i lluminositat. Feu un resum dels principals tipus d'estrelles que podem observar, amb el seu nom i una descripció breu de les seves característiques.

d | Les estrelles, durant la seva vida, passen per diferents fases. Feu una descripció breu d'aquesta evolució.

e | Classifiqueu el Sol com a estrella i digueu en quin estat de la seva evolució es troba.

4.4 Les galàxies, les nebuloses i els quàsars

No tots els punts brillants que es veuen al cel són estrelles puntuals.

Cerqueu informació

a | Què és una **galàxia**? Com s'anomena la galàxia on hi ha el sistema solar? Quantes estrelles es calcula que la formen?

b | Quin és el diàmetre, aproximat, de la nostra galàxia? Expresseu-ho en anys llum i en quilòmetres.

c | Quina posició ocupa el sistema solar a la galàxia? N'és el centre?

d | Quines són les diferents formes que presenten les galàxies?

e | La imatge correspon a la **Via Làctia**. Com la classificaríeu per la seva forma?

f | La nostra galàxia està agrupada en un cúmul anomenat **Grup Local**. Qui més en forma part? Digueu-ne els noms.

g | Hi ha també altres agrupacions de matèria que s'han pogut observar. Digueu què és una **nebulosa** i un **quàsar**.

ACTIVITATS

21 Si una nit clara i sense lluna, lluny de les llums de la ciutat, mires cap al cel, veuràs una mena de taca blanquinosa que travessa tot el firmament. Com es diu? Què és?

22 Pròxima del Centaure és l'estrella més propera a la Terra després del Sol; es troba a 4,2 milions d'anys llum. A quants quilòmetres equival aquesta distància?

4.5 L'observació de l'Univers

Sabem que l'observació és una de les etapes fonamentals d'allò que anomenem «mètode científic». Probablement l'astronomia és una de les disciplines on es posa més de manifest.

Cerqueu informació

Hi ha diferents instruments que fem servir per observar l'Univers.

a | Quin instrument es va fer servir en els inicis de l'observació astronòmica? Quines civilitzacions coneixem que la practiquessin? Amb quina finalitat ho feien? Què es va poder establir, a partir d'aquestes primeres observacions, que encara fem servir ara?

b | El desenvolupament de l'òptica va permetre introduir un nou tipus d'instrument. Quin? Quins científics van ser dels primers a emprar-lo? Quins primers descobriments es van fer?

c | Avui dia aquests instruments s'han desenvolupat moltíssim; fins i tot, en tenim algun en òrbita. Com s'anomena? Cerqueu informació sobre la seva posició i el seu període orbital. Quin avantatge presenta en relació amb els seus semblants situats a la Terra?

d | També som capaços d'enviar naus a zones allunyades o a altres objectes de l'Univers. Com s'anomenen aquestes naus? No fa massa temps, vam ser capaços de situar-ne una sobre un cometa. Com s'anomena aquesta nau? Feu un breu resum del seu viatge.

e | A la Terra ens arriba radiació emesa pels astres. De l'anàlisi d'aquesta radiació també en podem obtenir informació. Com s'anomena la branca de l'astronomia dedicada a aquest estudi? Què es va descobrir analitzant la radiació emesa pel Sol?

4.6 La nova visió de la gravetat

Albert Einstein, a principis del segle XX, va modificar la nostra concepció de l'espai i el temps.

Cerqueu informació i contesteu

a | Qui era Albert Einstein? Com s'anomena la teoria que proposa que l'espai es corba per acció de les masses?

b | Una de les coses que s'associen a aquesta teoria són els forats negres. Què són? Com s'han format? Des de quan sabem que existeixen? Si la llum no pot escapar dels forats negres, com sabem que existeixen?

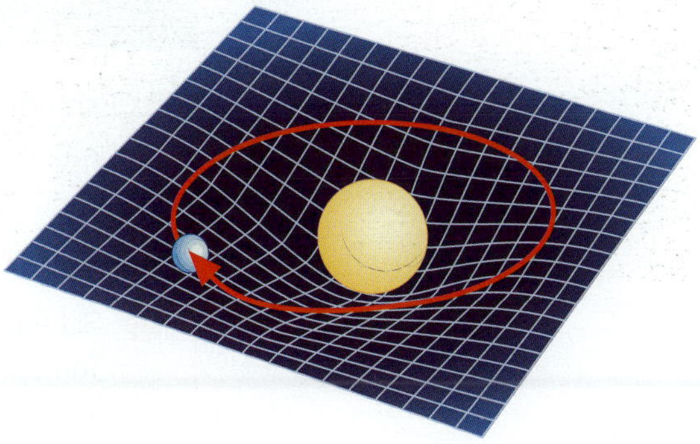

ACTIVITATS

23. Les sondes espacials es poden considerar satèl·lits artificials? Justifica'n la resposta.
24. Segons la teoria de la relativitat general, la Terra provoca una deformació en l'espai més gran o més petita que la provocada pel Sol? Per què?

4.7 Origen i evolució de l'Univers

Com sempre, no en tenim prou de saber com són les coses, volem saber com s'han format i com evolucionaran.

Cerqueu informació i contesteu

a | Com s'anomena la teoria que fem servir avui en dia per explicar l'origen de l'Univers? Feu una breu descripció de la seva proposta.

b | Quina es creu que és l'edat de l'Univers?

c | Es diu que, actualment, l'Univers està en expansió. Què significa aquesta expressió? Quines proves en tenim?

d | Des que l'Univers es va formar, ha anat evolucionant. La figura següent representa, de forma gràfica, aquesta evolució. Resumiu els principals esdeveniments que s'han succeït en aquest temps.

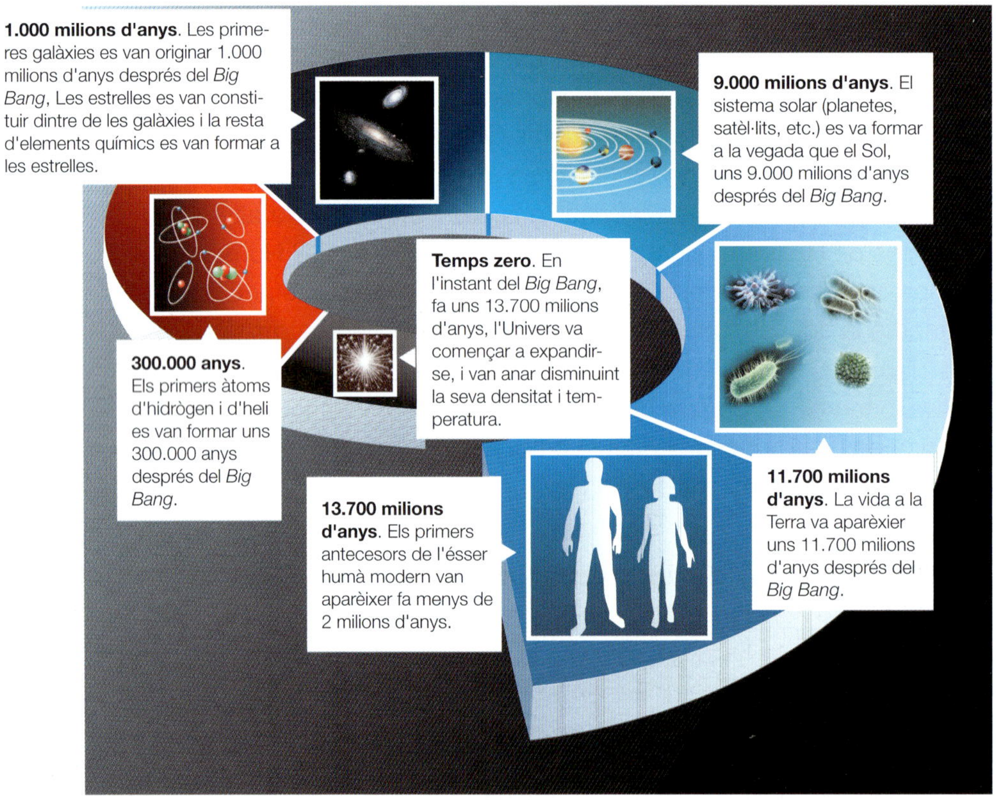

e | Quina es creu que serà l'evolució futura de l'Univers? Quines teories hi ha i què proposen?

ACTIVITATS

25 Si l'edat de l'Univers fos d'un any, en quin mes hauria aparegut la vida a la Terra? I l'ésser humà?

26 A mesura que ha anat passant el temps des del Big Bang, com ha anat variant la densitat de l'Univers?

27 La teoria del Big Bang també afirma que l'Univers en conjunt es va refredant. Actualment, s'ha fet un càlcul de la temperatura mitjana de l'Univers que dóna aproximadament uns 4 K (–269 °C). Si es continua refredant, quina serà la temperatura final?

Activitats interactives
Activitat de síntesi

PER ESTUDIAR

1. On es troba la Terra?

Al llarg de la història de la humanitat s'han establert diferents models per explicar els moviments observats dels cossos celestes.

1.1 L'Univers segons Aristòtil

En el segle IV aC, Aristòtil va elaborar un model d'Univers basat en **esferes concèntriques**. Aristòtil anomenà **regió terrestre** l'esfera central, on se situava la Terra, i **regió celeste** el conjunt format per la resta d'esferes.

En l'esfera més externa, o volta celeste, es trobaven les estrelles, que ocupaven posicions fixes. La volta celeste feia un gir complet cada dia.

1.2 El sistema geocèntric de Ptolemeu

Ptolemeu (segle II) va proposar un model d'Univers en què la Terra seguia ocupant el centre. El Sol i la Lluna descrivien òrbites circulars i els planetes realitzaven dos moviments circulars simultanis: d'una banda, al voltant d'un punt i, de l'altra, al voltant de la Terra. El Sol girava cada dia al voltant de la Terra, igual que en el model aristotèlic.

1.3 El sistema heliocèntric de Copèrnic

En el segle XVI, Nicolau Copèrnic (1473-1543) va plantejar un model en què el centre de l'Univers era el Sol, i tots els planetes giraven al seu voltant descrivint òrbites circulars. La Lluna girava al voltant de la Terra.

El model copernicà, anomenat **heliocèntric**, admetia que la Terra es movia i, a més, que no ocupava el centre de l'Univers.

1.4 La contribució de Galileu

Galileo Galilei, un dels més influents científics del moment, va aportar arguments decisius en suport del model heliocèntric. El 1632, Galileu va publicar les seves idees en el *Diàleg sobre els principals sistemes del món*, on defensava el sistema heliocèntric. Aquesta publicació li va ocasionar greus enfrontaments amb l'Església catòlica, que el va obligar a acceptar el model geocèntric. A més, va ser jutjat i condemnat a arrest domiciliari de per vida.

Els científics van aprovar les idees heliocentristes a finals del segle XVII, després de durs enfrontaments entre l'Església catòlica, defensora del model geocèntric, i la comunitat científica, les teories de la qual es basaven en l'observació.

ACTIVITATS

1. En què es diferencien el model d'Aristòtil i el de Ptolemeu?
2. Defineix els conceptes de *geocentrisme* i *heliocentrisme*.
3. Quins arguments utilitzava Galileu per defensar el model heliocèntric?
4. Per què creus que l'Església catòlica rebutjava les teories heliocèntriques de Copèrnic o de Galileu?

2. Les lleis de Kepler

Encara que es van centrar en el sistema solar, aquestes lleis descriuen el moviment dels planetes i de qualsevol astre al voltant de qualsevol estrella.

- **Primera llei de Kepler**: els planetes descriuen òrbites el·líptiques al voltant del Sol. El Sol està situat en un dels focus de l'el·lipse.
- **Segona llei de Kepler**: la línia que uneix el planeta amb el Sol escombra àrees iguals en temps iguals.
- **Tercera llei de Kepler**: el quadrat del període orbital, T, és proporcional al cub de la distància mitjana del planeta al Sol, r:

$$\frac{T^2}{r^3} = k$$

on k és una constant de proporcionalitat.

ACTIVITATS

5. Explica què és el període orbital i el període de rotació d'un cos. Quins són els períodes orbital i de rotació de la Terra?
6. Es pot utilitzar la tercera llei de Kepler per calcular dades de l'òrbita d'un satèl·lit de Mart a partir de les dades de la nostra Lluna? Per què?
7. Imagina que es descobrís un nou planeta del sistema solar amb un període orbital de 5 anys terrestres. A quina distància mitjana es trobaria del Sol? Expressa el resultat en km i en UA.
8. Imagina que es descobrís un nou planeta a 60 UA del Sol. Quant duraria el seu any?

3. La llei de la gravitació universal

Ja coneixem la geometria del sistema solar, que la Terra no és el centre de l'Univers, que ens movem al voltant del Sol igual que la resta de planetes, que les òrbites són el·líptiques. **Newton** va elaborar una teoria que explicava per què succeïa tot això.

3.1 L'atracció entre masses

Newton va proposar que la força gravitatòria, amb què són atrets els cossos cap a la superfície terrestre, era aplicable a tots els planetes del sistema solar i que, per tant, era una força universal. La força que fa que una poma caigui sobre la Terra i la que fa girar la Lluna al nostre voltant i nosaltres al voltant del Sol, són la mateixa.

Va establir la **llei de la gravitació universal**: dos cossos s'atrauen mútuament amb una força que és directament proporcional al producte de les seves masses i inversament proporcional al quadrat de la distància que els separa.

$$F = G \cdot \frac{m_1 \cdot m_2}{d^2}$$

on m_1 i m_2 són les masses, d és la distància entre elles i G és la constant de gravitació universal, que té un valor de:

$$G = 6{,}67 \cdot 10^{-11} \frac{\text{N} \cdot \text{m}^2}{\text{kg}^2}$$

És a dir, que la força amb què s'atrauen dos cossos només depèn de les seves masses i de la distància que separa els seus centres.

Recordem que podem calcular el pes d'un cos a la superfície de la Terra a partir de $p = m \cdot g$. Però la llei de la gravitació universal ens permet de saber el valor de g tant a la Terra com en qualsevol altre astre, a partir de les dades de la massa de l'astre (M) i del seu radi (R):

$$g = G \cdot \frac{M}{R^2}$$

3.2 El moviment dels planetes

El moviment que descriuen els planetes al voltant del Sol i el de la Lluna al voltant de la Terra és, aproximadament, circular. En aquest moviment la velocitat canvia constantment de direcció i, per variar la velocitat, és necessària una acceleració.

L'acceleració que provoca un canvi en la direcció de la velocitat en un moviment circular uniforme s'anomena **acceleració centrípeta** o **normal**, i es calcula d'acord amb l'expressió:

$$\boldsymbol{a_c} = \frac{\boldsymbol{v^2}}{\boldsymbol{r}}$$

on v és el mòdul de la velocitat lineal del planeta i r el seu radi de gir.

D'acord amb la segona llei de Newton, $F = m \cdot a$, per produir una acceleració cal una força que actuï en la mateixa direcció. En aquest cas la força que actua sobre els planetes la fa l'astre central entorn del qual giren els diferents astres i satèl·lits. Si anomenem M la massa de l'astre central, i m la massa del que gira al seu voltant, la llei de la gravitació universal ens diu que aquesta força val:

$$F = G \cdot \frac{M \cdot m}{r^2}$$

Aplicant $F = m \cdot a$ tenim:

$$G \cdot \frac{M \cdot m}{r^2} = m \cdot \frac{v^2}{r}$$

Simplificant podem obtenir una expressió per calcular la velocitat de rotació del planeta al voltant de l'astre central:

$$v = \sqrt{\frac{G \cdot M}{r}}$$

ACTIVITATS

9. Analitza l'equació obtinguda per calcular la velocitat d'un satèl·lit. Si la Lluna tingués el doble de massa de la que té, viatjaria a la mateixa velocitat? Raona'n la resposta.
10. Calcula a quina velocitat es mou el satèl·lit europeu *Envisat*, si la seva altura sobre la superfície de la Terra és de 790 km.
11. Hi ha algun punt, entre la Terra i la Lluna, on la força total d'atracció sobre una nau espacial sigui nul·la? Està més proper a la Terra o a la Lluna? Calcula a quina distància de la Terra està situat aquest punt.

4. La concepció actual de l'Univers

4.1 Les distàncies a l'Univers

- Un **any llum** és la distància que recorre la llum en un any: **1 any llum = 9,5 · 10^{15} m**
- El **parsec** (**pc**): **1 pc = 3,26 anys llum**
- La **unitat astronòmica** (**UA**) és la distància mitjana entre el Sol i la Terra: **1 UA = 1,5 · 10^{11} m**

4.2 El sistema solar

El **sistema solar** està situat en un dels braços de la Via Làctia, i és el conjunt format per una única estrella, el **Sol**, i tots els astres que giren al seu voltant: vuit **planetes**, alguns **planetes nans**, diversos **satèl·lits** i altres cossos menors (**cometes** i **asteroides**).

- El **Sol** és una estrella. Té una temperatura de 6.000 K a la superfície i el seu interior pot arribar als 13 milions de kelvins.
- Els **planetes** són cossos esfèrics que orbiten al voltant d'una estrella i que, a diferència de les estrelles, no emeten llum pròpia.
- Els **planetes nans** són cossos esfèrics que orbiten al voltant d'una estrella. Igual que els planetes, no emeten llum pròpia. Però, a diferència dels planetes, els planetes nans formen part d'un conjunt de cossos de diferents masses, i tots orbiten al voltant de l'estrella.
- Els **satèl·lits** naturals són astres de mida molt més petita que els planetes que giren al voltant d'aquests. La Lluna és el satèl·lit de la Terra.
- Els **cometes** són cossos celestes formats per partícules de pols i gel amb una òrbita molt més allargada que la dels planetes.
- Els **asteroides** són cossos celestes de naturalesa rocosa més petits que els planetes. Orbiten al voltant del Sol en dues regions diferenciades: el cinturó d'asteroides i el cinturó de Kuiper.

4.3 Les estrelles

Les **estrelles** són cossos celestes compostos fonamentalment d'hidrogen i heli. Generen energia en reaccions de fusió nuclear, originades per gegantines forces de pressió que obliguen a fusionar-se àtoms d'hidrogen per formar àtoms d'heli. D'aquesta manera, emeten llum i altres radiacions electromagnètiques. Les estrelles donen lloc a la majoria dels elements químics de l'Univers mitjançant les reaccions de fusió.

Les estrelles són molt diferents les unes de les altres pel que fa a massa, grandària i lluminositat. Entre la varietat d'estrelles observables, podem esmentar:

- Les **nanes vermelles** i les **nanes blanques**. Són estrelles de poca lluminositat; les vermelles són estrelles joves, mentre que les blanques es troben al final de l'evolució estel·lar, ja que han esgotat quasi tot l'hidrogen de què disposaven.
- Les **estrelles gegants**. Tenen diàmetres unes 100 vegades superiors al del Sol.
- Les **estrelles supergegants** són molt grans (entre 30 i 500 vegades més grans que el Sol) i extremament lluminoses.

Les estrelles evolucionen augmentant de volum fins a convertir-se en una gegant vermella. A la fi, però, es poden convertir en una **nana blanca**, una estrella de neutrons o fins i tot un forat negre, segons la seva massa. En aquest estadi final algunes experimenten un procés d'inestabilitat que provoca una explosió, que origina una **nova** o una **supernova**.

4.4 Les galàxies, les nebuloses i els quàsars

La **Via Làctia** és la galàxia on es troba el sistema solar.

L'Univers està format per milers de milions de **galàxies**. Les galàxies són agrupacions, més o menys definides, de milers de milions d'estrelles i matèria interestel·lar.

Les galàxies s'agrupen en estructures més grans, anomenades **cúmuls de galàxies**. Altres agrupacions de matèria que també s'han pogut observar són les **nebuloses**, acumulacions de matèria interestel·lar; i els **quàsars**, objectes dels quals es rep molta radiació i que se suposa que poden ser galàxies en formació.

4.5 L'observació de l'Univers

- L'**observació a ull nu**. Va ser l'origen de l'astronomia i va permetre agrupar les estrelles visibles en constel·lacions; contemplar la Lluna i les seves fases; els eclipsis; els planetes, com Mart, Venus, Júpiter i Saturn; la Via Làctia i els estels fugaços. Les observacions astronòmiques van permetre determinar el calendari, predir els eclipsis i les posicions dels cossos celestes.
- El **telescopi**. Des de les primeres observacions astronòmiques, fetes per Galileu a principis del segle XVII, el telescopi s'ha anat perfeccionant. El 1990 es va posar en òrbita fora de l'atmosfera el telescopi espacial Hubble, que permet obtenir imatges molt més clares, no subjectes als efectes de la contaminació lumínica i dels fenòmens meteorològics.
- Els **espectres de llum**. En analitzar l'espectre d'emissió de llum d'una estrella es pot saber els elements que conté.
- **Sondes espacials**. Són dispositius que s'envien a l'espai per estudiar el nostre sistema solar.
- **Radioastronomia**. Estudia els objectes celestes a partir de l'emissió de radiacions electromagnètiques. Per detectar aquestes radiacions, s'utilitzen els **radiotelescopis**. Aquests aparells han estat utilitzats per estudiar el Sol, l'activitat solar, els planetes i, fins i tot, cossos a l'espai que no emeten llum visible.

4.6 La nova visió de la gravetat

A principi del segle XX, **Albert Einstein** (1879-1955) va enunciar la **teoria de la relativitat general** segons la qual l'espai estava corbat per la força de la gravetat, és a dir, la deformació de l'espai en un lloc és proporcional a la quantitat de massa que hi havia en aquella zona.

Per a Einstein, l'espai de l'Univers és una espècie de paisatge muntanyós, amb desnivells produïts per la presència de masses, com si fos un llençol estirat que es deforma si hi posem un objecte a sobre. D'aquesta manera, les òrbites dels planetes s'expliquen com un moviment corbat dins la deformació que provoca el Sol.

4.7 Origen i evolució de l'Univers

Segons els científics, l'Univers es va originar fa uns 13.700 milions d'anys en un procés anomenat **Big Bang** o de la **gran explosió**. Fins aleshores, tota la matèria es concentrava en un punt, per la qual cosa la densitat i la temperatura eren elevadíssimes. En un instant determinat, un esdeveniment semblant a una gran explosió va iniciar el que se suposa que és l'origen de l'Univers i en va provocar l'expansió. A mesura que l'Univers s'expandia, en disminuïen la densitat i la temperatura. Les partícules elementals es van agrupar i van formar àtoms, principalment d'hidrogen i heli i, més tard, els àtoms d'altres elements químics.

La força gravitatòria va fer que la matèria s'anés agrupant en unes regions determinades produint núvols de pols, galàxies, estrelles i la resta de cossos celestes coneguts. La gran explosió inicial va ser tan violenta que, malgrat que les forces gravitatòries frenen les galàxies, l'Univers segueix expandint-se.

La imatge següent representa la simulació de l'expansió de l'Univers. Els punts representen les galàxies.

Els científics no poden predir si l'Univers continuarà expandint-se indefinidament o si s'aturarà d'aquí a milers de milions d'anys, i es començarà a contraure. El teòric final d'aquesta contracció es coneix amb el nom de **Big Crunch** o gran col·lapse. Actualment es creu que aquesta última hipòtesi sembla que no es farà realitat, ja que els últims descobriments confirmen que l'Univers s'està expandint cada vegada més ràpidament.

ACTIVITATS

12. En què es diferencien les nanes blanques de les nanes vermelles?
13. Què es una supernova? Explica el procés de formació d'aquest cos celeste.
14. Per què creus que els primers àtoms que es van formar van ser els d'hidrogen i d'heli?
15. Cerca informació sobre les sondes espacials. Quina va ser la primera a arribar a Mart? En quin any ho va fer? I quina va ser la primera a arribar a Venus? N'hem enviat alguna cap al Sol?
16. Quina diferència hi ha entre les estrelles gegants i les supergegants?

Comprova el que saps
Mapa conceptual

Determinació del valor de l'acceleració de la gravetat terrestre

Objectiu

Determinar experimentalment el valor de l'acceleració de la gravetat terrestre.

Coneixements previs

Com que el moviment de caiguda lliure és un MRUA, l'equació de la posició és:

$$y = y_0 + v_0 t \pm \frac{1}{2} g t^2$$

Si deixem caure un cos d'una determinada altura, com que $y_0 = 0$ i $v_0 = 0$, tindrem que:

$$h = \frac{1}{2} g t^2, \text{ d'on } g = \frac{2h}{t^2}$$

Material

- Dues portes òptiques amb rellotge
- Una font d'alimentació d'uns 6 V
- Un regle mil·limetrat o una cinta mètrica
- Una bola metàl·lica d'uns 2 cm de diàmetre
- Un suport i nous
- Cables de connexió
- Un electroimant

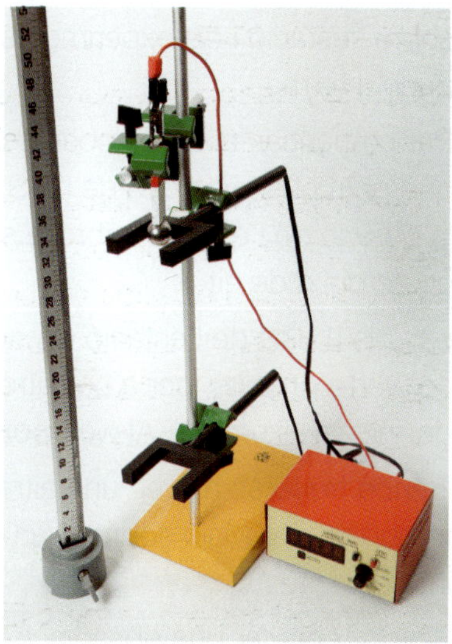

Procediment

1. a) Fem el muntatge que mostra la fotografia i mesurem la distància, *h*, entre les dues portes.
   b) Connectem l'electroimant i situem la bola a l'alçària de la porta més alta.
   c) Desconnectem l'electroimant i mesurem el temps que triga la bola a recórrer la distància *h*.
   d) Repetim aquesta mesura quatre vegades i prenem com a temps, *t*, la mitjana dels valors mesurats.
2. Repetim el procediment anterior variant la distància entre les portes.

Recollida de dades

Anotem les dades en unes taules com aquestes.

Assaig 1					
Mesura	*h*	2*h*	*t*	t^2	*g*
1					
2					
3					
4					

Assaig 2					
Mesura	*h*	2*h*	*t*	t^2	*g*
1					
2					
3					
4					

ACTIVITATS

1. Quin valor de *g* has obtingut experimentalment?
2. Influeix l'altura des d'on deixem caure la bola en el valor de l'acceleració de la gravetat?
3. Per què repetim l'experiment diverses vegades?
4. Creus que variar la massa de la bola influiria en el valor de l'acceleració de la gravetat? Raona la resposta.

ACTIVITAT FINAL

L'Estació Espacial Internacional

En aquesta activitat investigaràs l'Estació Espacial Internacional, anomenada ISS pel seu nom en anglès: *International Space Station*. Es tracta d'un projecte internacional amb la participació de les agències espacials dels Estats Units, Rússia, el Japó, el Canadà, el Brasil i l'Agència Espacial Europea (menys el Regne Unit i altres països). El seu objectiu és construir i mantenir, en òrbita al voltant de la Terra, una estació espacial permanent.

A l'estació, a més de l'observació de la Terra i l'estudi de l'espai, s'hi realitzen investigacions biològiques, sobre la fisiologia humana, i també en els camps de la física i la ciència dels materials.

Hi ha molta informació disponible a Internet sobre l'estació i els experiments que s'hi duen a terme.

Imatge de l'Estació Espacial Internacional (ISS) orbitant al voltant de la Terra.

Per començar, al web trobaràs una pàgina en què pots observar, des de l'ISS, imatges en directe de la Terra o de l'interior de la nau. També hi pots veure quina es la posició de l'estació sobre la superfície de la Terra, la seva trajectòria i les zones de la Terra on, en aquell moment, és de dia o de nit.

La vida a dins de l'estació espacial no és fàcil, els astronautes estan en una situació d'ingravidesa total, cosa que converteix hàbits, per a nosaltres normals, en un problema a resoldre; per exemple, menjar o beure, anar al lavabo, dormir, fer exercici... Al web pots observar com és la vida a l'ISS.

També trobaràs al web una altra pàgina on hi ha informació sobre les característiques del moviment de la nau, i també una previsió sobre quan és observable des de la teva ciutat. Cerca'n alguna més que contingui informació interessant.

Si vols, pots fer una observació directa, a ull nu, de l'ISS. Cerca informació sobre en quina data es donaran les millors condicions d'observació a la teva ciutat i intenta-ho.

ACTIVITATS

1. Recull algunes dades sobre l'estació. Primer dades sobre l'estació en si, especialment quina massa i quines dimensions té. Recull també dades sobre les característiques del seu moviment: altura sobre la superfície de la Terra i velocitat lineal.
2. Amb aquestes dades i les anteriors, calcula el període de rotació al voltant de la Terra. Quantes sortides de Sol veuen els astronautes en un dia terrestre?
3. Calcula la força d'atracció gravitatòria entre l'ISS i la Terra. Pots fer servir dades sobre el radi i la massa de la Terra i el valor de la constant G. Et sembla un valor gran o petit?
4. Els astronautes a l'estació espacial estan en una situació d'ingravidesa, malgrat que la força gravitatòria al lloc on són no ha desaparegut. Com pots explicar aquest fet?
5. Un astronauta vol repetir l'experiment de comprovar si un suro flota en un vas amb aigua. Creus que ho podrà fer? Raona la teva resposta.
6. Informa't de com han resolt el tema de beure líquids, menjar i fer exercici.

Autoavaluació

REVISTA DE CIÈNCIA

L'estudi de l'Univers

Des de l'antiguitat, l'ésser humà ha mirat el cel i ha tingut la necessitat d'estudiar-lo i intentar explicar-ne l'origen, que, a la vegada, està lligat amb el del nostre planeta Terra i el dels éssers vius que hi habiten.

De fet, no sempre s'ha parlat d'Univers. Els primers astrònoms creien que la Terra era un pla envoltat d'una cúpula on hi havia el cel i el Sol durant el dia i que, a la nit, la cúpula es movia i donava pas a un fons negre amb els estels i la Lluna.

Durant molt de temps es va creure que la Terra era el centre de l'Univers, i que eren els altres astres (incloent-hi el Sol) els que es movien al voltant del nostre planeta. Aquesta era la teoria oficial de l'Església catòlica, i no era recomanable pensar d'una altra manera. Però alguns savis van contradir aquesta creença. El primer va ser Copèrnic, que va formular la teoria heliocèntrica segons la qual el Sol era el centre i la resta d'astres giraven al seu voltant. Galileu va ser un defensor d'aquesta teoria i, per aquest motiu, va tenir problemes amb la Inquisició.

L'astronomia moderna va trencar amb els models mítics.

Els astrònoms antics van observar els estels i els van imaginar com a part de les figures que formen les constel·lacions, a les quals van posar noms com Óssa Major, Óssa Menor i Escorpí, entre altres. No obstant això, van ignorar l'existència de fenòmens com les nebuloses, les galàxies o els forats negres perquè en desconeixien l'existència. No va ser fins al segle XVIII que els astrònoms van començar a estudiar les nebuloses, i no va ser fins al 1845 que Lord Rosse va descobrir l'existència de les galàxies.

El Sol sortint darrere de la Terra i, al fons, la Lluna.

A principis del segle XX es van fer dos grans descobriments que van revolucionar el coneixement de l'Univers. Edwin Hubble va demostrar que l'Univers s'expandia constantment i Albert Einstein va predir l'existència dels forats negres, el primer dels quals no es va localitzar fins al 1978.

Una de les claus per conèixer cada cop millor l'Univers ha estat l'evolució dels mètodes d'observació; primer es feien a ull nu des dels terrats dels antics observatoris i no va ser fins que Galileu va fabricar un telescopi, a partir d'un invent de l'holandès Hans Lippershey, que es va obrir una porta al coneixement de l'Univers. Amb el pas del temps, els telescopis s'han perfeccionat i cada cop han permès enfocar objectes més llunyans. I aquest camí continua fent-se dia a dia perquè, actualment, l'ésser humà no només veu l'Univers a través dels telescopis òptics, sinó que també ha après a escoltar-lo analitzant altres tipus de radiacions com les ones de ràdio.

COMPRENSIÓ LECTORA I REFLEXIÓ

1. Quina concepció es tenia de l'Univers en l'antiguitat?
2. Quins van ser els dos científics que van pensar que la Terra no era el centre de l'Univers?
3. Com han evolucionat els telescopis al llarg del temps?
4. Què creus que vol dir que el telescopi va obrir una porta al coneixement de l'Univers?
5. Per què creus que l'observació del cel i l'estudi dels astres ha interessat tant les persones al llarg de la història?

UNITAT 4

FORCES, PRESSIÓ I FLUIDS

La matèria es pot presentar en tres estats: sòlid, líquid i gas.

- Explica quines diferències hi ha entre aquests tres estats.
- Saps quines propietats comunes tenen els líquids i els gasos? Amb quina paraula es poden anomenar tots dos? Per què?

Alguns objectes (xinxetes, agulles, ganivets...) són punxeguts o estan afilats.

- Pots explicar amb quina finalitat es construeixen així? Què passa quan deixen d'estar-ho?

Algun cop, al mar o en una piscina, deus haver provat d'enfonsar una pilota o d'aguantar una pedra per evitar que vagi cap al fons.

- És fàcil enfonsar la pilota? On et sembla que la pedra pesa més, dins o fora de l'aigua? Què creus que fa l'aigua sobre la pilota o la pedra en els dos casos?

Foto: Els globus aerostàtics van ser els primers vehicles voladors fets per l'ésser humà.

EN AQUESTA UNITAT APRENDRÀS...

1 Com s'exerceixen les forces entre dos cossos.

2 Que els fluids també fan pressió.

3 Per què floten o s'enfonsen els objectes.

4 Com transmeten les pressions els fluids.

5 Que l'aire també exerceix pressió.

I SERÀS CAPAÇ DE...

- Identificar les variables que influeixen en la pressió hidrostàtica i calcular-ne el valor.
- Saber predir la flotabilitat, o no, d'un sòlid en un líquid.
- Justificar la utilització de fluids com a transmissors de la pressió en determinades aplicacions tecnològiques.
- Explicar la influència de determinades variables en el valor de la pressió atmosfèrica.

1. Les forces, la pressió i els fluids

Si un objecte sòlid fa una força sobre un altre, el resultat pot ser diferent segons com es faci aquesta força. Sabeu com s'exerceixen les forces?

1.1 Les forces i la pressió

Les forces de contacte entre dos objectes sòlids es fan a través d'una determinada superfície.

Analitzeu i deduïu

Observeu les imatges següents i analitzeu com es fan les forces entre els diferents cossos i quins són els seus efectes.

a | Què passarà si l'esquiador es treu els esquís i se'ls carrega al coll, pesarà més o menys? S'enfonsarà més o menys? Què canvia entre les dues situacions?

b | Si el ganivet està ben afilat, caldrà fer molta força per tallar la taronja? Què fem quan diem que afilem un ganivet? Què aconseguim fent-ho?

c | La ballarina fa la mateixa força sobre el terra en els dos casos? Quina és aquesta força? Què canvia entre les dues situacions?

d | Quines dues magnituds tenen importància quan estudiem com s'exerceixen les forces entre dos sòlids?

Apliqueu una fórmula

Podem definir una nova magnitud, la **pressió** (***P***), que és igual al quocient entre la intensitat de la força (*F*) i la superfície (*S*) sobre la qual actua la força:

$$P = \frac{F}{S}$$

a | Quina és la unitat de pressió en el sistema internacional d'unitats? Quin nom rep aquesta unitat?

b | Si la ballarina té una massa de 48 kg i la superfície de la punta de cada sabatilla és de 10 cm^2, quina pressió fa en cada cas?

c | Una altra unitat de pressió és el quilopond per centímetre quadrat. Quina relació numèrica hi ha entre les dues unitats?

ACTIVITATS

1. Busca informació sobre altres unitats de pressió que es facin servir en la vida quotidiana, i esbrina quina relació tenen amb el pascal.
2. Un bloc de formigó té forma prismàtica, amb unes dimensions de 10 × 5 × 3 cm i una massa de 1.180 g. Quina pressió fa sobre el terra quan es recolza sobre cadascuna de les cares?

1.2 Els fluids

Els **fluids** són sistemes materials formats per partícules que es mouen lliurement les unes respecte de les altres. Els líquids i els gasos són fluids.

Experimenteu i deduïu

a | Ompliu una xeringa amb aigua acolorida, tapeu l'extrem amb el dit i premeu l'èmbol. Canvia el volum del líquid?

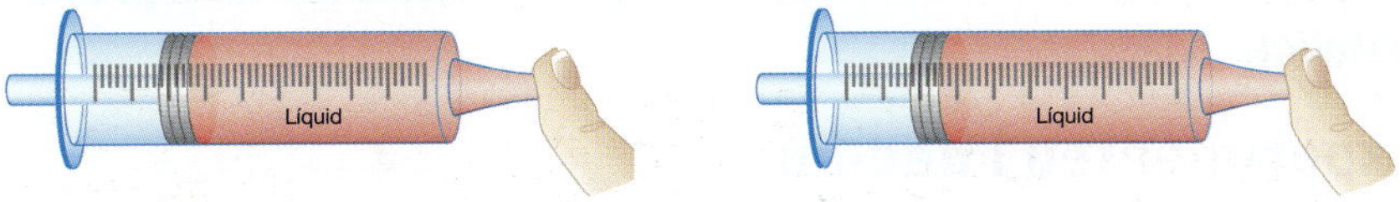

b | Feu el mateix amb una xeringa plena d'aire. Varia el volum de l'aire?

c | Quina diferència hi ha entre els dos casos?

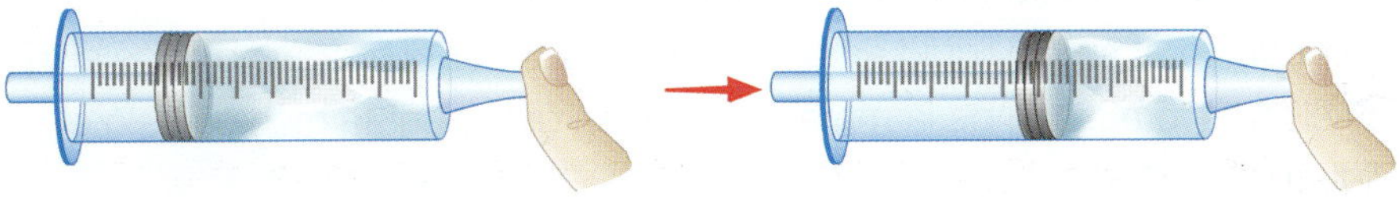

Identifiqueu models

La **teoria cineticomolecular** postula que tota la matèria està formada per partícules.

a | Quin és el comportament de les partícules en cadascun dels tres estats?

b | Copieu i completeu la taula següent (sí/no):

	Forma pròpia	Volum propi	Compressible
Sòlid			
Líquid			
Gas			

c | Què tenen en comú els gasos i els líquids? En què es diferencien? Quin postulat de la teoria cineticomolecular explica aquest comportament diferent?

ACTIVITATS

3. Consulta el web i descriu quines característiques tenen els tres estats de la matèria.

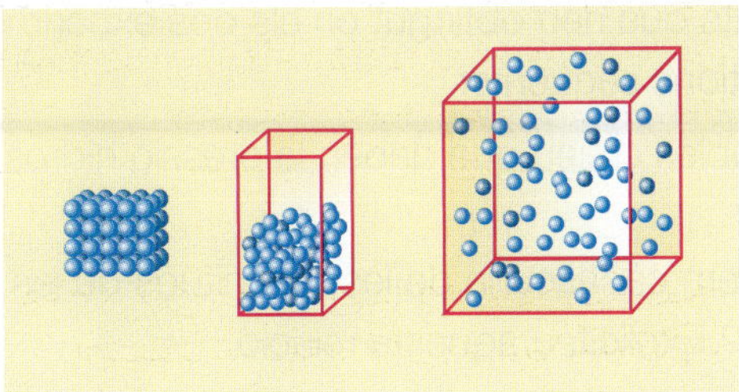

A partir dels models anteriors, com expliques que només els gasos es puguin comprimir?

Activitats interactives
Activitat de síntesi

2. Els fluids pesen: la pressió en els fluids

Quan nedem i ens enfonsem en una piscina o al mar, notem a les orelles sensacions diferents de les de la superfície. Deu ser perquè els fluids també fan pressió?

2.1 La pressió en els fluids

Hidrostàtica: és la part de la Física que estudia la pressió exercida pels fluids en repòs.

Alguns experiments ben senzills posen de manifest l'existència de la **pressió hidrostàtica**.

Experimenteu i deduïu

Agafeu una ampolla de plàstic i feu-hi tres forats a diferent altura. Poseu el coll de l'ampolla sota l'aixeta i reguleu el cabal perquè el nivell de l'aigua es mantingui constant i per sobre dels forats.

a | En el punt per on surt el líquid, quina direcció té?

b | Per quin forat surt el líquid amb més velocitat? Per què creus que és així?

c | Si els tres forats són de la mateixa mida, en quin punt fa més pressió el líquid?

d | Quina magnitud creus que fa que la pressió varïi d'aquesta manera?

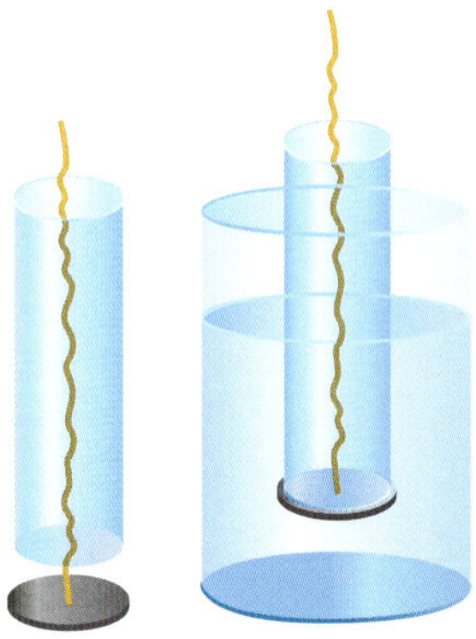

Interpreteu un experiment i deduïu

Agafem un tub cilíndric transparent i un disc de goma, una mica més gran que el tub i lligat amb un fil. Introduïm el conjunt dins d'un recipient amb aigua, de manera que no entri aigua al tub, tal com es veu a la figura. Podeu consultar el web.

a | Cau el disc? Per què?

b | Si inclineu lleugerament el tub, cau?

c | Subjecteu el tub en un punt determinat i aboqueu-hi, lentament, aigua acolorida. Observeu què succeeix i en quin moment se separa el disc del tub. Què passa en aquest punt?

d | Repetiu l'experiment de l'apartat anterior, però ara aboqueu oli dins del tub. En quin punt se separa el disc del tub?

e | Compareu les altures on se separa el disc en els dos experiments anteriors. Quina és més gran? A què creieu que és deguda aquesta diferència?

Analitzeu i concloeu

A partir dels resultats que heu obtingut en els dos experiments anteriors, contesteu les qüestions següents:

a | De quines variables creieu que depèn la pressió hidrostàtica en el si d'un fluid?

b | Quan augmentem cadascuna de les magnituds de les quals depèn, com varia la pressió? Expliciteu aquesta relació.

c | No hi heu estat, però ho heu vist molts cops a la televisió i a les pel·lícules; creieu que també hi hauria pressió hidrostàtica en una nau espacial sense gravetat? Per què?

2.2 Càlcul de la pressió hidrostàtica

A l'apartat anterior hem vist que els fluids fan pressió i de quins factors depèn. Quina expressió matemàtica relaciona aquestes magnituds?

Completeu i deduïu

Observeu la fotografia. Calculem la pressió que fa el líquid sobre qualsevol punt de la base del recipient.

S: Àrea de la base

a | Quin és el volum del líquid que hi ha a dins del vas de precipitats?

$$V = \ldots$$

b | Quina massa, m, té aquest volum, V, de líquid de densitat d? Recordeu la definició de densitat.

$$m = \ldots$$

c | Quin és el pes (**p**) d'aquesta massa de líquid? Recordeu la definició de pes i agafeu com a valor de l'acceleració de la gravetat, *g*. Aquesta és la força que fa el líquid sobre el fons del recipient.

$$F = p = m \cdot g = \ldots$$

d | Recordeu la definició de pressió i calculeu-ne el valor en aquest cas. Després substituïu V pel valor que heu determinat a l'apartat a. Aquesta expressió es coneix com a **principi fonamental de la hidrostàtica**.

$$\boldsymbol{P} = \frac{\boldsymbol{F}}{\boldsymbol{S}} = \ldots = \boldsymbol{d} \cdot \boldsymbol{h} \cdot \boldsymbol{g}$$

e | De quins factors depèn la pressió en el si d'un fluid?

Deduïu i concloeu

Fent servir l'expressió que heu obtingut en l'apartat anterior, podeu deduir algunes conseqüències.

a | Creieu que la forma del recipient té alguna influència sobre el valor de la pressió en el seu fons?

b | Quina és l'única magnitud, lligada a la forma geomètrica del recipient, que influeix en el valor de la pressió hidrostàtica?

c | A una mateixa profunditat, on serà més gran la pressió, al mar o en una piscina? Per què?

d | Si es pogués construir una piscina a la Lluna, com seria la pressió en el seu fons en relació amb el valor a la Terra? Per què?

e | Per què el principi fonamental de la hidrostàtica no és aplicable als gasos? En la resposta tingueu en compte la relació entre densitat i pressió.

ACTIVITATS

4. Quina pressió hidrostàtica suporta el tap d'una banyera quan l'aigua arriba als 50 cm d'altura? Dada: densitat de l'aigua = 1.000 kg/m^3.
5. Si el tap de la banyera anterior és circular i té un radi de 2 cm, quina força exerceix l'aigua sobre el tap?
6. Si la massa del tap de la banyera anterior és de 25 g, quina força mínima s'haurà de fer per destapar la banyera?

2.3 Vasos comunicants

Si en un tub en forma de U hi posem un líquid, aquest assoleix el mateix nivell a les dues branques del tub. Aquest fet té conseqüències i aplicacions en diferents camps.

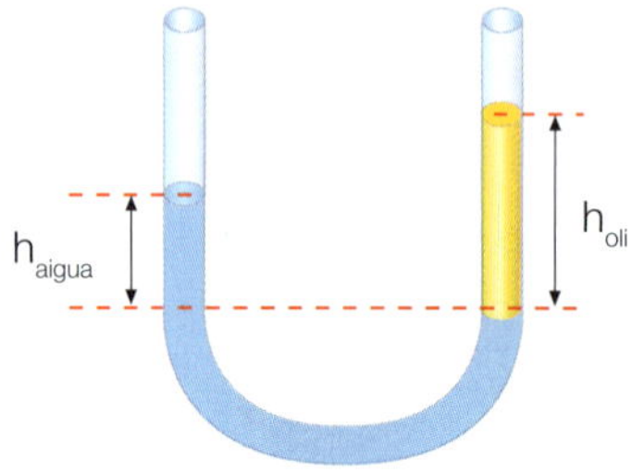

Experimenteu i deduïu

Agafeu un tub en forma de U (pot ser un tub de plàstic transparent), subjecteu-lo fermament, poseu-hi aigua, i observeu què succeeix.

a | Quina alçària agafa l'aigua a cadascuna de les dues branques? Per què?

b | Afegiu una mica d'oli en una de les branques, què observeu? Quina de les dues branques té ara una alçària més gran? A què crèieu que pot ser degut?

c | Mesureu l'alçària de la columna d'oli i la de la columna d'aigua de l'altre costat en relació amb el mateix nivell de base. Com han de ser les pressions a la base de les dues columnes?
Calculeu la pressió a la base de la columna d'aigua. La densitat de l'aigua és 1.000 kg/m^3.

d | Amb aquesta informació, podríeu calcular la densitat de l'oli? Com ho faríeu?

Observeu i raoneu

Observeu les imatges següents; en totes elles hi ha vasos comunicants.

a | Per què es col·loca un petit tub exterior a la bóta de vi?

b | No tots els pous d'aigua són com els de la figura; els d'aquest tipus s'anomenen artesians. Quina conseqüència important té, en aquest cas, la disposició en forma de vasos comunicants?

c | Els tubs de la tercera imatge tenen formes diferents i el conjunt està inclinat. Malgrat això el nivell es manté horitzontal. Per què? Quina utilitat creieu que pot tenir aquest fet?

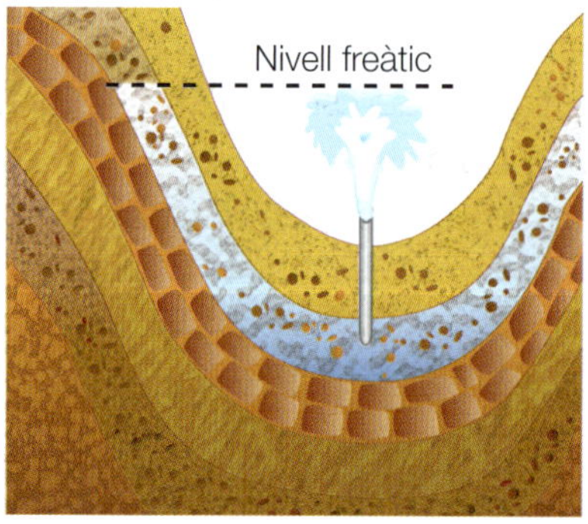

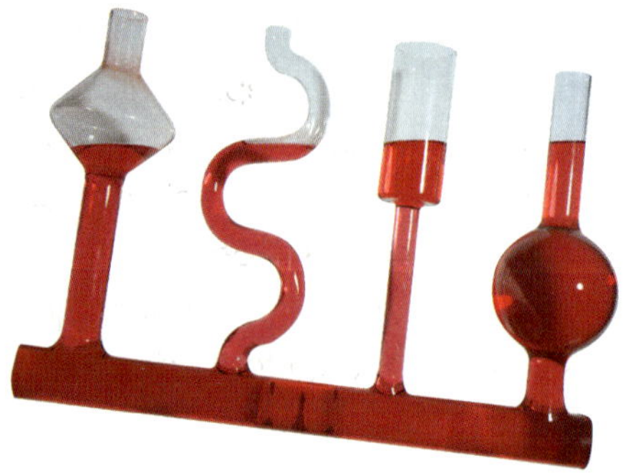

ACTIVITATS

7 Dos recipients estan connectats per la seva part inferior. En un d'ells hi posem aigua fins a una altura de 75 cm. Si a l'altre hi posem aiguarràs (insoluble en aigua), quina altura assolirà? La densitat de l'aiguarràs és 850 kg/m^3.

8 La superfície de l'aigua és sempre horitzontal. Justifica-ho.

Activitats interactives
Activitat de síntesi

3. El principi d'Arquimedes

Un tap de suro flota a l'aigua i un tros de ferro s'hi enfonsa; els vaixells floten i els submarins poden flotar o enfonsar-se a voluntat; els globus d'aire calent o d'heli pugen cel amunt, els que inflem bufant, no. Us heu preguntat mai per què floten o s'enfonsen els objectes?

3.1 La força d'empenyiment. El principi d'Arquimedes

Tots els objectes, a la Terra, pesen. Fem algun experiment per a comprovar si aquest pes és sempre el mateix.

Experimenteu i deduïu

Agafeu un objecte metàl·lic i mesureu-ne el pes amb un dinamòmetre. Anoteu-lo. Repetiu l'experiment amb l'objecte submergit totalment dins d'un recipient amb aigua i anoteu el pes que indica el dinamòmetre. Aquest valor s'anomena **pes aparent**.

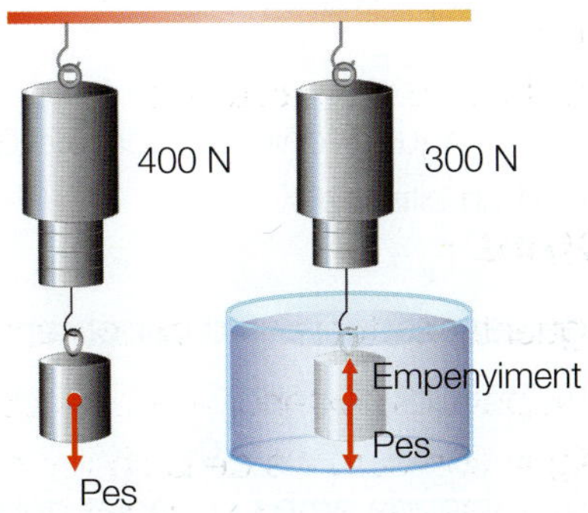

a | Són iguals els dos valors que heu mesurat? Si no ho són, quin dels dos és més petit?

b | Creieu que la Terra atrau l'objecte de forma diferent en els dos casos que hem plantejat? A què pot ser deguda, doncs, aquesta diferència de pes; què és el que pot fer força en el segon cas? Quina creieu que és la direcció i el sentit d'aquesta força?

c | Feu un dibuix que representi les forces que actuen sobre l'objecte fora de l'aigua i dins de l'aigua amb els seus valors.
Aquesta força que apareix en submergir l'objecte a l'aigua s'anomena **força d'empenyiment**.

d | Escriviu la relació matemàtica que hi ha entre totes aquestes forces: pes, pes aparent i força d'empenyiment. Podeu practicar amb la simulació del web.

Cerqueu informació

a | Qui era Arquimedes? On va viure i en quina època?

b | Resumiu, de forma breu, la llegenda que porta associada.

c | Quines van ser les seves principals contribucions des del punt de vista científic?

d | Enuncieu el **principi d'Arquimedes**. Creieu que té relació amb el que esteu estudiant?

3.2 Càlcul de la força d'empenyiment

A partir de l'expressió del principi fonamental de la hidrostàtica, és possible deduir el valor de la força d'empenyiment.

Observeu i deduïu una fórmula

Observeu l'esquema d'un cilindre submergit en un líquid.

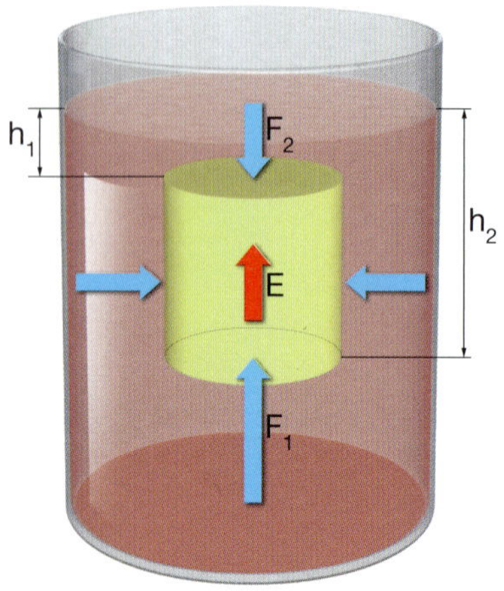

h_1: Distància de la cara superior a la superfície

h_2: Distància de la cara inferior a la superfície

S: Àrea de les bases del cilindre

V: Volum del cilindre

d_L: Densitat del líquid

m_L: Massa del líquid

a | Creieu que la pressió exercida pel líquid és la mateixa sobre totes les superfícies del cilindre? Considereu les cares superior, inferior i laterals; en quines és igual i en quines no? Per què?

b | A partir de l'expressió del principi fonamental de la hidrostàtica, calculeu la pressió en les cares superior (P_2) i inferior (P_1) del cilindre.

$P_2 = \ldots$ $P_1 = \ldots$

c | Utilitzant la definició de pressió, calculeu el valor de les forces que fa el líquid sobre les dues cares del cilindre, de superfície S.

$F_2 = P_2 \cdot S = \ldots$ $F_1 = P_1 \cdot S = \ldots$

d | La força d'empenyiment serà la diferència entre aquestes dues forces. Després, traieu factor comú $(h_2 - h_1)$.

$$E = F_1 - F_2 = \ldots$$

Simplifiqueu l'expressió obtinguda tenint en compte que $S \cdot (h_2 - h_1)$ és la fórmula del volum d'un cilindre V.

$$E = F_1 - F_2 = \ldots$$

e | Apliqueu la definició de densitat del líquid per obtenir el valor final de la força d'empenyiment.

$$E = \ldots = m_L \cdot g$$

f | Compareu l'expressió obtinguda amb l'enunciat del principi d'Arquimedes de l'apartat anterior. Creieu que diuen el mateix?

3.3 La flotabilitat dels cossos

Analitzeu i deduïu

Observeu el submarí de la figura i contesteu les preguntes següents:

a | La força d'empenyiment que experimenta el submarí és la mateixa en els tres casos? Per què?

b | Quina maniobra fa el submarí per pujar o per baixar? El pes total del submarí és el mateix en els tres casos?

c | Compareu els valors de la força d'empenyiment i el pes en cada cas mitjançant els símbols <, >, =. En quin cas s'enfonsa, en quin cas sura i en quin cas es queda en equilibri.

Analitzeu i deduïu

Per a un objecte submergit totalment en aigua:

a | Escriviu l'expressió de la força d'empenyiment que heu deduït abans.

b | Escriviu una expressió semblant per al pes del cos.

c | Quina variable farà que sigui més gran una força o l'altra? Escriviu la relació entre les densitats del cos i del líquid que faran que un cos s'enfonsi, pugi cap amunt o es mantingui en equilibri.

Exercicis resolts

1. Una bola de 50 cm³ se submergeix totalment en aigua. Quin és el valor de la força d'empenyiment? Dada: densitat de l'aigua 1.000 kg · m⁻³.

La força d'empenyiment serà igual al pes del volum de líquid desallotjat, és a dir, al pes de 50 cm³ d'aigua.

$$50\ \text{cm}^3 \cdot \frac{1\ \text{m}^3}{10^6\ \text{cm}^3} = 5 \cdot 10^{-5}\ \text{m}^3$$

$$E = d_L \cdot V \cdot g = 1.000\ \text{kg/m}^3 \cdot 5 \cdot 10^{-5}\ \text{m}^3 \cdot 9{,}8\ \text{m/s}^2 = \mathbf{0{,}49\,N}$$

2. Un cos pesa en l'aire 10 N i submergit en aigua 4 N. Calcula:

a) La força d'empenyiment.

b) El volum del cos.

c) La densitat del cos.

a) Força d'empenyiment = Pes – Pes aparent = 10 N – 4 N = **6 N**

b)

$$E = d_L \cdot V \cdot g$$

$$V = \frac{E}{d_L \cdot g} = \frac{6\ \text{N}}{1.000\ \text{kg} \cdot \text{m}^{-3} \cdot 9{,}8\ \text{m} \cdot \text{s}^{-2}} = \mathbf{6{,}12 \cdot 10^{-4}\ m^3}$$

c) Per calcular la densitat, necessitem saber el volum, que ja el tenim, i la massa, que es calcula a partir del pes.

$$p = m \cdot g \qquad m = \frac{p}{g} = \frac{10\ \text{N}}{9{,}8\ \text{m} \cdot \text{s}^{-2}} = 1{,}02\ \text{kg}$$

$$d = \frac{m}{V} = \frac{1{,}02\ \text{kg}}{6{,}12 \cdot 10^{-4}\ \text{m}^3} = \mathbf{1.666\ kg \cdot m^{-3}}$$

ACTIVITATS

9. Un cub metàl·lic d'1 dm d'aresta se submergeix totalment en aigua. Calcula'n la força d'empenyiment.

10. Calcula el volum d'un cos que pesa 100 N a l'aire i 40 N submergit totalment en aigua.

11. L'oli sura a l'aigua. Què podem dir de la densitat de l'oli respecte de la de l'aigua?

12. Pot surar a l'aigua un cos de 40 kg de massa si el seu volum és de 0,08 m³?

13. Disposem de dues boles de fusta de la mateixa grandària, una de pi (densitat 600 kg · m⁻³) i l'altra de faig (densitat 720 kg · m⁻³). Indica si surarien o no en introduir-les en els líquids següents: oli (densitat 920 kg · m⁻³), gasolina (densitat 680 kg · m⁻³), aigua (densitat 1.000 kg · m⁻³) i llet (densitat 1.030 kg · m⁻³).

Activitats interactives
Activitat de síntesi

4. La pressió es transmet. El principi de Pascal

Quan un cotxe es mou a una certa velocitat i el volem aturar, n'hi ha prou de fer una força amb el peu, no gaire gran, sobre un pedal. Mitjançant un circuit hidràulic actuem sobre les rodes del cotxe. Sabies que els fluids transmeten les pressions?

4.1 Els fluids transmeten les pressions

Podem dur a terme alguns experiments senzills per a posar de manifest que els fluids incompressibles transmeten les pressions.

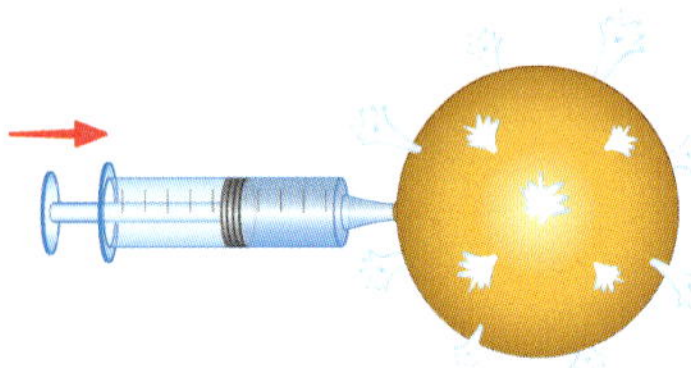

Experimenteu i concloeu

Agafeu una pilota de ping-pong i, amb una agulla calenta, feu-hi petits forats. Feu un forat una mica més gran per a acoblar-hi una xeringa de plàstic i ompliu-la d'aigua. Acobleu novament la xeringa plena d'aigua a la pilota i pressioneu sobre l'èmbol.

a | Expliqueu que és el que observeu. Interpreteu aquesta observació en termes de pressió.

b | Quan premem l'èmbol de la xeringa, sobre quins punts del líquid augmentem directament la pressió?

c | Aquest augment de pressió, afecta solament aquests punts del líquid? Quina observació ens serveix per justificar la resposta?

d | Formuleu una conclusió sobre la transmissió de pressions pels líquids.

Cerqueu informació i relacioneu

a | Qui era Pascal? En quin país i en quina època va viure?

b | Escriviu l'enunciat del **principi de Pascal**. Té relació amb la nostra observació anterior?

c | Utilitzeu el principi fonamental de la hidrostàtica per justificar el principi de Pascal.

d | Per què el principi de Pascal no és aplicable als gasos?

4.2 Aplicacions pràctiques dels sistemes hidràulics

A més de transmetre les pressions, podem fer servir el principi de Pascal per obtenir un avantatge mecànic. Vegem-ho.

Experimenteu i cerqueu informació

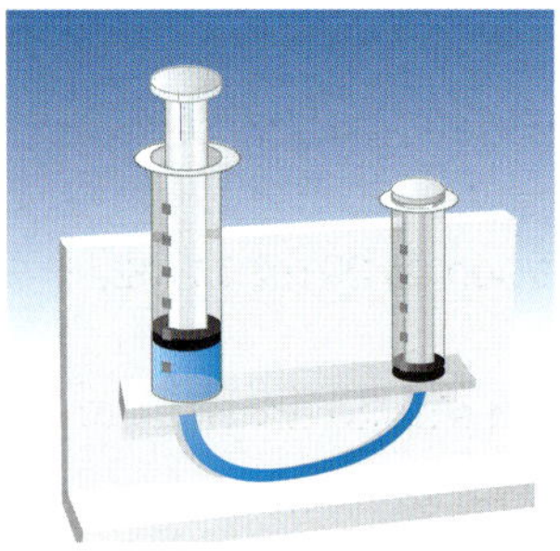

Amb dues xeringues, de diàmetre diferent, connectades amb un tubet de plàstic i plenes d'aigua feu el muntatge que podeu veure en l'esquema del costat.

Observeu-ne el funcionament: què passa quan pressioneu la xeringa de diàmetre més gran? I quan ho feu amb la de diàmetre més petit?

Aquest dispositiu simula el funcionament d'una premsa hidràulica. Cerqueu informació sobre on es fan servir dispositius d'aquest tipus i quin és el seu principi de funcionament.

Analitzeu i deduïu

Observeu el muntatge de la figura; dos recipients cilíndrics, de diferent diàmetre, connectats entre ells mitjançant un tub i plens d'un fluid incompressible.

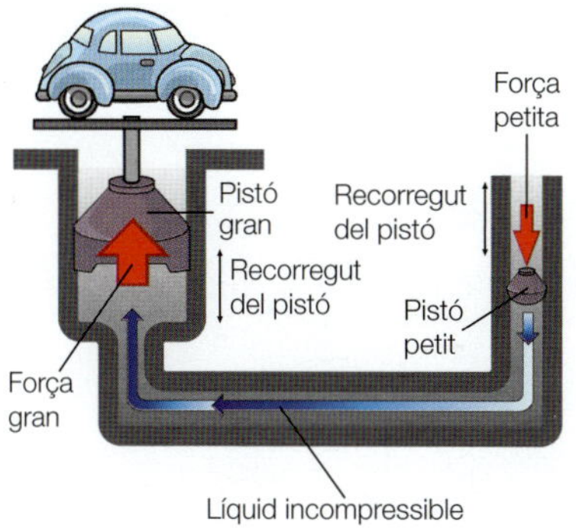

a | Quina és la pressió (P1) sobre la superfície de l'èmbol petit (S1)?

P1 = ...

b | Quina és la pressió (P_2) sobre la superfície de l'èmbol gran (S_2)?

$P_2 = ...$

c | D'acord amb el principi de Pascal, com han de ser aquestes dues pressions?

d | Igualeu les expressions dels apartats a) i b). Després, aïlleu F_2 per saber la força que s'obté a l'èmbol gran a partir de la força, F_1, que hem aplicat al petit:

$P_1 = P_2 = ...$

e | Si la superfície de l'èmbol gran (S_2) és més gran que la de l'èmbol petit (S_1), com és la força que obtenim (F_2) en relació amb la que apliquem (F_1)?

Analitzeu i raoneu

Per il·lustrar el seu principi, Pascal va fer l'experiment que es mostra a la figura adjunta.

a | Què es pretén amb la columna de líquid que hi ha sobre el bocoi? Per què ha de ser tan alta?

b | Apliqueu el principi de Pascal per dir com ha de ser la pressió en els punts de l'interior del bocoi.

c | Quin resultat (molt espectacular) obtenia Pascal?

d | Podeu intentar-ho amb un vas de plàstic prim, amb tapa, i un tubet de plàstic.

Observeu i contesteu

Una aplicació més útil del principi de Pascal es fa servir en els circuits de frens dels cotxes. Us en mostrem un esquema.

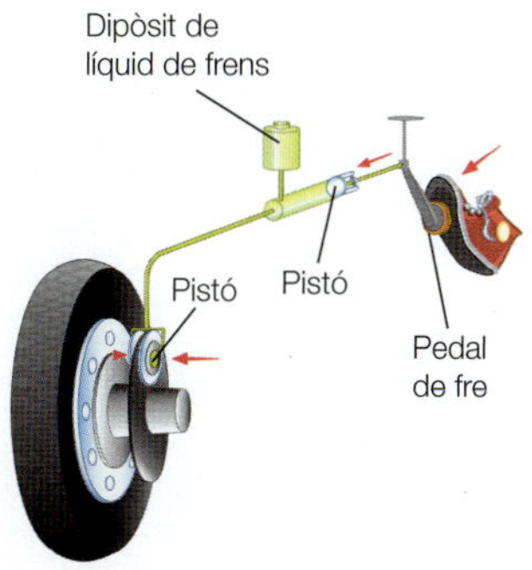

a | Com han de ser, entre elles, les superfícies dels dos pistons?

b | Quina propietat ha de tenir el líquid que es fa servir per omplir el circuit?

c | Creieu que amb una força com la que feu amb el peu aconseguiríeu aturar el cotxe amb la mateixa facilitat?

d | Feu una breu explicació general del funcionament dels frens d'un cotxe.

ACTIVITATS

14 Les superfícies dels dos pistons d'una premsa hidràulica són 600 cm2 i 30 cm2. Si apliquem, sobre l'èmbol petit, una força de 74 N, quina pressió exercim sobre aquest èmbol? Quina força actua sobre l'èmbol gran?

15 Volem aixecar un cotxe de 600 kg amb una premsa hidràulica. Si les superfícies dels èmbols són de 20 m2 i 1 m2, quina força haurem d'aplicar sobre l'èmbol petit?

16 La relació entre les superfícies dels èmbols d'una premsa hidràulica és de 50. Si a l'èmbol petit s'aplica una força de 300 N, quina força s'exercirà sobre l'èmbol gran?

Activitats interactives
Activitat de síntesi

5. L'aire pesa. La pressió atmosfèrica

L'aire, com qualsevol forma de matèria, té massa i, a la Terra, pesa. Nosaltres i els nostres objectes, vivim envoltats d'aire. L'aire també exerceix pressió?

5.1 Comprovació de l'existència de la pressió atmosfèrica

No sempre ha estat tan clar que l'aire exerceixi pressió; ja que estem acostumats a viure-hi. Un conjunt de petits experiments poden posar de manifest la seva existència.

Experimenteu i justifiqueu

1) Ompliu completament un got amb aigua, tapeu-lo amb una cartolina i, amb l'ajuda de la mà, doneu-li la volta. Retireu la mà. Observeu l'experiment al web.
Què observeu? Per què no cau l'aigua?

2) Agafeu una canya de refresc i poseu-la dins d'un got amb aigua.
Xucleu fins que l'aigua us arribi a la boca. Tapeu ràpidament amb el dit la part superior de la canya i traieu-la de l'aigua.
   a) Què observeu? Per què no cau l'aigua?
   b) Quin estri de laboratori funciona d'aquesta manera?

3) Agafeu un got i submergiu-lo, de cara cap amunt, a la pica del laboratori plena d'aigua. Doneu-li el tomb i traieu-lo a poc a poc de l'aigua.
Observeu i descriviu què passa mentre el got surt de l'aigua. Justifiqueu-ho des del punt de vista de la física de la pressió.

4) Feu un petit forat a la part inferior d'una ampolla de refresc de plàstic. Tapeu-lo amb el dit, ompliu l'ampolla d'aigua, tapeu-la bé i retireu el dit.
   a) Surt aigua pel forat? Què es pot fer perquè en surti?

5) Poseu un globus molt poc inflat dins d'un recipient de cuina que serveixi per fer el buit. Tapeu-lo i extraieu-ne l'aire.
Què li passa al globus? Si ara deixeu entrar aire a dins del recipient, què passa? Interpreteu aquests fets.

6) Poseu un paper encès a l'interior d'una ampolla de vidre de boca ampla. Quan el paper estigui a punt de consumir-se, col·loqueu un ou dur, sense closca, tapant el forat. Podeu observar l'experiment al web.
   a) Què li passa a l'ou? Què és el responsable d'aquest comportament?
   b) Què podem fer per treure l'ou, sense trencar-lo?

Cerqueu informació

De tots els experiments que s'han dut a terme per posar de manifest l'existència de la pressió atmosfèrica, n'hi ha un que, històricament, i per la seva espectacularitat, val la pena esmentar. Es coneix amb el nom de l'experiment dels hemisferis de Magdeburg, per la ciutat d'Alemanya on es va realitzar.

a) Qui va realitzar aquest experiment i quin any es va dur a terme?

b) Resumiu, de forma breu, en què va consistir.

c) Avui dia es fan recreacions d'aquest experiment. Podeu observar-lo al web. Expliqueu-ne el resultat.

5.2 La mesura de la pressió atmosfèrica

Un cop establert que la pressió atmosfèrica existeix, hem de mesurar-ne el valor. Vegem com es pot fer.

Analitzeu i concloeu

L'atmosfera és com una piscina plena d'aire al fons de la qual vivim nosaltres. Per mesurar la pressió que fa podem pensar a utilitzar, directament, el principi fonamental de la hidrostàtica.

a | Escriviu l'expressió del principi fonamental de la hidrostàtica i assenyaleu les variables que influeixen sobre el valor de la pressió.

b | Podeu dir quina és l'alçada de l'atmosfera?

c | La composició de l'atmosfera és uniforme i la seva densitat és la mateixa en tots els punts?

d | La intensitat de la gravetat és la mateixa quan ens allunyem considerablement de la Terra?

e | Creieu que podem fer servir aquesta expressió per calcular el valor de la pressió atmosfèrica?

Analitzeu un experiment i concloeu

Evangelista Torricelli (1608-1647), deixeble de Galileu, va omplir de mercuri un tub de vidre tancat per un extrem, i el va introduir, cap per avall, en una cubeta també amb mercuri. El mercuri del tub va baixar fins que va arribar a una altura de 760 mm.

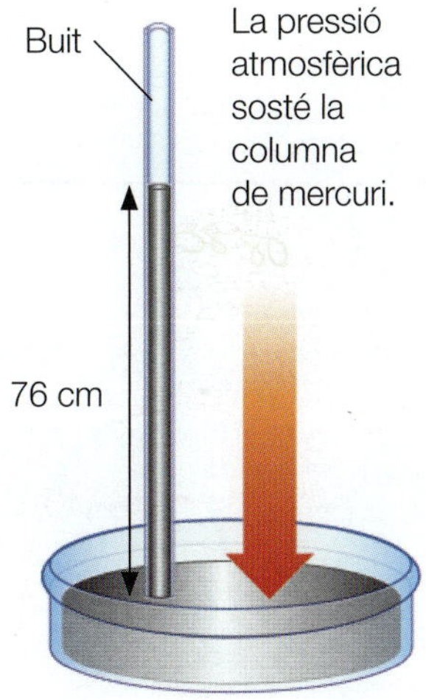

Observeu la imatge de l'experiment de Torricelli, i recordeu l'experiment de la canya de refresc que heu fet abans.

a | Per què no es buida completament el tub de mercuri? Com són la pressió atmosfèrica i la pressió de la columna de mercuri?

b | Apliqueu l'equació del principi fonamental de la hidrostàtica i calculeu la pressió a la base de la columna de mercuri. La densitat del mercuri és 13.600 kg/m^3.

c | Quin és, doncs, el valor de la pressió atmosfèrica?

d | Té alguna influència sobre aquest valor el diàmetre del tub?

Cerqueu informació

Els baròmetres de mercuri són molt precisos però poc manejables; per això es fabrica un altre tipus de baròmetres que s'anomenen aneroides. Cerqueu-ne informació, feu-ne un esquema i descriviu-ne el funcionament.

ACTIVITATS

17. Les ventoses són molt difícils de desenganxar del vidres. Però per què es desenganxen fàcilment si introduïm la punta d'un ganivet entre la ventosa i el vidre?
18. El valor de la pressió atmosfèrica és el mateix al nivell del mar i al cim de l'Everest? Per què?

5.3 Altres unitats de pressió

El pascal és una unitat de pressió molt petita. Aquest fet, i qüestions de tipus pràctic, fan que hi hagi tot un conjunt d'unitats alternatives de pressió.

Relacioneu i calculeu

A la pressió de la columna de Torricelli, se li dóna el valor d'1 atmosfera. També es fa servir, com a unitat, la pressió d'una columna de mercuri d'1 cm o d'1 mil·límetre de secció.

a | Completeu les equivalències següents:

1 atm = ______ mm Hg = ______ cm Hg = ______ Pa

b | A partir de la definició de pressió (P = F/S) podem definir una nova unitat de pressió, fent servir el quilopond com a unitat de força i el centímetre quadrat per a la superfície. Aquesta unitat també s'anomena **atmosfera tècnica**.
Calculeu la relació que hi ha entre l'atmosfera tècnica i el pascal.
Calculeu la relació que hi ha entre l'atmosfera tècnica i l'atmosfera.
Una altra unitat que es fa servir és el **bar**, que equival a 10^5 Pa.

c | Si a casa vostra teniu una caldera de calefacció, cerqueu quina és la pressió del circuit de calefacció i, si cal, expresseu aquest valor en pascals.

5.4 Pressió atmosfèrica i meteorologia

Una de les variables que es fan servir en l'anàlisi i predicció del temps meteorològic és la pressió atmosfèrica.

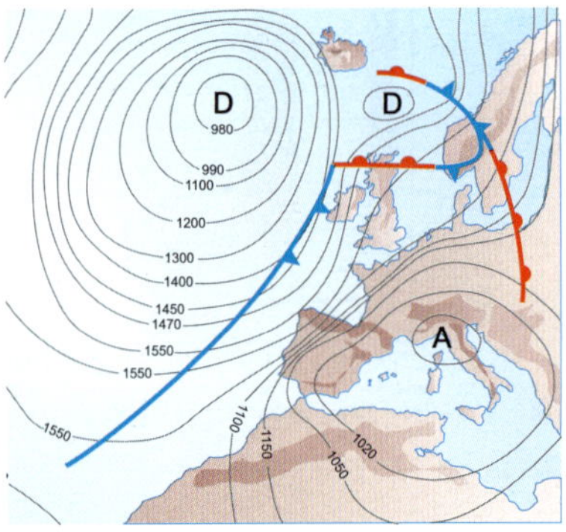

Observeu i investigueu

Aquest és un mapa com els que habitualment apareixen en els espais dedicats al temps a les televisions, a Internet i als diaris.

a | Com s'anomenen les línies negres del mapa? Quina característica comuna tenen tots els punts que hi ha en una mateixa línia?

b | Cada línia porta escrit un nombre. Què representa aquest nombre? En quines unitats es mesura habitualment?

c | Aquestes línies són concèntriques i, al centre, hi ha escrita una A o una D. Què volen dir aquestes lletres? Com varia, en un i altre cas, el valor de la magnitud mesurada com més ens apropem al centre?

d | Quina influència acostuma a tenir sobre el temps meteorològic que estiguem dins d'una zona o de l'altra?

e | Quines altres variables tenen interès en l'estudi de la meteorologia?

ACTIVITATS

19 Quina és la pressió atmosfèrica si, en fer l'experiment de Torricelli, obtenim una columna de 800 mm Hg d'altura? Expresseu el resultat en pascals, atmosferes i bars.

20 Quina diferència de pressió atmosfèrica experimenta una persona que va des del nivell del mar fins al cim del Matagalls (1.698 m), on el baròmetre indica 78.640 Pa?

Activitats interactives
Activitat de síntesi

1. Les forces, la pressió i els fluids

1.1 Les forces i la pressió

La **pressió** mesura l'efecte deformador d'una força. La pressió (*P*) exercida per una força (*F*) sobre una superfície (*S*) és igual al quocient entre la intensitat de la força i la superfície.

$$P = \frac{F}{S}$$

Observa que la pressió és directament proporcional a la força aplicada i inversament proporcional a la superfície sobre la qual s'aplica. Això vol dir que:

- Si augmenta o disminueix la força, augmenta o disminueix la pressió.
- Si augmenta la superfície, disminueix la pressió, i si disminueix la superfície, augmenta la pressió.

En el sistema internacional, la unitat de pressió és el **pascal (Pa). 1 Pa = 1 N/m²**.

1.2 Els fluids

Els fluids són sistemes materials formats per partícules que es mouen lliurement les unes respecte de les altres. Els líquids i els gasos són fluids.

Segons la teoria cineticomolecular, totes les substàncies estan formades per partícules.

- En els **sòlids**, les partícules no es mouen, només vibren. Per això, els sòlids no canvien de forma ni de volum: no es poden comprimir.
- En els **líquids**, les partícules tenen la capacitat de fluir sense separar-se, de manera que canvien de forma i el seu volum disminueix tan poc que diem que són incompressibles.
- En els **gasos**, les partícules tenen la capacitat de moure's lliurement a l'atzar i d'ocupar tot l'espai disponible. Els gasos es poden comprimir i expandir.

ACTIVITATS

1. Explica per què una xinxeta que té la punta trencada costa més de clavar.
2. Tenim un prisma d'or, amb una base de 10 x 20 cm i 5 cm d'alt. Calcula la pressió que exerceix el bloc sobre una taula quan està recolzat en la superfície més gran. Dada: d_{or} = 19.300 kg/m³.
3. Per caminar per la neu sense enfonsar-se es poden fer servir raquetes de neu. Calcula la pressió que fa una persona de 80 kg sobre la neu si va amb botes (250 cm² de sola cada una) i si va amb raquetes (1.200 cm² de base cada una).

4. Una taula té una superfície de vidre capaç d'aguantar una pressió de 8.000 Pa sense esquerdar-se. Posem a sobre la taula, un després de l'altre, quatre cubs de la mateixa mida de 15 cm d'aresta, però de materials diferents: fusta, alumini, ferro i or. Calcula el pes de cada cub. En quins casos es trencaria la taula?
   Dades: d_{fusta} = 850 kg/m³, $d_{alumini}$ = 2.700 kg/m³, d_{ferro} = 7.960 kg/m³, d_{or} = 19.300 kg/m³.
5. Un pare i un fill surten a caminar per la muntanya i, de sobte, es troben sobre un fangar. El pare té una massa de 93 kg i la sola de cadascuna de les seves botes té una superfície de 250 cm². El fill té una massa de 45 kg i la sola de cada una de les botes és de 150 cm². Quin dels dos s'enfonsarà al fang amb més facilitat?
6. L'Albert porta la compra de la setmana en una bossa de nanses primes. La Neus porta la seva compra en una bossa de nanses amples. Si la compra de tots dos pesa el mateix, a quin dels dos farà més mal la mà al cap d'una estona? Per què?
7. Si et proposen fer de faquir en una pel·lícula i posar-te dret sobre un llit de claus, preferiries que hi hagués molts claus o pocs? Per què?

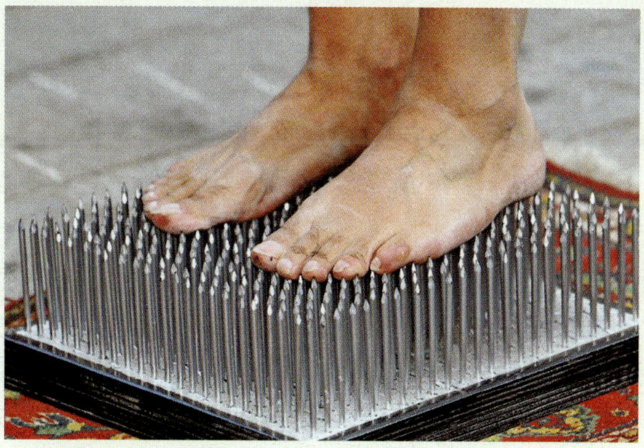

Km hm dam m dm cm mm

2. Els fluids pesen: la pressió en els fluids

Els fluids no tenen forma pròpia, sinó que s'adapten a la forma del recipient que els conté. Com a conseqüència, els fluids exerceixen una pressió sobre les parets i el fons del recipient.

2.1 La pressió en els fluids

La pressió hidrostàtica és la pressió exercida per un fluid a causa del seu pes.

2.2. Càlcul de la pressió hidrostàtica

La **pressió hidrostàtica** (P) en l'interior d'un líquid és igual al producte de la densitat (*d*) del líquid per la profunditat (*h*) del punt considerat i pel valor de la gravetat (g). Aquesta equació constitueix el principi fonamental de la hidrostàtica.

$$P = d \cdot h \cdot g$$

Observa que la pressió hidrostàtica en l'interior d'un líquid en repòs només depèn de la densitat del líquid, de l'altura i del valor de la gravetat. No depèn de la forma del recipient ni del pes total de líquid que conté.

2.3. Vasos comunicants

Els **vasos comunicants** són un conjunt format per dos o més recipients que contenen líquids i que estan comunicats entre ells per les seves bases, que formen així un espai comú a cada un dels vasos.

Si poséssim líquid en un dels vasos, l'augment de pressió en aquesta columna de líquid es transmetria a tot el líquid del sistema i faria que el nivell en els altres vasos pugés fins a igualar-se en tots ells. Això es dóna només quan s'omplen els vasos comunicants amb un mateix tipus de líquid.

Si s'omplen amb líquids immiscibles i de densitats diferents, el nivell de líquid no serà el mateix en cada branca: els líquids més densos assoliran menys altura que els altres.

El principi de vasos comunicants s'utilitza per transvasar líquids, per conèixer el seu nivell a l'interior de dipòsits, per saber el nivell d'aigua dels embassaments, per fer arribar l'aigua dels dipòsits d'abastiment a les poblacions o per a l'obtenció d'aigua dels pous artesians.

ACTIVITATS

8. Tenim un recipient cilíndric de 5 cm de radi i 40 cm d'alçària, sense tapa, ple d'aigua fins a dalt. Si la pressió atmosfèrica és de 0,95 atm:
   a) Calcula la pressió dins del recipient a 2 cm del fons, a la meitat i a 2 cm de la superfície.
   b) Si fem un forat al cilindre de 3 mm^2 de superfície a cadascuna de les tres alçàries de l'apartat anterior, calcula la força que actua sobre l'aigua, en cada forat, abans de començar a buidar-se. Quin dels tres rajos arribarà més lluny? Per què?
   c) Canviarien els resultats de l'apartat anterior si el recipient fos de base quadrada?
   Dada: d_{aigua} = 1.000 kg/m^3

9. Calcula la pressió total que rep un submarinista a 12 m de profunditat en cadascun dels casos següents:
   a) Una piscina (d_{aigua} = 1.000 kg/m^3).
   b) El mar Mediterrani (densitat mitjana de l'aigua,1.027 kg/m^3).
   c) El mar Mort, entre Israel i Jordània (densitat mitjana de l'aigua, 1.240 kg/m^3).

3. El principi d'Arquimedes

3.1 La força d'empenyiment. El principi d'Arquimedes

Arquimedes (287-212 aC) va descobrir que la força d'empenyiment vertical i cap amunt que experimenta un cos submergit en un fluid és igual al pes del fluid desallotjat.

3.2 Càlcul de la força d'empenyiment

A partir de les expressions de la densitat i del pes, es pot deduir que el valor de la força d'empenyiment (***E***) que actua sobre un sòlid dins d'un fluid es pot calcular amb l'expressió:

$$E = m_L \cdot g = V_S \cdot d_L \cdot g$$

En què m_L és la massa del fluid, g és el valor de la gravetat, V_s és el volum del sòlid i d_L és la densitat del fluid.

3.3 Flotabilitat dels cossos

Un cos submergit totalment o parcialment en un fluid està sotmès a dues forces: el pes (P) i la força d'empenyiment (E).

- Si el pes és més gran que la força d'empenyiment, el cos **s'enfonsa:**

$$P > E.$$

- Si el pes és igual que la força d'empenyiment, el cos es manté en **equilibri**:

$$P = E.$$

- Si el pes és més petit que la força d'empenyiment, el cos **puja**:

$$P < E.$$

El **pes aparent** d'un cos submergit dins un fluid és la diferència entre el pes del cos fora del fluid i la força d'empenyiment.

Relació entre les densitats del fluid i el cos submergit

- Si $d_{cos} > d_{fluid}$, el cos **s'enfonsa**, ja que el pes és més gran que la força d'empenyiment.
- Si $d_{cos} = d_{fluid}$, el cos es manté **en equilibri**, ja que el pes és igual a la força d'empenyiment.
- Si $d_{cos} < d_{fluid}$, el cos **sura**, ja que el pes és més petit que la força d'empenyiment.

Aplicacions del principi d'Arquimedes

- Un **vaixell** sura perquè l'empenyiment a causa de l'aigua que desallotja la part submergida n'equilibra el pes. Si la càrrega supera la força d'empenyiment, el vaixell s'enfonsarà.
- L'aire calent dels **globus aerostàtics** és menys dens que l'aire atmosfèric. Per tant, el seu pes és més petit que la força d'empenyiment de l'aire i, per això, el globus puja.
- Els **submarins** poden augmentar o disminuir el seu pes omplint o buidant, respectivament, aigua o aire als tancs de llast. Com a conseqüència el submarí s'enfonsa o ascendeix.

ACTIVITATS

10. El gel és aigua en estat sòlid. Per què creus que el gel flota sobre l'aigua, si la matèria que els forma és la mateixa?
11. Què és més senzill, surar en una piscina o al mar? Per què?
12. Calcula la força d'empenyiment sobre una bola d'alumini de 100 cm³ submergida en oli (d_{oli} = = 0,92 g/cm³). Si la densitat de l'alumini és 2,7 g/cm³, calcula la massa de la bola, el seu pes real, i el pes aparent de la bola.
13. Per què es fa servir gas heli per als globus meteorològics que han de pujar a gran altura?
14. Quina fracció del volum total d'un iceberg queda submergida? (d_{gel} = 920 kg/m³; $d_{aigua\ de\ mar}$ = = 1.027 kg/m³).

4. La pressió es transmet. El principi de Pascal

4.1 Els fluids transmeten les pressions.

La pressió exercida en un punt d'un fluid incompressible, es transmet íntegrament a tots els punts del fluid.

4.2 Aplicacions pràctiques dels sistemes hidràulics

Una de les aplicacions més conegudes del principi de Pascal és la **premsa hidràulica**, que s'utilitza per elevar grans pesos. Es tracta d'un sistema de vasos comunicants format per dos cilindres de diferent secció. Cada cilindre és tancat per un pistó mòbil. Si sobre la superfície del cilindre petit (S_1) s'aplica una força (F_1), es genera una pressió que es transmet íntegrament a través del líquid a la superfície de l'altre cilindre (S_2) sobre el qual s'exercirà una força (F_2) més gran.

$$F_2 = F_1 \cdot \frac{S_2}{S_1}$$

Així doncs, aplicant una força F_1, obtenim una força F_2. Observa que $F_2 > F_1$.

En conseqüència, amb una força petita (F_1) sobre el pistó del cilindre petit, podem obtenir una força gran (F_2) sobre el pistó del cilindre gran.

ACTIVITATS

15 Un poble està construït sobre un turó, a l'extrem d'una vall. A l'altre costat de la vall hi ha una muntanya amb un llac. Què haurien de fer els habitants del poble per tenir aigua a casa seva?

16 Un home de 85 kg vol aixecar un cotxe de 1.200 kg posant-se dret sobre l'èmbol petit d'una premsa hidràulica. Si l'èmbol petit és un quadrat d'1,2 m de costat, calcula quina superfície ha de tenir l'èmbol més gran.

5. L'aire pesa. La pressió atmosfèrica

5.1 Comprovació de l'existència de la pressió atmosfèrica. Els hemisferis de Magdeburg

La pressió exercida per l'atmosfera s'anomena **pressió atmosfèrica**. La pressió atmosfèrica es defineix com la força per unitat de superfície exercida per l'atmosfera sobre els cossos amb els quals està en contacte.

L'any 1654 Otto Von Guericke, en un experiment espectacular, va necessitar setze cavalls per separar dues semiesferes juxtaposades, a l'interior de les quals havia fet el buit.

5.2 La mesura de la pressió atmosfèrica

No és possible fer servir directament l'equació fonamental de la hidrostàtica per mesurar la pressió de l'atmosfera, atès que no té una alçària definida, que la seva composició i la seva densitat no són uniformes i que el valor de l'acceleració de la gravetat no es pot considerar constant.

El físic italià Evangelista Torricelli (1608-1647) va ser el primer a mesurar el valor de la pressió atmosfèrica al nivell del mar. Va omplir de mercuri un tub de vidre tancat per un extrem i el va introduir cap per avall en una cubeta també amb mercuri. El mercuri del tub va començar a baixar fins que va quedar a una altura de 760 mm.

Va concloure que la pressió atmosfèrica impedia que el mercuri del tub es buidés a la cubeta. Per verificar-ho, va repetir l'experiment a dalt d'una muntanya i va comprovar que la columna de mercuri ara era més baixa.

Aquest experiment mostra que la pressió atmosfèrica al nivell del mar és la mateixa que la pressió exercida per la columna de mercuri de 760 mm d'altura.

El valor mitjà de la pressió atmosfèrica al nivell del mar s'ha utilitzat com a unitat per a la pressió, i s'anomena **atmosfera** (**atm**).

5.3 Altres unitats de pressió

Hi ha diferents unitats de pressió que es fan servir de manera habitual. Les més emprades, a més a més del Pa, són l'atmosfera, l'atmosfera tècnica (kp/cm^2), el mm de Hg, el cm de Hg i el bar.

$$\mathbf{1\ atm = 760\ mm\ Hg = 76\ cm\ Hg = 101.300\ Pa}$$

$$\mathbf{1\ bar = 10^5\ Pa}$$

5.4 Pressió atmosfèrica i meteorologia

Per mesurar la pressió dels gasos tancats en recipients, s'utilitzen uns aparells anomenats manòmetres. Un tipus de manòmetre són els baròmetres, que serveixen per mesurar la pressió atmosfèrica.

El valor de la pressió atmosfèrica experimenta canvis que depenen de diversos factors, principalment de:

- L'**altitud**. A més altura, menys pressió i a menys altura, més pressió.
- La **temperatura**. La pressió atmosfèrica augmenta a mesura que disminueix la temperatura i disminueix a mesura que la temperatura augmenta.

ACTIVITATS

17 En un baròmetre el mercuri té una altura de 820 mm de Hg. Quin és el valor de la pressió atmosfèrica en pascals?

Comprova el que saps
Mapa conceptual

Comprovació experimental del principi d'Arquimedes

Objectiu

Determinar experimentalment la força d'empenyiment i comprovar els factors que hi influeixen.

Material

- Dinamòmetre
- Dos vasos de precipitats
- Aigua i acetona
- Plastilina
- Cordill per subjectar i penjar la plastilina

Coneixements previs

Força d'empenyiment = Pes real – Pes aparent → $E = P_{real} - P_{aparent}$
Segons el principi d'Arquimedes: $E = d_L \cdot g \cdot V$

Procediment

- Fem dues boles de plastilina: una de gran i una altra de més petita.
- Posem aigua en un vas de precipitats i acetona en l'altre.
- Per calcular l'empenyiment del líquid sobre la bola, fem servir el dinamòmetre per pesar-la a l'aire i dintre del líquid.
- Dividim l'experiment en tres parts:
  1. Comparem la força d'empenyiment de la mateixa bola en dos líquids de densitat diferent.
  2. Comparem la força d'empenyiment de dues boles de volum diferent en l'interior del mateix líquid (aigua).
  3. Comparem la força d'empenyiment de dues boles de volum diferent en l'interior del mateix líquid (acetona).

Recollida de dades

Anotem els resultats en una taula com aquesta:

	Líquid	Sòlid	P_{real} (N)	$P_{aparent}$ (N)	E (N)
1	Aigua	Bola gran			
	Acetona	Bola gran			
2	Aigua	Bola gran			
	Aigua	Bola petita			
3	Acetona	Bola gran			
	Acetona	Bola petita			

ACTIVITATS

1. Per què canvia el pes de la bola de plastilina quan es pesa a l'aire o quan es pesa submergida a l'aigua?
2. A la part 1 hi ha una variació entre la força d'empenyiment que rep la bola quan se submergeix a l'aigua o quan se submergeix a l'acetona? Quin factor influeix en l'empenyiment?
3. Quina conclusió pots treure a partir de les parts 2 i 3 d'aquest experiment?
4. Confirmen els resultats experimentals obtinguts l'expressió matemàtica del principi d'Arquimedes? Raona'n la resposta.

ACTIVITAT FINAL

LA PRESSIÓ ARTERIAL I LA SEVA MESURA

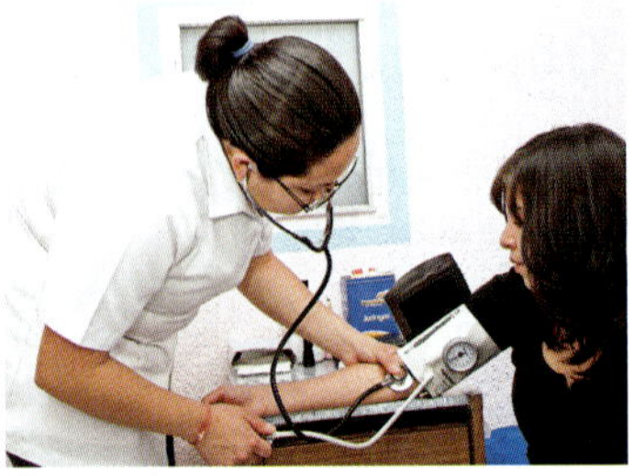

A Biologia deus haver estudiat que la sang circula pel nostre cos per mantenir la irrigació de tots els òrgans. El sistema circulatori està format, bàsicament, pel cor, que actua com a impulsor, i un sistema de conductes (artèries i venes) per on circula la sang.

S'anomena pressió arterial la pressió que fa la sang sobre les parets dels vasos sanguinis, i el seu valor és un dels paràmetres de salut que es mesuren habitualment. Mesurar-se la pressió, tenir-la alta o baixa, són fets i expressions que es fan servir sovint.

El valor de la pressió arterial depèn de la quantitat de sang que expulsa el cor en cada batec i de les característiques elàstiques de les artèries per on circula.

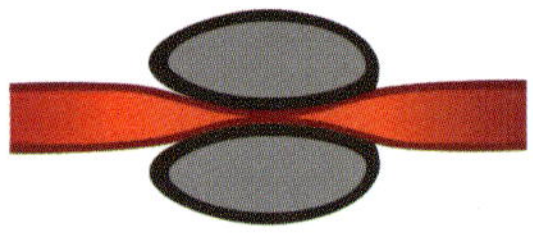

Silenci

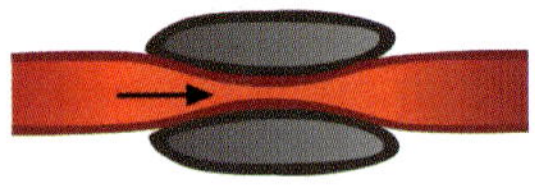

Primer soroll = P. màxima

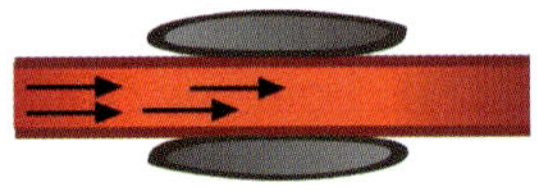

Silenci = P. mínima

La sang és un fluid en moviment i, per tant, caldria fer consideracions hidrodinàmiques per descriure correctament la seva circulació. Aquí només farem una aproximació, considerant-la com si estigués en repòs dins d'un recipient (els vasos sanguinis) de parets rígides.

La mesura de la pressió arterial es fa, tradicionalment, mitjançant un dispositiu com el que es mostra a la figura.

Mitjançant un aparell inflable s'exerceix pressió (que es mesura amb un manòmetre) sobre les artèries del braç fins que deixa de circular-hi la sang. Al mateix temps, s'escolta amb un dispositiu auditiu i, en aquest moment, no se sent cap soroll.

Es va deixant anar aire del dispositiu inflable fins que comença novament a circular-hi la sang; en aquest moment se sent un soroll i la pressió corresponent s'anomena màxima. Es continua descomprimint el braç fins que la sang circula lliurement per l'artèria; en aquest moment deixa de sentir-se cap soroll i la pressió corresponent s'anomena mínima. Els valors de les pressions s'expressen habitualment en mil·límetres de mercuri i la taula següent en recull la classificació.

	Pressió màxima (mm Hg)	Pressió mínima (mm Hg)
Hipotensió	< 90	< 60
Normal	90 - 119	60 - 79
Normal-alta	120 - 139	80 - 89
Hipertensió	> 140	> 90

Aquests valors varien amb l'edat i el sexe i no són els mateixos en totes les hora del dia.

ACTIVITATS

1. Expressa els valors de la pressió arterial normal en pascals. Coneixes els valors de la teva pressió arterial? Expressa'ls en pascals.
2. La mesura de la pressió arterial s'ha de fer col·locant l'aparell de mesura a la mateixa altura del cor, a la part superior del braç si estem asseguts. Per què s'ha de fer d'aquesta manera? Com hauria d'estar posada la persona per poder-li prendre la pressió en un altre punt?
3. En relació amb la pressió mesurada al braç, com serien la pressió d'una persona, posada dreta, al cap i als peus?
4. Si el valor de la pressió arterial màxima d'una persona és 110 mm Hg, quina diferència hidrostàtica de pressió hi hauria entre aquest valor i el que mesuraríem a l'altura del cap? Quin valor tindria la pressió mesurada en aquest punt? Dades: densitat aproximada de la sang, 1,5 g/cm^3; distància entre el cap i el cor, 40 cm.
5. Quan la pressió està fora de l'interval normal, quins problemes de salut es poden originar? Quines mesures de prevenció i quins aliments s'han de prendre, o no, en cada cas?

Autoavaluació

REVISTA DE CIÈNCIA

Els submarins i el principi d'Arquimedes

L'aigua és un medi poc propici per a l'ésser humà; ens hi podem desplaçar per sobre amb bots rudes o vaixells luxosos. Ara bé, moure'ns per dins de l'aigua com els peixos ja no és tan fàcil...

Al Renaixement, Leonardo da Vinci va concebre alguns aparells per moure's per sota l'aigua, tot i que els seus projectes no van tenir bons resultats. Jules Verne va fantasiejar també amb la possibilitat de desplaçar-se per sota l'aigua i va escriure la seva famosa novel·la *20.000 llegües de viatge submarí*, on apareix un gran submarí anomenat *Nautilus*. De fet, les primeres naus submarines no van ser una realitat fins a la segona meitat del segle XIX, i Narcís Monturiol, un català, va ser el primer a construir un submarí, que va anomenar *Ictíneo*.

Els submarins són màquines complexes perquè han de poder surar i desplaçar-se com qualsevol altre vaixell i, quan la seva tripulació ho decideixi, s'han de poder enfonsar i avançar sota l'aigua. El mecanisme es basa en el principi d'Arquimedes: els submarins tenen uns compartiments estancs que s'omplen d'aigua. En omplir-se d'aigua, els compartiments augmenten la seva densitat, cosa que provoca que el vaixell deixi de surar i s'enfonsi.

Els submarins són màquines que funcionen segons el principi d'Arquimedes.

Els submarins fan servir els tancs d'estabilització per mantenir-se a la profunditat desitjada.

Per sortir a la superfície, els compartiments treuen l'aigua a l'exterior, amb la qual cosa tornen a disminuir la densitat per permetre que el submarí suri.

Ara bé, el disseny de submarins comporta altres dificultats perquè cada 10 metres de profunditat sota l'aigua, augmenta la pressió 1 atmosfera; per tant, els materials amb els quals es construeixen els submarins han de suportar bé els canvis de pressió i han de ser completament estancs. El problema de la pressió s'ha resolt fent servir materials resistents, com ara metalls, i també utilitzant formes arrodonides, que reparteixen la pressió i disminueixen el risc que hi hagi un punt que desestabilitzi tota l'estructura.

L'altra dificultat dels submarins deriva de la necessitat d'encabir-hi l'oxigen suficient per tal que la tripulació pugui respirar durant el període d'immersió. Per això, els submarins disposen de tancs on s'acumula prou aire per fer els desplaçaments.

Els submarins han permès fer realitat el somni de desplaçar-se sota l'aigua. Tanmateix, encara no es coneix la totalitat del fons del mar, per la seva gran extensió i pel fet que hi ha llocs, com ara la fossa de les Mariannes, que arriben a profunditats d'11.000 m, que només han estat observades puntualment.

COMPRENSIÓ LECTORA I REFLEXIÓ

1. Qui va construir el primer submarí de la història?
2. Quins aspectes s'han de tenir en compte per construir un submarí?
3. Quin mecanisme permet que els submarins se submergeixin i tornin a surar?
4. Per què creus que zones com la fossa de les Mariannes són encara poc conegudes per l'ésser humà?
5. Per què creus que, tot i la dificultat, és important conèixer les zones més profundes de l'oceà?

UNITAT 5

TREBALL I ENERGIA

Energia i *treball* són dues paraules que surten sovint a les nostres converses.

- **Enumera alguns aparells o processos que relacionem amb aquests dos conceptes.**

Segurament has sentit la frase cèlebre: «L'energia no es crea ni es destrueix sinó que es transforma».

- **Pots explicar-ne el significat?**

Si llegim el diari o escoltem les notícies a la televisió o a la ràdio segur que estarem informats de la necessitat d'estalvi energètic.

- **Pots enumerar algunes mesures senzilles que ens permeten estalviar energia a casa, a l'aula, en el transport...**

Foto: Plaques solars i aerogenerador.

Elaboreu un gràfic i concloeu

L'**energia potencial elàstica** (E_{pe}) és la que tenen els cossos capaços de realitzar un treball en recuperar la seva forma original.

En la taula següent disposem dels valors de l'energia potencial elàstica, E_{pe}, d'una molla segons la seva variació de longitud, ΔL.

ΔL (m)	0,1	0,2	0,3	0,4	0,5
$(\Delta L)^2$ (m²)					
E_{pe} (J)	1,5	6	13,5	24	37,5

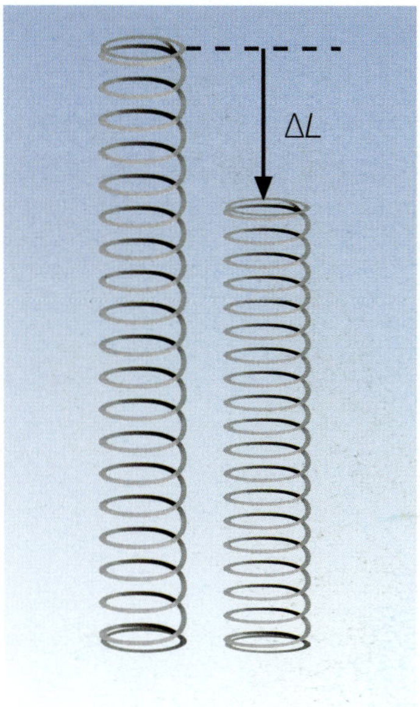

a | Què creieu que fa adquirir a la molla una energia potencial elàstica?

b | Representeu en un gràfic els valors de l'E_{pe} (eix vertical) i la variació de longitud (eix horitzontal). A partir del gràfic, quin tipus de relació veieu entre aquestes dades?

c | Completeu la taula.

d | Representeu ara en un segon gràfic els valors de l'E_{pe} (eix vertical) i els valors del quadrat de la deformació calculats (eix horitzontal). Quin tipus de gràfic heu obtingut ara?

e | Completeu la frase següent: l'energia potencial elàstica és ___________ proporcional al quadrat de la ___________ de l'objecte.

f | Aquesta constant de proporcionalitat l'anomenem $\frac{1}{2}$ k, en què k és la constant d'elasticitat de l'objecte. Així doncs, podem calcular l'energia potencial elàstica a partir de la fórmula:

$$E_{pe} = \frac{1}{2} \cdot k \cdot \_\_\_$$

g | Calculeu la constat d'elasticitat (k) de la molla.

h | Quina seria l'energia potencial elàstica de la molla si la comprimíssim 1,2 m?

Constant d'elasticitat: és la relació entre la força aplicada sobre un objecte i la deformació que li provoca. En el SI es mesura en N/m.

ACTIVITATS

15 Calcula l'energia potencial elàstica d'una molla de laboratori (k = 50 N/m) si l'estirem 5 cm. Si l'estirem el doble, la seva energia potencial elàstica també es duplicarà? Explica'n el perquè. Calcula ara l'energia potencial elàstica d'aquesta molla si la comprimim 2 cm.

16 Saltant sobre un llit elàstic (constant d'elasticitat de 15.000 N/m) d'un parc d'atraccions arribem a fer salts de fins a 2 metres.

Quina és la nostra energia potencial gravitatòria quan estem al punt més alt? Si tota aquesta energia es transforma en energia potencial elàstica, quina serà la màxima deformació del llit cap avall?

17 Les cordes d'escalada són molt elàstiques per poder absorbir l'energia de la caiguda de l'escalador. Una corda de 40 m es pot estirar fins a 45 m sense que es trenqui, i en aquestes condicions absorbeix 8.000 J. Quina és la constant elàstica d'aquesta corda? Si l'estiréssim només 2 m, quina seria la seva energia potencial elàstica?

3.2 Energia cinètica

L'***energia cinètica*** (***E_c***) és l'energia que té un cos a causa del seu moviment.

Analitzeu un text

Quan conduïm un vehicle hem d'estar molt atents a la velocitat a la qual circulem per raons diverses. Una d'elles és per no sobrepassar els límits de velocitat en els trams per on circulem. Una altra és perquè hem de ser conscients del risc que correm en cas d'accident. D'entrada podríem pensar que si circulem per una carretera a 100 km/h, justament el doble de la velocitat màxima permesa en un nucli urbà, l'energia involucrada en cas d'un xoc també serà el doble. Però això no és així perquè l'energia cinètica d'un objecte depèn de la velocitat, però de manera directament proporcional al seu quadrat.

a | Amb aquesta informació, completeu la taula següent:

***v* (m/s)**	10	20	30	40	50
***E_c* (J)**	1.200	4.800	10.800		

b | Representeu en un gràfic els valors de l'energia cinètica (eix vertical) i la velocitat (eix horitzontal). Quin tipus de gràfic heu obtingut?

c | L'energia cinètica d'un objecte també depèn de la seva massa. Podeu descriure algunes situacions en què es pugui observar clarament aquesta dependència?

d | Així doncs, la fórmula per calcular l'energia cinètica és:

$$E_c = \frac{1}{2} \cdot m \cdot v^2$$

e | La unitat d'energia cinètica en el SI és el joule (J). Per calcular-la, en quines unitats cal expressar la massa i la velocitat?

Un cotxe de Fórmula 1 circula a 260 km/h.

Quina és la seva energia cinètica? A què es transfereix aquesta energia quan el cotxe frena?

Investigueu i concloeu

Un conductor irresponsable circula a 120 km/h amb una moto de massa 110 kg per una carretera en què hi ha un límit de velocitat de 80 km/h.

a | En quin percentatge supera la velocitat permesa?

b | Quant augmenta la seva energia cinètica de 80 km/h a 120 km/h?

c | Quin percentatge d'augment d'energia representa?

d | Amb les dades obtingudes, creieu justificat que la sanció que se li imposa sigui pels danys que pot patir en cas de tenir un accident?

e | Quin és l'augment de perillositat quan circuleu en cotxe i en dupliqueu la velocitat?

ACTIVITATS

18 Calcula l'energia cinètica d'un cotxe (1.400 kg) circulant a 120 km/h per l'autopista.

19 Calcula la teva energia cinètica quan corres. Calcula-la també quan camines.

20 Compara i comenta les energies cinètiques d'una pilota de tennis (58 g) en el moment del servei (200 km/h) i la d'una bala (7 g) quan surt d'un fusell a 950 m/s.

3.3 La conservació de l'energia mecànica

Calculeu i deduïu

Deixem anar una pilota de bàsquet de 0,65 kg de massa des d'un balcó en direcció a terra. En la figura del costat teniu les dades de velocitat i altura en diferents instants de la caiguda.

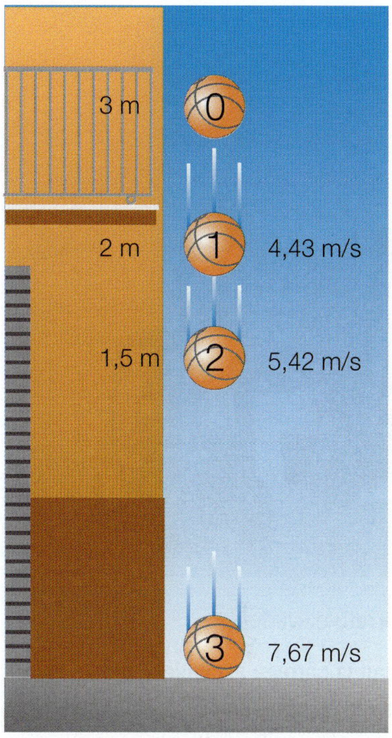

a | Per a cada instant, calculeu l'energia potencial gravitatòria, l'energia cinètica i l'energia mecànica i completeu una taula com aquesta.

Situació	E_{pg} (J)	E_c (J)	$E_m = E_{pg} + E_c$ (J)
0	19,1	0	19,1
1			
2			
3			

b | A quina conclusió podeu arribar? Expresseu-la completant la frase següent:
L'energia no es __________ ni es __________, només es __________.

c | Tenint en compte la vostra conclusió, calculeu la velocitat de la pilota quan estigui a 1 metre de terra.

Observeu que, en absència de fregament, la suma de l'energia potencial i de l'energia cinètica es manté constant.

$$E_m = E_c + E_p = \text{constant}$$

La generalització d'aquest fet permet enunciar el **principi de conservació de l'energia mecànica**: en absència de fregament, l'energia mecànica d'un cos es manté constant.

En el cas que hi hagi fregament, una part de l'energia es transforma en calor; es diu que es dissipa o es degrada. En aquest cas l'energia no es conserva.

En cada bot, la pilota degrada energia mecànica en forma de calor, a causa del fregament, i acaba aturant-se.

Posa algun exemple en què l'energia mecànica no es conservi.

ACTIVITATS

21. Deixem caure una pilota de futbol des de 10 metres d'altura. Calcula l'energia mecànica en el moment inicial, a la meitat del recorregut i just en el moment d'arribar a terra. Suposa que no hi ha fregament entre la pilota i l'aire.
22. Un infant baixa per un tobogan des d'una altura d'1,5 m. Calcula a quina velocitat arribarà a la part més baixa. Suposa que no hi ha fregament entre l'infant i el tobogan.
23. Un nen xuta una pilota de 200 g verticalment cap amunt a una velocitat de 17 m/s. Fins a quina altura arribarà la pilota?
24. En una atracció de fira es comprimeix horitzontalment 30 cm una molla (k = 300 N/m) i en deixar-la anar impulsa una bola de 400 g que surt disparada verticalment cap amunt. Suposa que durant el recorregut el fregament és pràcticament nul.
    a) Calcula fins a quina altura arribarà.
    b) Quan caigui a terra, quina serà la seva velocitat?

Activitats interactives
Activitat de síntesi

4. Treball i energia mecànica

Coneixes la relació que hi ha entre el treball i l'energia? Senzillament el treball és una manera de transferir energia. Per tant, quan s'exerceix un treball sobre un cos es fa variar la seva energia mecànica. El treball i l'energia mecànica estan estretament relacionats. Tanmateix no s'han de confondre: l'energia s'emmagatzema i el treball, no.

Carretó elevador.

Quan la càrrega ascendeix, quin tipus d'energia guanya? I quin tipus d'energia perd?

Calculeu i deduïu

Un aixecador de pesos aixeca els pesos amb una velocitat constant fins al punt més alt.

a | Calculeu el treball que realitza per aixecar uns pesos de 120 kg fins a 1,80 m.

b | En la situació final, quina és l'energia potencial gravitatòria d'aquests pesos?

c | Observant les dues dades anteriors, a quins tipus d'energia s'ha transferit el treball de l'aixecador?

d | En aquest cas, quina ha estat l'energia potencial gravitatòria inicial? Ara, justifiqueu l'afirmació següent:

El **treball** realitzat per elevar un cos coincideix amb la **variació d'energia potencial gravitatòria** que experimenta:

$$W = \Delta E_{pg}$$

e | Quin serà el treball realitzat per un cos que parteix d'una altura determinada? Completeu l'expressió següent:

$$W = \Delta E_{pg} = \_\_\_$$

Prova d'impacte d'un cotxe.

El xoc produeix una disminució d'energia cinètica del cotxe; en què es transforma aquesta energia?

De quina manera es transmet l'energia cinètica del cotxe a la carrosseria per tal de provocar-ne la deformació?

Calculeu i deduïu

Empenyem un objecte de 8 kg, sense fregament, inicialment aturat, amb una força horitzontal de 4 N durant 5 s. Lògicament accelera fins a arribar a una velocitat final.

a | Quina serà la seva acceleració?

b | Quin serà el desplaçament en aquests 5 s?

c | Calculeu la seva velocitat final.

d | Calculeu el treball realitzat per la força.

e | Quina és la seva energia cinètica al final d'aquest interval?

f | Què podeu deduir de la coincidència dels apartats *d* i *e*?

g | En aquest cas, el cos parteix del repòs? Ara, justifiqueu aquesta afirmació:

El **treball** realitzat per la força resultant sobre un cos coincideix amb la **variació d'energia cinètica** que experimenta:

$$W = \Delta E_c$$

h | Quin serà el treball realitzat per un cos que no parteix del repòs? Completa l'expressió següent:

$$W = \Delta E_c = \_\_\_$$

i | Amb caràcter més general, podem afirmar que el treball realitzat sobre un objecte correspon a la seva variació d'energia mecànica. Completa l'expressió següent:

$$W = \Delta E_m = E_{mf} - E_{mi} = \_\_\_$$

Exercicis resolts

1. Un cos de 6 kg de massa, que estava en repòs, es desplaça 8 m quan hi actua una força constant de 10 N.

a) Calcula el treball realitzat en el cas que la força actuï en la mateixa direcció i el mateix sentit del desplaçament.

b) Calcula la velocitat al final del trajecte.

a) El treball realitzat és: $W = F \cdot \Delta x = 10\ \text{N} \cdot 8\ \text{m} = \mathbf{80\ J}$

b) Com que l'energia cinètica inicial és 0 ($v_i = 0$), el treball realitzat ha de ser igual a l'energia cinètica final. D'aquesta igualtat, deduïm la velocitat final del cos:

$$W = E_{cf} \rightarrow 80\ \text{J} = \frac{1}{2} \cdot 6\ \text{kg} \cdot v_f^2 \rightarrow v_f = \sqrt{\frac{80\ \text{J} \cdot 2}{6\ \text{kg}}} = \mathbf{5{,}16\ m/s}$$

2. El punt més alt d'un pla inclinat de 10 m de longitud es troba a 3 m d'altura. Des d'aquest punt, deixem lliscar una caixa de 8 kg de massa. Si la força de fregament que s'oposa al moviment és $F_{freg} = 5$ N, calcula la velocitat de la caixa quan arriba al punt més baix del pla.

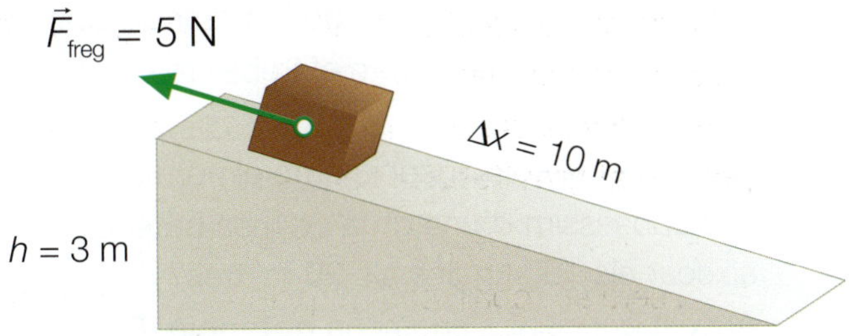

La força de fregament (F_{freg}) és negativa, ja que té sentit contrari al desplaçament. El treball de la força de fregament és: $W_{freg} = -F_{freg} \cdot \Delta x = -5\ \text{N} \cdot 10\ \text{m} = -50\ \text{J}$

Per tant, el cos perd 50 J d'energia mecànica.

L'energia mecànica inicial és: $E_{mi} = E_{pi} + E_{ci} = m \cdot g \cdot h + 0 = 8\ \text{kg} \cdot 9{,}8\ \text{m/s}^2 \cdot 3\ \text{m} = 235{,}2\ \text{J}$

L'energia mecànica final és: $E_{mf} = 235{,}2\ \text{J} - 50\ \text{J} = 185{,}2\ \text{J}$

Quan el cos arriba al punt més baix, no té energia potencial ($h = 0$) i tota l'energia mecànica és energia cinètica. A partir de la seva equació calculem la velocitat final:

$$E_c = \frac{1}{2} m \cdot v^2 \rightarrow 185{,}2\ \text{J} = \frac{1}{2} \cdot 8\ \text{kg} \cdot v_f^2 \rightarrow v_f = \sqrt{\frac{185{,}2\ \text{J} \cdot 2}{8\ \text{kg}}} = \mathbf{6{,}8\ m/s}$$

ACTIVITATS

25. Un piano de 300 kg penja del ganxo d'una grua a 20 m d'altura. Quin treball ha realitzat la grua per fer-lo pujar?

26. Una moto de 120 kg circula per dins d'una ciutat a 50 km/h i en sortir de la ciutat accelera fins a 90 km/h. Quin treball haurà realitzat el motor per accelerar? Quin treball realitzaran els frens per aturar la moto en veure un senyal d'estop?

27. Un mòbil de 100 kg de massa circula a una velocitat de 10 m/s i accelera fins a assolir una velocitat de 20 m/s en un temps de $t = 5$ s.

a) Calcula l'augment de la seva energia cinètica.

b) A partir de la igualtat entre el treball i l'augment d'energia cinètica, calcula l'espai recorregut pel mòbil.

Activitats interactives
Activitat de síntesi

5. Potència

Hi ha màquines que per fer el mateix treball tarden menys. Per tant, és important saber no només la quantitat d'energia que produeix una màquina sinó el temps que tarda a fer un treball determinat. La potència és la magnitud que ho reflecteix, sabeu com es calcula la potència d'una màquina?

Calculeu i raoneu

Disposem d'un catàleg de grues elevadores per a la construcció, com la que mostra la imatge, en què s'ofereixen dos productes molt semblants, el Px-400 i el Px-1000, però amb prestacions diferents. Segons el catàleg poden aixecar masses de fins a 100 kg a una alçada de 20 m, però el model petit ho fa en 49 s mentre que l'altre model només tarda 19,6 s.

a | Amb aquestes dades, quina de les dues grues diríeu que té més potència? Per què?

b | Calculeu l'augment d'energia potencial de les masses en els dos casos.

c | Com és el treball que han de realitzar els dos models de grua?

d | Calculeu el quocient entre el treball realitzat i el temps que tarda cada model a fer-lo.

e | Veieu alguna coincidència amb el nom de cada model d'elevador?

f | Si disposéssim d'una grua de més potència, tardaria més o menys a aixecar els 100 kg fins als 20 metres?

Aquest quocient s'anomena **potència** (***P***) i es calcula:

$$P = \frac{W}{t}$$

En el sistema internacional la potència s'expressa en watts (W). Una màquina té 1 watt de potència quan realitza un treball d'1 joule en 1 segon:

$$1\ \mathrm{W} = \frac{1\ \mathrm{J}}{1\ \mathrm{s}}$$

Cerqueu informació

Hi ha altres unitats de potència com ara el **quilowatt** (**kW**), el **megawatt** (**MW**) i el **cavall de vapor** (**CV**). Esbrineu la seva equivalència amb el watt.

ACTIVITATS

28 Un aixecador de pesos aconsegueix aixecar un pes de 210 kg per sobre del seu cap, a una altura de 2,3 m, en 4 s. Calcula la potència dels seus braços.

29 Quin treball fa una batedora elèctrica de 250 W en tres minuts?

30 Quin motor realitza més treball, un de 100 W de potència durant 4 h o un de 6 CV durant 5 minuts?

31 Un microones té una potència de 900 W. Quants joules d'energia necessita per funcionar durant 1 minut?

32 T'has fixat mai que l'electricitat consumida es factura en quilowatts hora (kWh)? Cerca la definició de quilowatt hora i digues si es tracta d'una unitat de potència o de treball. Prova de justificar-ho aplicant la definició de potència.

33 Calcula el cost econòmic d'una bombeta de 100 W encesa durant tot un dia si paguem l'electricitat a 0,08 € el kWh.

Activitats interactives
Activitat de síntesi

6. El rendiment de les màquines

És molt desitjable que aprofitem al màxim l'energia que ens subministren, d'aquí la importància d'un rendiment alt en qualsevol procés.

Interpreteu una definició

El **rendiment** (η) d'una màquina és un coeficient que determina la seva eficàcia i es defineix com la relació entre l'energia aprofitada o útil i l'energia subministrada.

$$\eta = \frac{E_{\text{aprofitada}}}{E_{\text{subministrada}}}$$

a | Si volguéssiu expressar el rendiment en percentatge (%), què hauríeu de fer? Escriviu la fórmula corresponent.
Justifiqueu per què el rendiment d'una màquina és sempre inferior a 1 (o al 100%)?

b | Expliqueu per què el rendiment no té unitats i per això diem que és un coeficient.

Observeu i relacioneu

a | Escriviu a quin tipus d'energia correspon cadascuna de les energies de l'esquema.

b | Cerqueu quina és la potència habitual d'una batedora de cuina i quin és el rendiment d'un motor elèctric.

c | Calculeu quina és l'energia útil que s'aprofita si la batedora funciona durant 2 min.

ACTIVITATS

34 Antigament quasi totes les bombetes eren d'incandescència, amb filament de wolframi, però només un 10% de l'electricitat subministrada es transformava en llum, la resta es dissipava en forma de calor. Actualment, la il·luminació LED és molt més eficient; de manera que una bombeta LED de 5 W proporciona la mateixa il·luminació que una bombeta incandescent de 40 W, amb el consegüent estalvi energètic.

- a) Quin és el rendiment lumínic de les bombetes incandescents? I el rendiment de la il·luminació LED?
- b) Calcula la potència lumínica de cada tipus de bombeta.
- c) Quina és la potència dissipada en forma de calor per cadascuna de les dues bombetes?

35 Un motor de gasolina sol tenir un rendiment del 25% i un motor dièsel, d'un 35%. En canvi, el rendiment d'un motor elèctric està al voltant del 90%. Si un cotxe ecològic es vol construir amb una potència útil de 120 CV, quina haurà de ser la potència del motor instal·lat en cadascuna de les tres opcions?

Activitats interactives
Activitat de síntesi

1. L'energia

L'**energia** és la capacitat que tenen els cossos de produir canvis en ells mateixos o en altres cossos.

En el sistema internacional, la unitat d'energia és el **joule** (**J**). També es poden utilitzar altres unitats, com ara la **caloria** (**cal**).

1 J = 0,24 cal i 1 cal = 4,18 J

1.1 Formes d'energia

Segons l'efecte produït, parlem de diverses formes d'energia: química, mecànica, elèctrica, lluminosa, calorífica, etc.

1.2 L'energia es transfereix

- Entre dos cossos hi ha una transferència d'energia en forma de **treball** quan existeix una força que provoca un desplaçament.
- Entre dos cossos hi ha una transferència d'energia en forma de **calor** quan els cossos tenen temperatures diferents o quan un dels cossos canvia d'estat.
- Entre dos cossos hi ha una transferència d'energia en forma de **radiació** o **energia radiant** quan un cos absorbeix les ones emeses per l'altre.

El treball, la calor i la radiació o energia radiant són tres maneres de transferència d'energia entre dos cossos.

ACTIVITATS

1. Fes una llista dels tipus d'energia que coneguis i dóna un exemple per a cadascuna d'un aparell que ens permet obtenir-la.
2. Cerca quina és l'energia diària que necessites per realitzar les teves activitats habituals i expressa-la en diferents unitats.
3. Explica dos sistemes que ens permetin transformar energia química en lluminosa. I explica també dos sistemes per transformar l'energia lluminosa en elèctrica. Detalla'n les transferències i les transformacions energètiques.
4. Actualment els molins de vent s'utilitzen per generar energia elèctrica. Explica les transferències i les transformacions d'energia necessàries per generar energia elèctrica a partir de la força del vent.

2. El treball

Es produeix **treball** quan una força aplicada sobre un cos provoca un desplaçament.

2.1 Càlcul del treball

El valor del treball realitzat, W, per una força, F, aplicada sobre un cos es calcula multiplicant el mòdul del vector força pel desplaçament provocat (Δx).

$$W = F \cdot \Delta x$$

Si el desplaçament i la força no tenen la mateixa direcció, cal trobar el mòdul de la projecció $\vec{F}_x$ de la força sobre la direcció del desplaçament.

$$W = F_x \cdot \Delta x$$

Es calcula multiplicant el mòdul de $\vec{F}$ pel cosinus de l'angle que determinen $\vec{F}$ i $\vec{F}_x$:

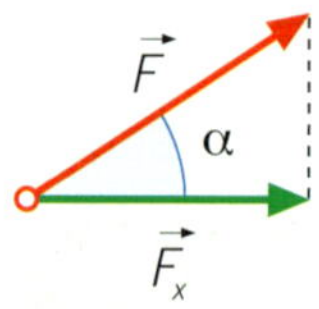

En el sistema internacional, la unitat de treball és el **joule** (**J**), la mateixa que per a l'energia, que es defineix com el treball realitzat per la força d'un newton quan produeix un desplaçament d'un metre en la direcció i el sentit de la força.

1 J = 1 N · 1 m

ACTIVITATS

5. Un oficinista està assegut durant diverses hores entrant dades a l'ordinador. En llenguatge col·loquial afirmem que ha estat treballant però des del punt de vista físic podem afirmar que el treball que ha realitzat és nul. Pots explicar-ho?
6. Hem traslladat una caixa de llibres de l'aula A a l'aula B. Primer l'hem agafat de terra per aixecar-la; després, l'hem portat en braços i finalment l'hem dipositat damunt d'una taula. Pensa quins són els intervals del moviment i comenta en quins intervals realitzem treball i en quins no.
7. Per desplaçar 5 m un moble hem de realitzar horitzontalment una força de 150 N. Calcula el treball que hem realitzat. Si utilitzem un carretó amb rodes només l'hem d'empènyer amb 40 N; quin serà aleshores el treball que haurem fet?

3. Energia mecànica

L'**energia mecànica** (E_m) és l'energia que tenen els cossos a causa de la seva posició o del seu moviment. Si considerem la posició d'un cos, parlarem d'**energia potencial** (E_p) i si considerem el seu moviment parlarem d'**energia cinètica** (E_c).

L'energia mecànica d'un cos és la suma de les seves energies potencial i cinètica.

$$E_m = E_p + E_c$$

3.1 Energia potencial

L'**energia potencial** és l'energia que té un cos a causa de la seva posició.

Les dues formes d'energia potencial principals són:

- L'**energia potencial gravitatòria** (E_{pg}) és la que té un cos a causa de la seva posició respecte de la superfície de la Terra.

$$E_{pg} = m \cdot g \cdot h$$

- L'**energia potencial elàstica** (E_{pe}) és la que tenen els cossos capaços de realitzar un treball en recuperar la seva forma original.

$$E_{pe} = \frac{1k}{2} \cdot \Delta L^2$$

3.2 Energia cinètica

L'**energia cinètica** (E_c) és l'energia que té un cos a causa del seu moviment.

El seu valor depèn de la massa del cos (m) i de la seva velocitat (v):

$$E_c = \frac{1}{2} m \cdot v^2$$

3.3 La conservació de l'energia mecànica

En qualsevol procés, **l'energia no es crea ni es destrueix, només es transforma.**

$$E_m = E_c + E_p = \text{constant}$$

Principi de conservació de l'energia mecànica: en absència de fregament, l'energia mecànica d'un cos es manté constant.

En el cas que hi hagi fregament, una part de l'energia es transforma en calor; es diu que es dissipa o es degrada. En aquest cas, l'energia mecànica no es conserva.

ACTIVITATS

8. Calcula l'energia potencial, l'energia cinètica i l'energia mecànica que tindries si volessis en un ultralleuger de 150 kg a 50 m d'altura quan manté una velocitat de 90 km/h.
9. Un cotxe circula per ciutat, i quan circula per la carretera dobla la seva velocitat. La seva energia cinètica s'ha doblat, també? Explica-ho i posa'n un exemple numèric.
10. Deixem anar una pilota de bàsquet des d'una finestra d'un segon pis, a 6 metres d'altura; calcula la velocitat amb què arribarà a terra.
11. Un futbolista xuta la pilota verticalment, per error, lògicament, amb una velocitat de 54 km/h. Fins a quina altura arribarà? Fins a quina altura, en pisos, creus que hauria arribat?
12. Una joguina consisteix en una molla que impulsa un petit cotxe de 300 g. Si comprimim 8 cm la molla de k = 200 N/m, amb quina velocitat sortirà disparat el cotxe? I si comprimim la molla només a la meitat, la velocitat de llançament es reduirà també a la meitat? Primer raona-ho i després calcula-ho.

4. Treball i energia mecànica

El treball és una manera de transmetre energia. Per tant, quan s'exerceix un treball sobre un cos en varia l'energia mecànica.

- **El treball i l'energia potencial**. El treball realitzat per elevar un cos coincideix amb la variació d'energia potencial que experimenta.

$$W = \Delta E_p$$

Si el cos parteix d'una altura determinada, caldrà comptar amb l'energia potencial inicial (E_{pi}), que serà diferent de 0, i l'energia potencial final (E_{pf}).

El treball realitzat és:

$$W = \Delta E_p = E_{pf} - E_{pi}$$

- **El treball i l'energia cinètica**. El treball realitzat per la força resultant sobre un cos coincideix amb la variació d'energia cinètica que experimenta.

$$W = \Delta E_c$$

Si el cos no parteix del repòs, cal comptar l'energia cinètica inicial (E_{ci}), que és diferent de 0, i l'energia cinètica final (E_{cf}). En aquest cas, el treball realitzat és:

$$W = \Delta E_c = E_{cf} - E_{ci}$$

ACTIVITATS

13 Pugem un llibre de 150 g des de terra fins a un prestatge situat a 180 cm d'altura.

a) Quina força haurem de fer?

b) Quin treball haurem realitzat?

c) Quina serà l'energia potencial gravitatòria que ha guanyat el llibre?

14 En Lluís empeny el trineu on va un amic seu fent una força de 80 N durant 6 m. Calcula el treball que ha realitzat en Lluís. Si inicialment el trineu estava aturat, quina serà la seva velocitat final tenint en compte que el trineu té una massa de 8 kg i l'amic d'en Lluís de 52 kg?

15 A causa d'una forta ventada un test (600 g) cau des d'un segon pis (a 6 m d'altura) fins a terra i, per sort, no passa ningú en aquell moment.

a) Quina és la velocitat amb què xoca?

b) Quina serà la velocitat quan durant la caiguda passa pel primer pis?

16 Llancem des de terra un objecte amb una velocitat vertical i cap amunt de 40 m/s per fer-lo arribar a un terrat d'un edifici de 50 m d'altura.

a) Calcula l'altura màxima per saber si s'aconseguirà l'objectiu.

b) Quina serà la velocitat de l'objecte quan caigui al terrat.

Pots comprovar els valors obtinguts i simular-ne el moviment al web.

5. Potència

La **potència** (***P***) és una magnitud que mesura el treball (*W*) realitzat per unitat de temps (*t*).

$$P = \frac{W}{t}$$

En el SI, la potència s'expressa en **watts (W)**. Una màquina té 1 W de potència quan realitza un treball d'1 J en 1 s.

$$1\ \text{W} = \frac{1\ \text{J}}{1\ \text{s}}$$

Altres unitats de potència són:

El **quilowatt (kW)**: 1 kW = 10^3 W

El **megawatt (MW)**: 1 MW = 10^6 W

El **cavall de vapor (CV)**: 1 CV = 735 W

El **quilowatt hora (kWh)** no és una unitat de potència, sinó d'energia o de treball, ja que és el producte d'una unitat de potència per una unitat de temps.

$$1\ \text{kWh} = 3{,}6 \cdot 10^6\ \text{J}$$

El kWh representa l'energia que una màquina d'una potència d'un quilowatt subministra en una hora.

ACTIVITATS

17 Calcula la potència del motor d'un cotxe de 1.200 kg capaç de fer-lo passar de 0 a 100 km/h en 15 s. Expressa el resultat en quilowatts i en cavalls de vapor. No tinguis en compte el fregament.

18 Calcula la potència del motor d'un ascensor de 800 kg que puja cinc pisos en 20 s. Fes el càlcul en dos casos: quan puja buit i quan hi pugen sis persones. Fes les suposicions que creguis convenients.

19 Calcula, en quilowatts hora i en joules, l'energia elèctrica consumida per una bombeta d'incandescència de 60 W si està encesa durant 5 h. Si el quilowatt hora d'energia costa 0,08 €, quants diners s'han gastat en aquest temps? Pots repetir el càlcul si utilitzem una bombeta LED de 5 W que il·lumini igual.

6. El rendiment de les màquines

El **rendiment** (η) d'una màquina és un coeficient que indica la relació entre l'energia aprofitada ($E_{\text{aprofitada}}$) i l'energia subministrada ($E_{\text{subministrada}}$).

$$\eta = \frac{E_{\text{aprofitada}}}{E_{\text{subministrada}}}$$

Si volem expressar el rendiment en percentatge haurem de multiplicar aquest coeficient per 100.

$$\eta = \frac{E_{\text{aprofitada}}}{E_{\text{subministrada}}} \cdot 100$$

ACTIVITATS

20 Una grua aixeca una càrrega de 800 kg fins a una altura de 12 m. Al motor de la grua se li han de subministrar 110 kJ d'energia per fer l'operació.

a) Quin és el rendiment del motor?

b) Quina és la potència del motor si tarda 15 s a pujar la càrrega?

21 Una bombeta d'incandescència de 60 W té un rendiment de només el 10% i la tenim encesa durant 4 h.

a) Quanta energia elèctrica se li ha subministrat?

b) Quanta energia útil n'hem obtingut?

c) Què ha passat amb la resta de l'energia subministrada?

Comprova el que saps

Mapa conceptual

Estudi energètic del pèndol

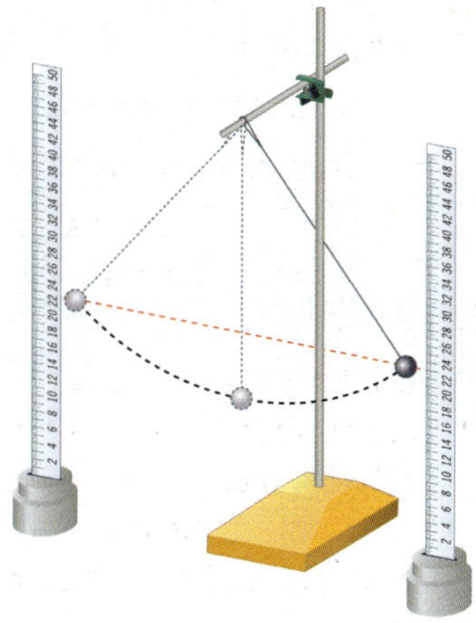

Objectiu

Comprovar experimentalment el principi de conservació de l'energia mecànica.

Material

- Una bola d'acer
- Un metre de fil
- Suport amb barra
- Varetes curtes
- Nous
- Dos regles amb suport

Procediment

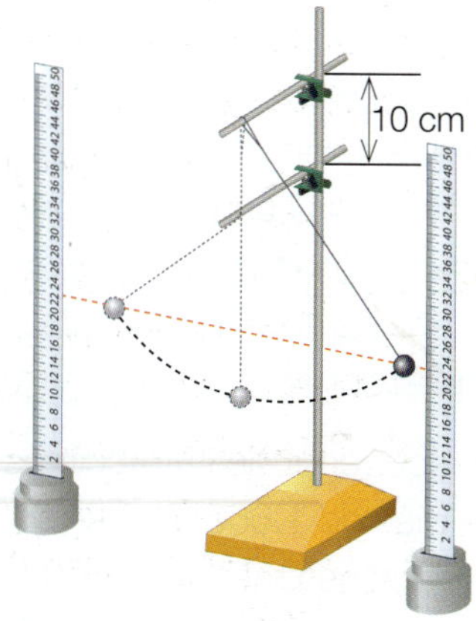

1. Muntem el pèndol amb una longitud de 50 cm. Mantenint el fil tibat, desplacem la bola fins a situar-la a una altura determinada respecte de la taula i la deixem anar.
2. Comprovem que l'altura que assoleix al final de la primera mitja oscil·lació és la mateixa que tenia en el moment de deixar-la anar.
3. Col·loquem la segona vareta i fem oscil·lar el pèndol des de la mateixa posició inicial que abans. Comprovem que la bola assoleixi la mateixa altura que la que tenia en el moment de deixar-la anar.
4. Col·loquem la tercera vareta i repetim l'experiment. Comprovem que la bola assoleixi la mateixa altura que la que tenia en el moment de deixar-la anar.

Interpretació de resultats

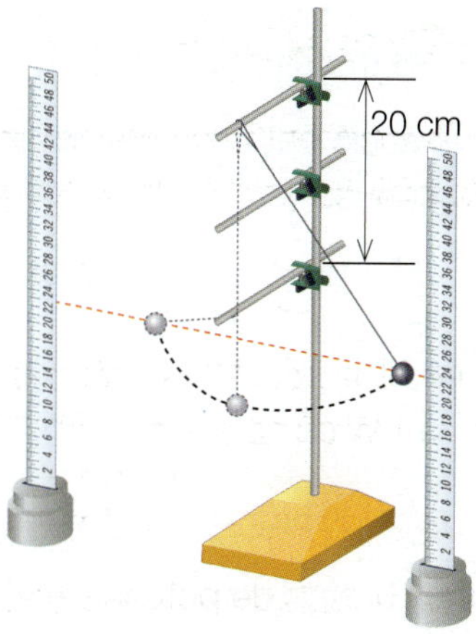

Quan desplacem la bola del pèndol de la seva posició d'equilibri, per situar-la a la posició inicial, adquireix una energia potencial a causa de la seva nova posició. En aquesta posició, l'energia mecànica del pèndol és:

$$E_m = E_c + E_p = 0 + E_p = m \cdot g \cdot h$$

Quan, després de deixar-la caure, la bola assoleix l'altura màxima, l'energia mecànica serà la mateixa que en la posició inicial. Això succeeix perquè es compleix el principi de conservació de l'energia mecànica: en absència de fregament, l'energia mecànica d'un cos es manté constant.

ACTIVITATS

1. Descriu com varien l'energia cinètica i l'energia potencial de la bola quan es troba, respectivament, en la posició inicial, en la posició d'equilibri i en la posició final.
2. Si la bola de l'experiment té una massa de 50 g, quina és l'energia mecànica del pèndol quan la bola està en la posició inicial, en la posició d'equilibri i en la posició final?
3. Si en comptes de fer servir una bola de 50 g, repetim l'experiment amb una bola amb una massa de 100 g, assolirà la mateixa altura? Raona'n la resposta.

ACTIVITAT FINAL

Atracció Shambhala

Secció de la **muntanya russa Shambhala**, a Port Aventura.

A Port Aventura hi ha una muntanya russa, Shambhala, amb un conjunt de característiques que fan que aquesta atracció sigui realment espectacular. A la pàgina web d'aquest parc temàtic podem llegir:

«Amb **Shambhala** conquerireu el cel».

És la muntanya russa del grup de les *hypercoaster*, que es caracteritzen per tenir unes dimensions i una alçària grans, a més a més d'oferir un recorregut extens i arribar a velocitats impressionants.

El recorregut de l'atracció és de més de 1.650 m i han estat necessàries més de 1.600 t d'acer per a l'estructura. S'han utilitzat més de 4.000 m^3 de formigó per als fonaments, els quals, en alguns punts, arriben als 18 m de profunditat.

L'atracció bat tres rècords europeus:

1. Muntanya russa més alta d'Europa (76 m).
2. Muntanya russa amb el descens més llarg d'Europa (78 m).
3. La *hypercoaster* europea més ràpida, que arriba als 134 km/h en el primer descens.

Té 5 *camelbacks* (elevacions durant el recorregut). El més baix té una alçària que equival a la d'un edifici de set plantes. En cadascun d'aquests *camelbacks*, el passatger experimenta l'efecte que es coneix amb el nom d'*air time*, durant el qual no està en contacte amb el seient. És una sensació similar a la que s'experimenta en un canvi de rasant en una carretera, però molt més intensa.

Hi ha 3 trens amb capacitat per a 32 persones cadascun i que poden operar alhora a l'atracció.»

ACTIVITATS

1. Si pugessis a l'atracció, quina seria la teva energia potencial gravitatòria en el punt més alt del recorregut?
2. Quina seria la velocitat màxima que podries aconseguir si tota aquesta energia es transferís a energia cinètica?
3. Tenint en compte la velocitat màxima real que s'aconsegueix, quin és el rendiment energètic d'aquesta muntanya russa?
4. Considerant que un tren té una massa de 2.500 kg, calcula el treball que ha de realitzar el motor per tal de fer la pujada inicial quan va ple de persones.
5. En el vídeo *Shambhala front seat on-ride* del web podem observar que els trens tarden 35 segons a pujar fins al punt més alt. Calcula quina serà la potència mínima del motor que ha de fer funcionar l'atracció.
6. Si suposem que tota l'energia inicial es degrada en calor per la força de fregament, calcula quina és aquesta força (valor mitjà) al llarg de tot el recorregut.

Autoavaluació

REVISTA DE CIÈNCIA

Eficiència energètica dels edificis

Actualment, la tecnologia ha permès millorar l'eficiència energètica de les llars i fer-les més sostenibles reduint la quantitat d'energia que es necessita per escalfar-les, per refredar-les o per fer-hi funcionar els electrodomèstics. Tot això es pot mesurar, i el resultat és el grau d'eficiència energètica de l'habitatge.

És tan important per al medi ambient fer un ús sostenible dels recursos, en concret de l'energia, que la Unió Europea ha legislat l'eficiència energètica dels edificis, valorant diferents aspectes, i els ha classificat en set grups que van de la A a la G segons la seva eficiència. Per mesurar el grau d'eficiència energètica d'un edifici es tenen en compte diversos paràmetres com el tipus d'aïllament tèrmic, la manera com s'hi escalfa l'aigua, el tipus de calefacció o el tipus de tancaments.

Podem pensar que els edificis realment no consumeixen energia ni desenvolupen un treball i, per tant, no podem saber quin rendiment tenen. El que sí que hi ha als edificis són múltiples aparells que emeten CO_2 a l'atmosfera: aparells d'aire condicionat, calderes, ascensors, electrodomèstics, llums, etc., i, per tant, el tipus d'energia que s'utilitza per fer-los funcionar és una de les variables que determina l'eficiència energètica de l'habitatge.

Molts aparells domèstics no emeten directament CO_2, però les fonts d'energia que els fan funcionar poden tenir aquest efecte.

Instal·lació de plaques fotovoltaiques.

El clima és una de les principals variables que s'ha de tenir en compte a l'hora de construir un edifici. En un país com el nostre, és important pensar que a l'estiu fa molta calor. Per això, els edificis amb grans façanes de vidre i una mala ventilació necessitaran fer un ús molt intensiu de l'aire condicionat per compensar l'escalfor que es genera quan entren els rajos de sol a l'interior, per més eficient que sigui l'aparell que hi posem.

Per ser eficients, els edificis han de tenir uns bons aïllaments del fred i la calor, de manera que no es necessiti tenir la calefacció gaire alta a l'hivern i que a l'estiu no calguin gaires hores d'aire condicionat per estar frescos. L'orientació dels edificis, els materials utilitzats en construir-los, el tipus de finestres, entre altres coses, juguen un paper fonamental en l'eficiència energètica. Això ja ho sabien els nostres avantpassats, tal com podem comprovar mirant edificacions antigues, com ara les masies, que sempre s'orientaven al sud per aprofitar el sol però que no tenien grans obertures, per evitar que el fred hi entrés. Per tant, podem dir que retornem als orígens.

COMPRENSIÓ LECTORA I REFLEXIÓ

1. Quines mesures es feien servir antigament per fer les cases més eficients energèticament?
2. Quins factors creus que s'han de tenir en compte per construir un edifici eficient?
3. Com creus que les accions que duen a terme persones que viuen en un edifici poden afectar la seva eficiència energètica?
4. Quins avantatges proporciona una llar amb una bona eficiència energètica?
5. Quines mesures penses que es podrien dur a terme a l'escola per millorar-ne l'eficiència energètica?

UNITAT 6

CALOR I ENERGIA

A l'estiu sol fer calor i també sabem que la temperatura en aquesta època és més alta que a l'hivern.

- Saps quina relació hi ha entre aquests dos conceptes?
- Quines unitats coneixes per mesurar la temperatura? I quins aparells de mesura s'utilitzen?

El gel sempre està fred i si l'escalfem s'acaba fonent i pujant de temperatura.

- En aquest procés, t'imagines quins canvis tenen lloc en la matèria?

L'aigua la trobem al nostre planeta en els tres estats diferents de la matèria: gel, aigua líquida i vapor d'aigua.

- Quins són els noms genèrics dels estats de la matèria que coneixes?
- Tots els materials els podem trobar en aquests estats? En pots posar alguns exemples?

Foto: El cafè està molt calent i el gel molt fred. Un cop barrejats, al final tenim una beguda fresca.

EN AQUESTA UNITAT APRENDRÀS...

1 Que les oscil·lacions en una molla ens permeten tenir un model de com es propaguen les ones.

2 Com es combinen les ones.

3 Com es propaga el so i quines són les seves característiques.

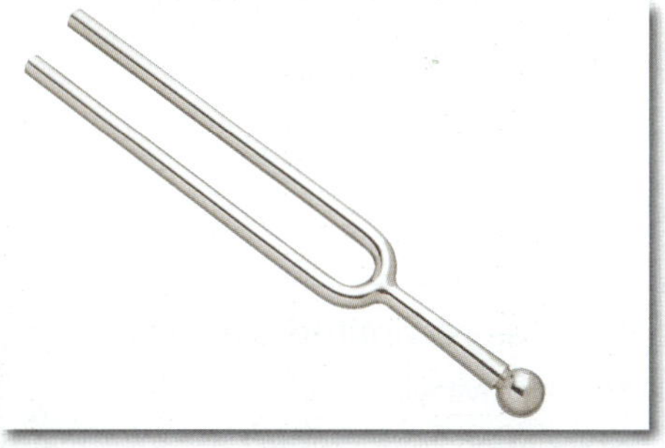

4 Que les ones sonores poden rebotar, canviar de medi o ser absorbides.

5 Com es propaga la llum i quina és la seva naturalesa.

6 Que la llum visible no és l'única ona electromagnètica.

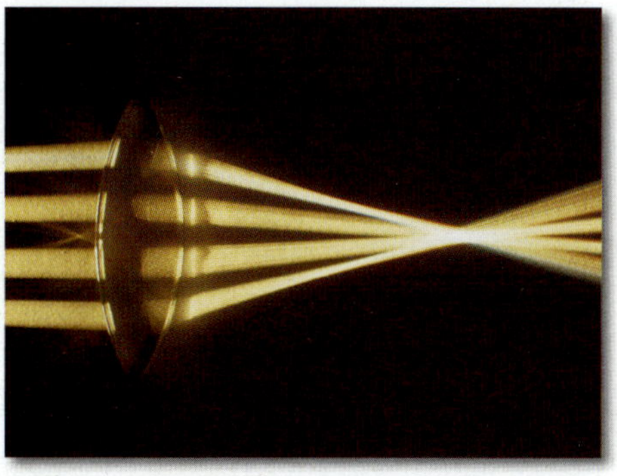

7 Que les ones lluminoses poden rebotar, penetrar en medis diferents i ser absorbides totalment o parcialment.

8 Com els humans emetem ones sonores, i com captem tant les ones sonores com les ones lluminoses.

9 Que l'excés de so, llum o d'altres ones electromagnètiques pot tenir conseqüències en la salut dels éssers vius.

I SERÀS CAPAÇ DE...

- Interpretar com es comporten dues ones quan es propaguen simultàniament.
- Relacionar les característiques d'un so amb les de l'ona que el produeix.
- Reconèixer el comportament dual de la llum.
- Ordenar les diferents ones electromagnètiques en funció de l'energia que propaguen.

1. Les ones

El moviment d'una molla al voltant del seu punt d'equilibri és un moviment vibratori. Una ona és un moviment vibratori que sí que es propaga pel medi, però tot i la diferència en la propagació, el moviment d'una molla està molt relacionat amb el moviment de les ones?

1.1 El moviment vibratori

El moviment d'un objecte al voltant d'un punt d'equilibri s'anomena **moviment vibratori** o **moviment harmònic simple (MHS)**.

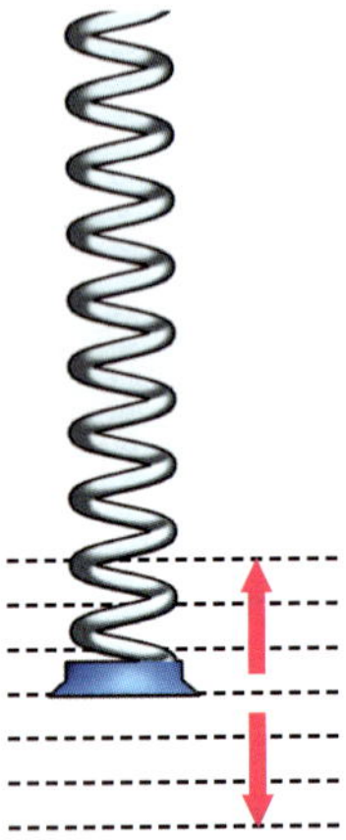

Analitzeu un experiment i deduïu

Un grup d'alumnes vol estudiar com es comporta un objecte penjat en una molla. Per això l'han desplaçat 6 cm cap avall respecte de la seva posició d'equilibri, i després l'han deixat anar.

Per determinar la posició de l'objecte han fet fotografies cada mig segon, i després han representat les dades obtingudes a la taula següent:

Temps (s)	0	0,5	1	1,5	2	2,5	3	3,5	4	4,5	5	5,5	6	6,5
Posició (cm)	-6	-4,9	-1,9	1,8	4,8	6	4,9	1,9	-1,8	-4,8	-6	-4,9	-1,9	1,8

a | La distància de 6 cm, expressada en metres, és **l'amplitud** d'aquest moviment. Deduïu una definició d'amplitud per al MHS.

b | En comparar la posició en què es troba l'objecte en els instants 0 s i 5 s, es pot deduir que 5 s és el **període** d'aquest moviment. Deduïu una definició de període per al MHS.

c | Compareu la posició que té l'objecte en l'instant 1 s i 6 s. Com és? Aquest fet té relació amb la definició que heu deduït a l'apartat anterior?

d | Es defineix **freqüència** d'un MHS com el nombre d'oscil·lacions que fa l'objecte cada segon. Indiqueu el seu valor per a l'objecte que aquests alumnes estan observant.

e | Si la molla oscil·la més lentament, el seu període serà més alt o més baix? I la seva freqüència?

f | Deduïu raonadament si l'afirmació següent és vertadera o falsa: Quan augmenta el període d'un MHS, la seva freqüència disminueix.

g | La fórmula que permet relacionar la **freqüència** (*f*) mesurada en hertz (**Hz**) o en s^{-1}, i el **període** (*T*) mesurat en segons (**s**) és:

$$f = \frac{1}{T}$$

És coherent aquesta fórmula amb la resposta de l'apartat anterior? Expliqueu-ne el motiu.

Hertz: unitat de mesura del sistema internacional que correspon a una oscil·lació cada segon, es a dir, s^{-1}.

h | Representeu les dades que han obtingut aquests alumnes. En l'eix horitzontal representeu el temps (en segons) i en el vertical la posició (en metres).

i | En veure el gràfic, un dels alumnes ha deduït que el moviment d'una molla és en realitat idèntic al d'una ona. Un altre argumenta que no pot ser, ja que una ona es propaga per l'espai i el moviment d'una molla no. Qui dels dos té raó? Argumenteu la resposta.

1.2 El moviment ondulatori

Quan una partícula que es troba en un medi està sotmesa a un moviment vibratori, pot transmetre el seu moviment a les partícules que té al costat i genera un moviment ondulatori.

Observeu i deduïu

Les imatges següents mostren com es mouen les partícules que vibren en diferents tipus d'ones.

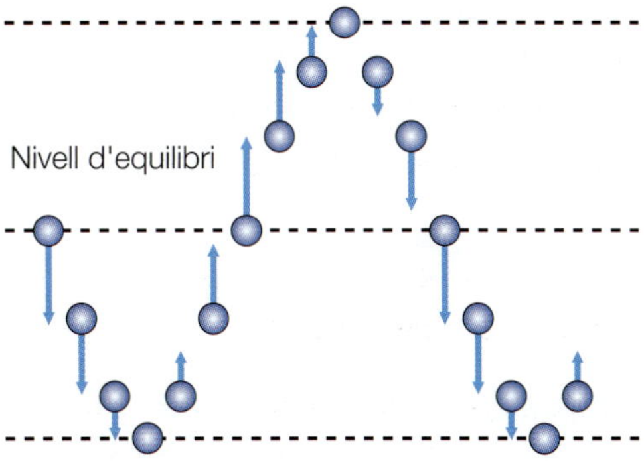

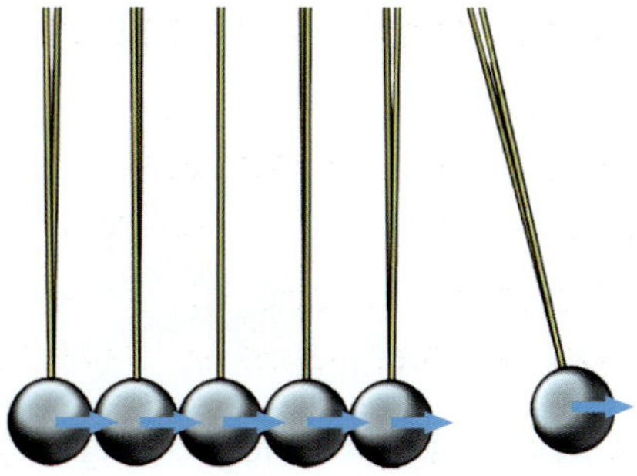

a | En tots dos casos, quin tipus de moviment descriu cadascuna de les partícules de l'ona de forma individual?

b | Com creieu que es transmet aquest moviment entre una partícula i la següent?

c | Un cop l'ona ha passat, en quina posició queden les partícules? Es pot afirmar que el pas de l'ona provoca un transport de matèria?

d | Per altra banda, si teniu en compte que el moviment és una forma d'energia, es pot afirmar que el pas de l'ona transmet energia?

e | Raoneu la certesa o falsedat de les afirmacions següents:

- En un moviment ondulatori hi ha transmissió d'energia sense transport de matèria.
- Un moviment ondulatori és la propagació d'un moviment vibratori a través d'un medi material.

ACTIVITATS

1. Què és el període? I la freqüència? Si un augmenta, l'altre també?
2. Calcula el període i la freqüència del pèndol d'un rellotge que fa una oscil·lació completa cada dos segons.
3. Una molla oscil·la 40 vegades cada minut. Calcula el seu període i la seva freqüència.
4. Explica la diferència entre moviment vibratori i moviment ondulatori. Si colpeges una campana, el seu moviment és vibratori o ondulatori? I el so que produeix?
5. Les ones transporten energia? I matèria? Raona la resposta.
6. Observa que a la platja hi arriba cada tres segons una onada de 80 cm d'alçària. Calcula el període, la freqüència i l'amplitud d'aquesta ona.

1.3 Classificació de les ones

Les ones poden classificar-se en funció de la direcció en què vibren les partícules i en funció de la necessitat o no d'un medi material per propagar-se.

Interpreteu informació gràfica i deduïu

La imatge següent il·lustra com poden ser les ones en funció de la direcció de vibració de les seves partícules.

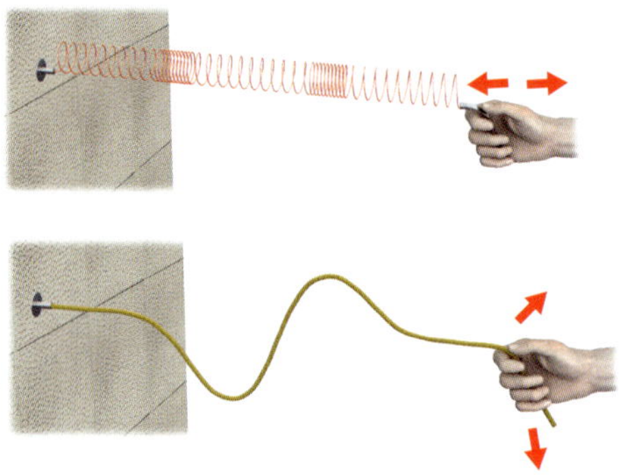

a | A partir del moviment de la mà que genera l'ona, penseu com es mouen les partícules en relació amb la direcció de propagació de l'ona.

b | Deduïu una definició **d'ona longitudinal** i una definició **d'ona transversal**.

c | Cerqueu exemples dels dos tipus d'ones.

Compreneu un text i deduïu

Llegiu el text següent sobre els tipus d'ones en funció de la necessitat d'un medi material per propagar-se.

> Un medi material és qualsevol regió on es poden trobar partícules. Així, són medis materials una corda, l'aigua, una roca o l'aire. La vibració de les seves partícules permet la transmissió de les ones mecàniques. En general, com més partícules hi ha millor es transmeten aquest tipus d'ones.
>
> Per altra banda, les ones electromagnètiques són capaces de propagar-se pel buit, sense necessitat d'un medi material. Les ones electromagnètiques també poden propagar-se per determinats medis materials, tot i que a menys velocitat, i en alguns casos no poden travessar-los.

a | Deduïu una definició **d'ona mecànica** i una definició **d'ona electromagnètica**.

b | Cerqueu exemples dels dos tipus d'ones.

c | És cert que en general una ona mecànica es propaga millor per medis materials més densos?

d | I és cert que en general una ona electromagnètica també es propaga millor en medis materials més densos? Raoneu la resposta.

ACTIVITATS

7 Per quin motiu el so no es pot propagar en el buit?

1.4 Característiques de les ones

Per descriure una ona cal conèixer-ne l'**amplitud**, el **període**, la **freqüència,** la **longitud d'ona** i la **velocitat de propagació**.

Interpreteu informació gràfica i calculeu

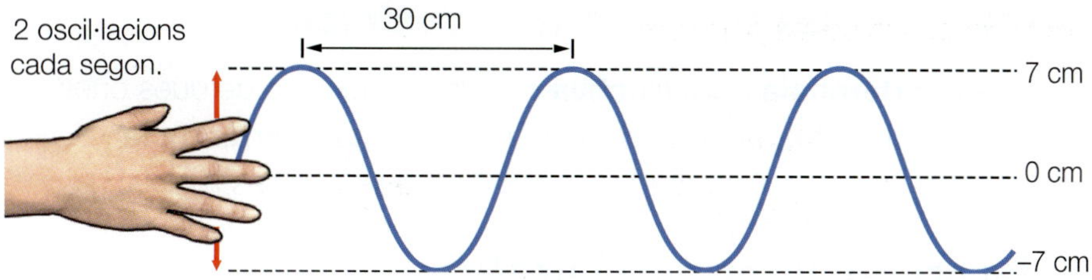

La mà que provoca l'ona es mou amb un moviment harmònic simple (MHS) i en podem conèixer l'amplitud, el període i la freqüència. La longitud d'ona i la velocitat de propagació depenen del medi pel qual es transmet l'ona.

a | Identifiqueu **l'amplitud** (***A***) i la **freqüència** (***f***) de l'ona. Es poden trobar directament en el dibuix. La unitat del SI de l'amplitud és el **metre** (**m**), i la de la freqüència és **l'hertz** (**Hz**) o el $\mathbf{s^{-1}}$.

b | A partir de la freqüència es pot deduir el valor del **període** (***T***). La unitat del SI del període és el **segon**. Calculeu el període a partir de la fórmula del MHS:

$$f = \frac{1}{T}$$

c | La **longitud d'ona** (λ) es defineix com la distància entre dos punts consecutius que es troben en el mateix estat de vibració. Identifiqueu aquest valor en el dibuix, tot i que també cal expressar-lo en les unitats adequades del SI, el **metre** (**m**).

d | Si teniu en compte que les ones es propaguen a velocitat constant, la **velocitat de propagació** de l'ona, ***v***, es pot calcular com a divisió de l'espai recorregut, *x*, en un temps determinat, *t*. Així, es pot calcular aquesta característica si prèviament es coneix la longitud d'ona, λ, i el període, *T*. Calculeu la velocitat de propagació de l'ona del dibuix. En el SI s'expressa en **metres per segon (m/s)**.

$$v = \frac{x}{t} = \frac{\lambda}{T}$$

ACTIVITATS

8. Una ona de 300 Hz de freqüència es propaga a una velocitat de 150 m/s. Calcula la seva longitud d'ona.

9. Calcula el període i la velocitat de propagació d'una ona que vibra amb una freqüència de 200 Hz i té una longitud d'ona de 75 cm.

10. Un nen situat a la vora d'una piscina quadrada de 10 m de costat colpeja rítmicament la superfície de l'aigua creant-hi onades. Si dóna un cop a l'aigua cada 2 s i les onades triguen 8 s a arribar a l'altre costat de la piscina, calcula el període, la freqüència, la velocitat de propagació i la longitud d'ona.

Activitats interactives
Activitat de síntesi

2. Interferències

Quan dues ones de la mateixa naturalesa es propaguen en una mateixa regió, se superposen i sumen els seus efectes; però, sabeu com es combinen les ones?

2.1 Interferències constructives i destructives

Es defineix **interferència constructiva** com la combinació de dues ones que en genera una altra de més amplitud, i s'anomena **interferència destructiva** si l'ona resultant té menys amplitud que les ones inicials.

Interpreteu informació gràfica

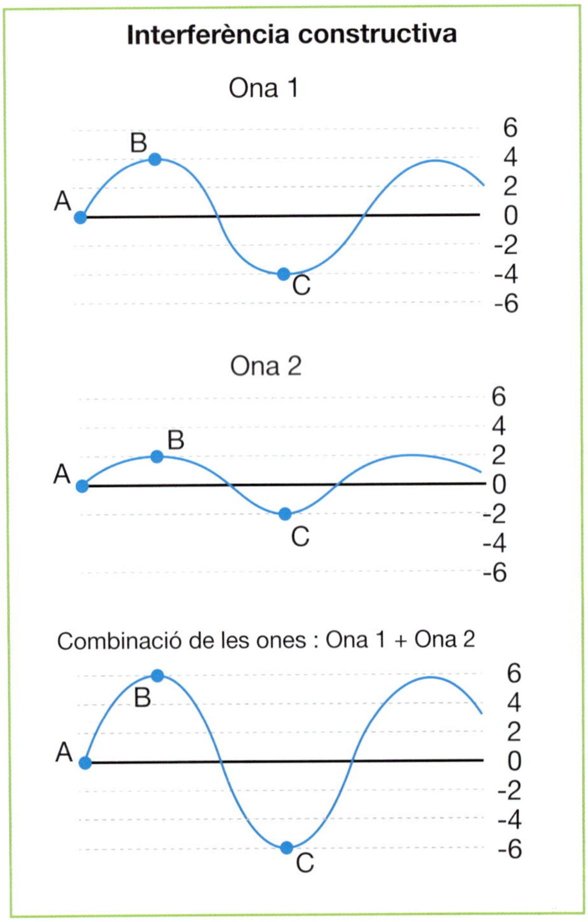

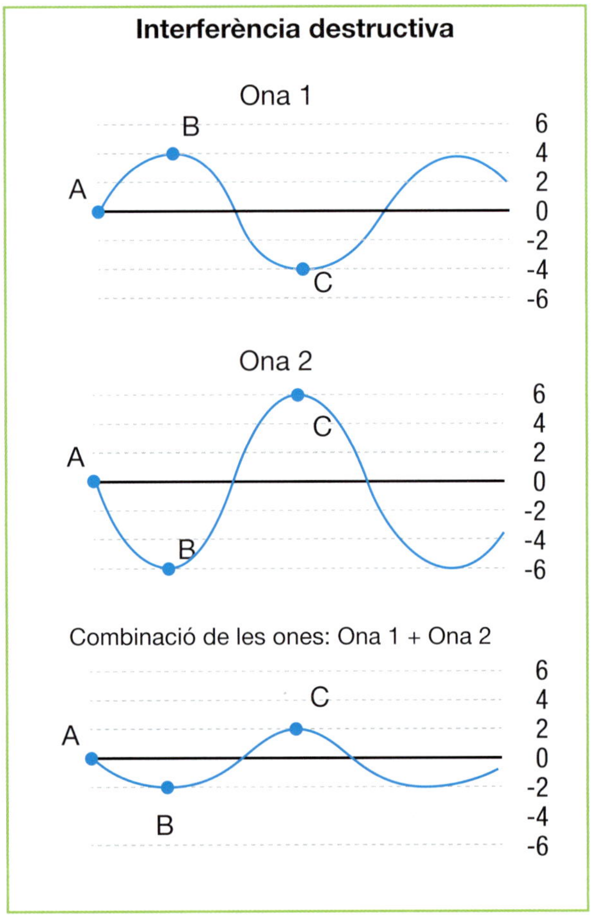

a | Per al cas de la interferència constructiva, quina és la posició del punt A per a l'ona 1? I per a l'ona 2? I per a l'ona 1 + ona 2?

b | Altre cop per al cas de la interferència constructiva, quina és la posició del punt B per a l'ona 1? I per a l'ona 2? I per a l'ona 1 + ona 2? I del punt C?

c | Per al cas de la interferència destructiva, quina és la posició del punt A per a l'ona 1? I per a l'ona 2? I per a l'ona 1 + ona 2?

d | Altre cop per al cas de la interferència destructiva, quina és la posició del punt B de l'ona 1 + ona 2 respecte a les ones 1 i 2 per separat? I del punt C?

e | Com es pot conèixer la posició d'una partícula de l'ona resultant a partir de la posició de les partícules de les ones inicials?

2.2 Ones estacionàries

Les **ones estacionàries** es generen quan es combinen dues ones de la mateixa amplitud, freqüència i longitud d'ona que es propaguen pel mateix medi però en sentits oposats.

Interpreteu un simulador i feu una cerca

Una ona estacionària es forma quan interfereixen dues ones: una que avança cap a un extrem fix i l'ona que es reflecteix. El resultat és una ona estacionària. Observa el seu aspecte en els simuladors i en els vídeos del web.

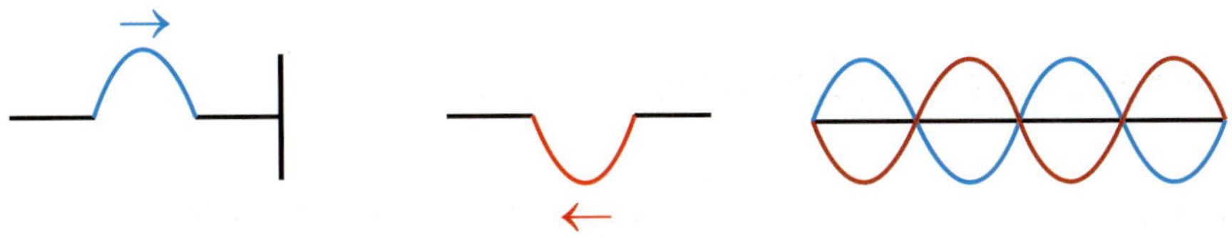

Ona 1 Arriba a un extrem fix — **Ona 2** S'ha reflectit a l'extrem fix — **Ona 3** Ona estacionària

a | Els **nodes** d'una ona estacionària són punts que no vibren en cap moment. Per quin motiu creieu que és així? Identifiqueu-los a la imatge.

b | Quin tipus d'interferència es produeix en els nodes?

c | Els **ventres** de l'ona estacionària són els punts de màxima amplitud. Com és l'amplitud de l'ona blava respecte a la de les ones vermelles en aquests punts? Identifiqueu-los a la imatge.

d | Quin tipus d'interferència es produeix en els ventres?

e | Les ones estacionàries es produeixen habitualment en instruments musicals. Cerqueu informació de com i on es produeixen, i del significat dels conceptes **freqüència fonamental** i **harmònics.**

ACTIVITATS

11. El pont de Tacoma Narrows, als Estats Units, va caure l'any 1940 per efecte del vent. Quin tipus d'interferència va causar el col·lapse del pont, constructiva o destructiva? Raona la resposta.

12. Quin tipus d'ona es dóna en les cordes dels instruments musicals de corda com violins i guitarres? En els extrems de les cordes hi ha nodes o ventres?

13. Hi ha cap relació entre la freqüència d'una ona estacionària i el nombre de nodes?

Activitats interactives
Activitat de síntesi

3. El so

L'oïda permet captar les ones sonores, però sabeu com es propaga el so i quines són les seves característiques?

3.1 La propagació del so

Interpreteu informació gràfica i concloeu

Quan la membrana de l'altaveu vibra, fa vibrar les partícules de l'aire que té al costat. La vibració de les partícules d'aire es transmet de les unes a les altres, cosa que genera l'ona sonora.

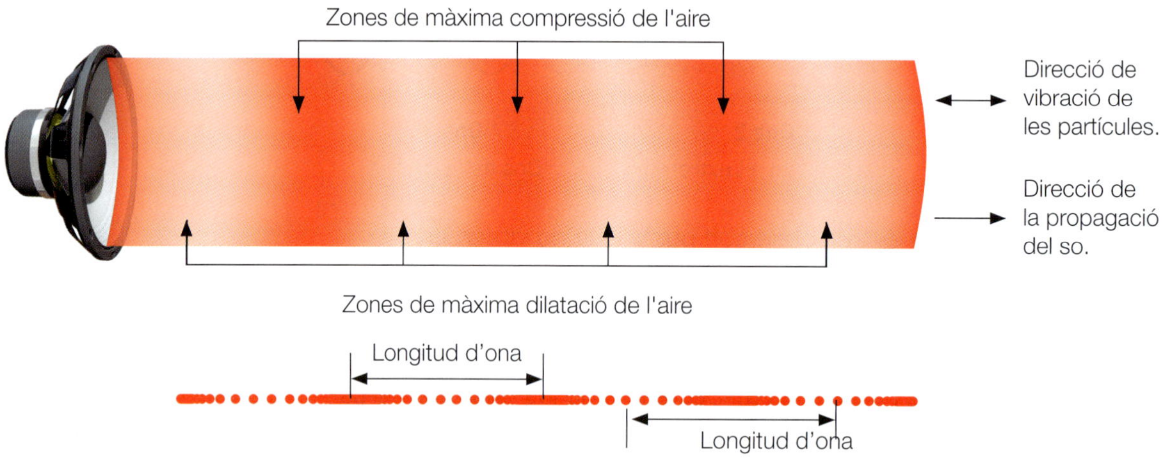

a | De quin tipus són les ones sonores en funció de la direcció de vibració de les seves partícules?

b | Si no hi hagués partícules d'aire, es podria transmetre l'ona sonora?

c | Podeu deduir de quin tipus són les ones sonores en funció de la necessitat d'un medi material per propagar-se?

d | Argumenteu si les conclusions següents són certes o falses:

- Les ones sonores es propaguen només en una direcció.
- Una ona sonora es transmet perquè les partícules de l'aire xoquen les unes amb les altres.

3.2 La velocitat de propagació del so

Analitzeu informació i representeu-la

Medi	Velocitat (m/s) a 0 °C
Granit	5.400
Ferro	5.190
Alumini	5.100
Coure	3.810
Aigua de mar	1.500
Aigua destil·lada	1.402
Alcohol	1.275
Aire	331
El buit	0

A la taula s'indica la velocitat del so en funció del medi pel qual es propaga.

a | En quin tipus de materials el so es propaga més ràpidament, en sòlids, líquids, gasos o en el buit? Per quin motiu creieu que és així?

b | Per què penseu que el so es propaga més ràpidament en aigua de mar que en aigua destil·lada?

c | Representeu les dades en un diagrama de barres, utilitzant colors diferents segons si es tracta de sòlids, líquids o gasos.

Interpreteu un gràfic i concloeu

En el gràfic següent s'indica la velocitat de propagació d'una ona sonora (en m/s) per diversos medis que es troben a diferents temperatures.

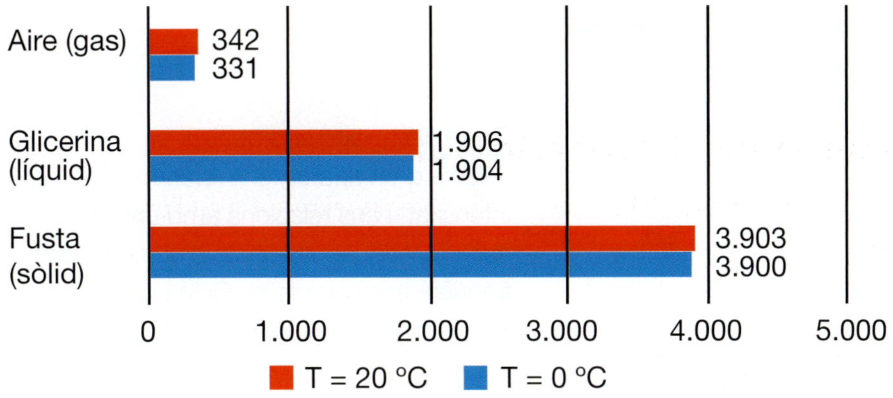

a | La velocitat del so augmenta o disminueix amb la temperatura?

b | En quin estat físic és més evident la relació entre temperatura i velocitat del so?

c | En una cerca per Internet un alumne ha trobat la fórmula següent:

$$\boldsymbol{v = 331 \cdot \sqrt{\frac{T}{273}}}$$

Sembla ser que aquesta fórmula només és valida per calcular la velocitat de propagació del so en l'aire, on ***v*** és la velocitat del so en m/s i ***T*** és la temperatura de l'aire en K (kelvin).

A partir de les dades del gràfic, com comprovaríeu si la fórmula és correcta?

Kelvin: unitat de temperatura del sistema internacional.

Exercici resolt

1. Una ona sonora es propaga per l'aire a –30 °C. Quina és la seva velocitat? I si es propaga per l'aire a 50 °C?

Primer cal expressar la temperatura en kelvins: $T_K = T_C + 273$

$T_1 = -30 + 273 = 243$ K $\qquad T_2 = 50 + 273 = 323$ K

La velocitat del so a –30 °C és: $v = 331 \cdot \sqrt{\frac{243}{273}} = \mathbf{312\ m/s}$

La velocitat del so a 50 °C és: $v = 331 \cdot \sqrt{\frac{323}{273}} = \mathbf{360\ m/s}$

ACTIVITATS

14 A les pel·lícules de l'oest, veiem que els bandolers, per saber si un tren s'apropa, posen l'orella sobre el rail. Per què ho fan? Si el tren es troba a 5 km de distància, quan triga el so que produeix a arribar fins al bandoler pel rail? Quant triga aquest so a arribar per l'aire?
Dades: velocitat del so a l'aire: 340 m/s; velocitat del so al ferro: 5.190m/s.

15 Una guitarra emet una nota *do* de 131 Hz en un auditori que està a una temperatura ambient de 23 °C. Calcula la longitud d'ona d'aquest so, la velocitat de propagació del so a la temperatura de l'auditori i el temps que triga el so a arribar a un oïdor situat a 20 m del guitarrista.

3.3 Les característiques del so

Les característiques que permeten diferenciar uns sons dels altres són la **intensitat**, el **to** i el **timbre**.

Interpreteu i relacioneu

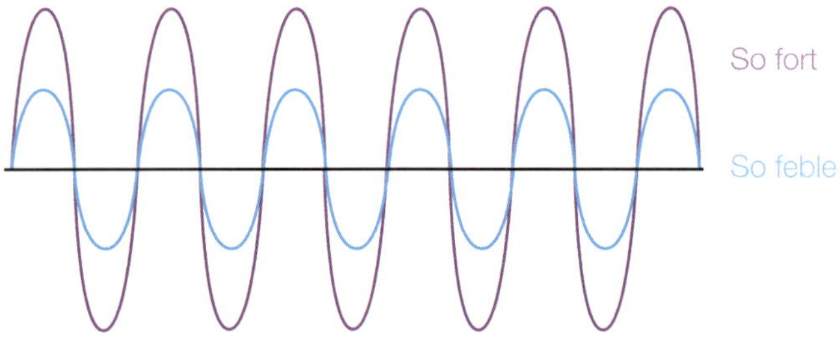

Aquestes dues ones sonores es distingeixen per la seva **intensitat**, que es mesura en **decibels** (**dB**). L'ona representada en lila té el doble d'intensitat que l'ona representada en blau.

a | Quan diem «apujar o abaixar el volum» d'un aparell, ens referim a la intensitat i ens relaciona amb una de les característiques següents d'una ona: la freqüència o l'amplitud. Quina creieu que és? Raoneu la resposta.

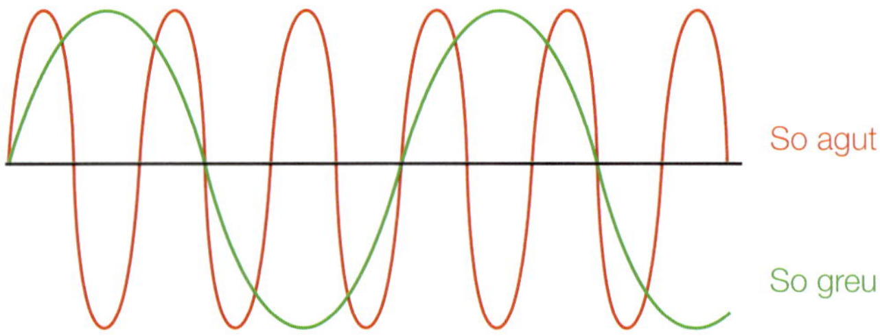

Aquestes dues ones sonores es distingeixen pel seu **to**. L'ona representada en vermell és tres vegades més aguda que la representada en verd.

b | El to permet distingir sons més aguts (vibren més de pressa) d'altres de més greus (vibren més lentament), i també es relaciona amb una d'aquestes característiques d'una ona: la freqüència o l'amplitud. Quina creieu que és? Per què?

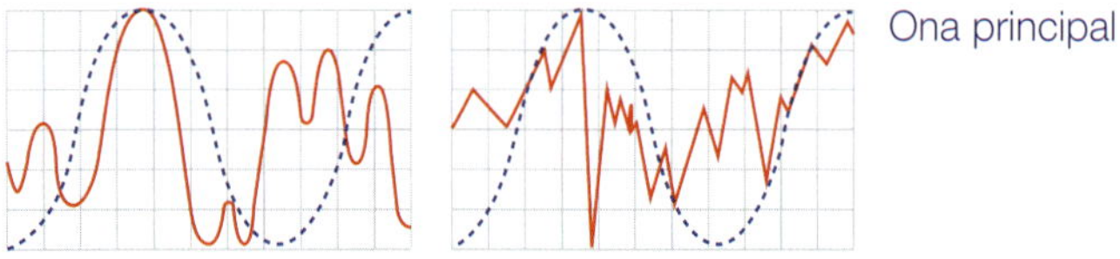

Aquestes dues ones sonores es distingeixen pel seu **timbre**. El timbre permet distingir sons de la mateixa intensitat i to.

El timbre és característic de cada instrument musical o de la veu de cada persona. Es forma quan se superposa una ona principal amb ones secundàries pròpies de l'instrument o la veu que genera el so. El timbre permet diferenciar una mateixa nota musical emesa per un instrument o un altre, i reconèixer la veu d'una persona.

ACTIVITATS

16 Quines són les tres característiques bàsiques del so? Quina està relacionada amb la freqüència de l'ona? I quina amb l'amplitud?

17 Indica quina característica de les ones que emet un aparell reproductor de música varia quan es manipula el comandament del volum: la freqüència, la intensitat, la longitud d'ona o la velocitat de propagació. Raona la resposta.

18 La nota musical *la* de 440 Hz que emet una guitarra i una trompeta es diferencien per la freqüència, la longitud d'ona, la forma de l'ona o la velocitat de propagació? Raona la resposta.

19 Creus que una formiga fa soroll en caminar? Si és així, quina intensitat deu tenir el so de les seves passes?

Activitats interactives
Activitat de síntesi

4. Fenòmens relacionats amb el so

L'eco, la ressonància o la reverberació són fenòmens sonors, però, què els provoca? Sabeu que les ones sonores poden rebotar, canviar de medi o ser absorbides?

4.1 Reflexió

La **reflexió** és el canvi de direcció d'una ona sonora quan troba un obstacle.

Analitzeu un experiment i concloeu

Uns alumnes volen determinar la velocitat del so en l'aire. Per això, han decidit anar a una nau industrial buida i, amb l'ajut d'un timbal, mesurar el temps que triguen a escoltar l'eco a una distància determinada d'una paret. Els resultats es recullen en la taula següent:

Distància a la paret (m)	Temps entre el cop de timbal i l'eco (s)
30	0,17
23	0,13
17	0,10
14	No s'aprecia eco però si una breu permanència del so.
9	No s'aprecia eco però si una breu permanència del so.

Després de l'experiment, els alumnes han descobert que l'oïda humana no pot distingir entre dos sons si es produeixen amb una separació inferior a 0,1 s. En aquest cas només s'aprecia una breu permanència del so, anomenada **reverberació**.

a | A quina distància mínima de la paret cal estar per poder apreciar l'eco? Per què?

b | Què passa si el timbal està més a prop de la paret? Es pot apreciar alguna cosa?

c | Els resultats obtinguts poden servir per calcular la velocitat del so? En cas afirmatiu, calculeu-la.

d | Un altre grup d'alumnes va fer l'experiment dins d'una petita habitació buida en lloc d'anar a una nau industrial gran. Creieu que van poder apreciar l'eco? I la reverberació? Per què?

Compreneu un text i responeu

L'ecolocalització és un sistema que permet orientar-se en la foscor, i que fan servir alguns animals o aparells com el sonar. Consisteix en l'emissió constant d'ones sonores de diferents freqüències, que quan són reflectides en els obstacles tornen en forma d'eco i permeten a l'animal interpretar la posició d'aquests obstacles. Les ones de freqüències més baixes recorren distàncies més grans, mentre que les ones de freqüències més altes són molt eficaces en distàncies petites.

a | Si els humans hem d'estar a 17 m d'un obstacle per apreciar l'eco, això implica que els dofins no poden captar obstacles que es trobin a una distància inferior?

b | Com ha de ser una ona sonora en relació amb la seva freqüència per permetre captar la posició d'una presa que està a prop? I la forma del fons marí, si es troba a força profunditat?

c | Des d'un vaixell equipat amb sonar, es pot calcular la profunditat del fons marí? Com?

d | La velocitat del so en l'aigua és molt superior que en l'aire. Quin avantatge suposa aquest fet quan l'ecolocalització es fa dins l'aigua? Coneixeu algun animal que utilitzi aquest sistema fora de l'aigua?

4.2 Refracció

La **refracció** és el canvi de velocitat i direcció d'una ona sonora quan canvia de medi de propagació.

Interpreteu informació gràfica i concloeu

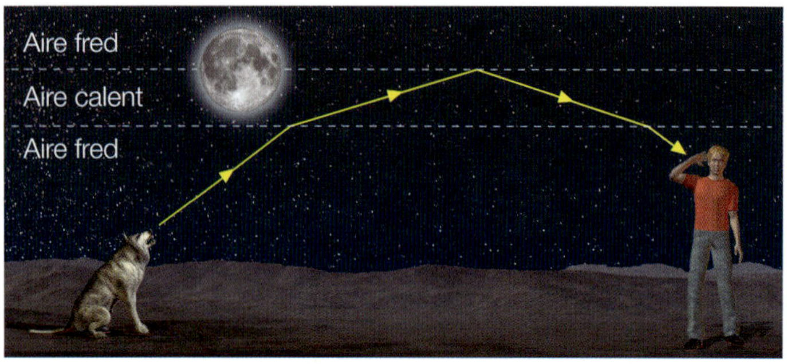

El llop emet una ona sonora que en aire fred es propaga a una velocitat i en una direcció determinades.

Quan l'ona sonora passa a un medi on l'aire és més calent, canvia de velocitat i de direcció.

De nit, la refracció de l'ona sonora a les capes de l'aire fa que el so es pugui escoltar des de molt lluny, però de dia la refracció té lloc a l'inrevés i el so no arriba tan lluny.

a | Per quin motiu de dia la refracció té lloc a l'inrevés?

b | Com canvia la velocitat de propagació del so quan passa d'aire fred a aire calent, augmenta o disminueix? Raoneu la resposta.

c | Si s'emet una ona sonora a prop però fora de l'aigua, i l'escoltem des de sota l'aigua, es produiria un efecte similar? Per què opineu que és així?

4.3 Ressonància

La **ressonància** és un fenomen que es produeix quan un cos que vibra produeix la vibració d'un altre que també vibra amb la mateixa freqüència.

Feu una predicció i una cerca

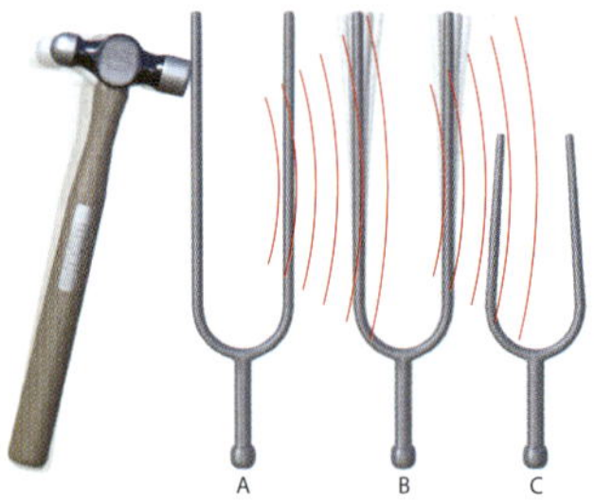

Diapasó: petit instrument musical, generalment amb forma de forca, que en vibrar produeix una nota determinada. És útil per afinar instruments.

Tres alumnes tenen tres diapasons a la mà. El primer vibra amb la nota musical *la* (440 Hz), el segon vibra a la mateixa freqüència, i el tercer vibra amb la nota *do* (523 Hz). El primer alumne pica el seu diapasó, que comença a vibrar.

a | Què passarà amb el diapasó que té el segon alumne?

b | I què passarà amb el diapasó que té el tercer alumne?

c | Cerqueu informació sobre què és la freqüència pròpia o natural d'un cos. Què ha succeït? Podeu trobar altres exemples d'objectes que entrin en ressonància?

ACTIVITATS

20 Per calcular la distància a la qual es troba un penya-segat, una persona fa sonar un xiulet i escolta l'eco 4 s més tard. Calcula la distància entre la persona i el penya-segat.

21 Un submarí disposa d'un sonar que emet un so de 80 kHz. Si triga 3 s a rebre l'eco d'un obstacle, calcula la distància a la qual l'obstacle es troba del submarí, i la longitud d'ona del senyal del sonar. Dada: la velocitat del so en aigua de mar és de 1.500 m/s.

22 Com es pot explicar de forma científica que un cantant pugui trencar una copa de vidre quan emet una nota determinada?

Activitats interactives
Activitat de síntesi

6.3 El color dels objectes

Analitzeu un experiment i deduïu

Dos alumnes volen estudiar si el color és una propietat característica dels objectes. El primer alumne afirma que el color d'un objecte li és propi i no varia. El segon alumne afirma que el color d'un objecte pot canviar si també canvia la llum amb la qual s'il·lumina. Per això cadascun d'ells ha fet un experiment:

Experiment del primer alumne

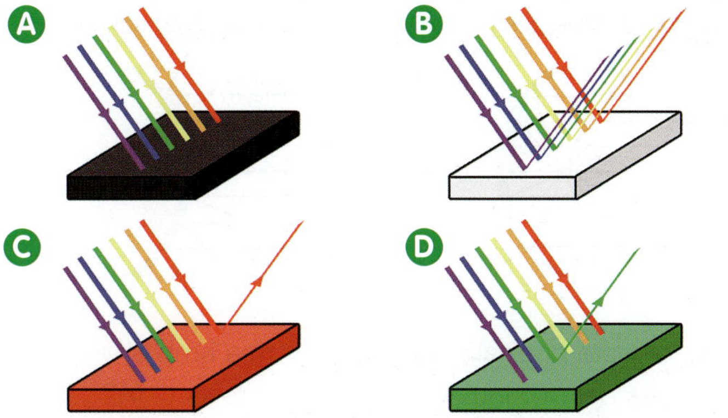

El primer alumne il·lumina quatre objectes amb llum blanca (representada com a combinació de colors).

- L'objecte A absorbeix tots els colors i no en reflecteix cap.
- L'objecte B no absorbeix cap color i els reflecteix tots.
- L'objecte C absorbeix tots els colors menys el vermell, que surt reflectit.
- L'objecte D absorbeix tots els colors menys el verd, que surt reflectit.

Conclusió:
Els objectes tenen sempre el color de la llum que reflecteixen.

Experiment del segon alumne

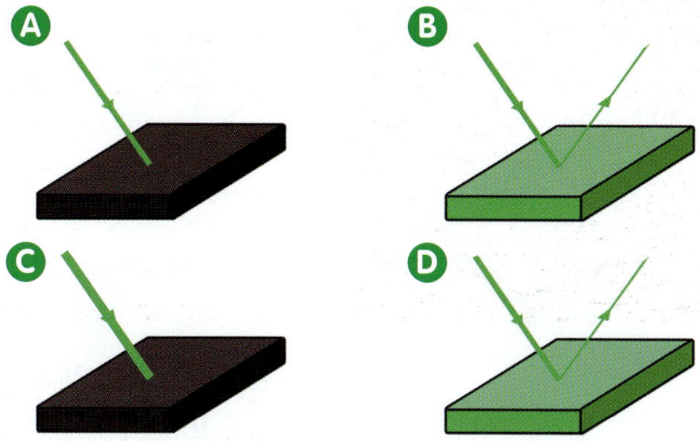

El segon alumne il·lumina els mateixos quatre objectes però amb llum verda.

- L'objecte A absorbeix el color verd i no en reflecteix cap.
- L'objecte B no absorbeix cap color però només reflecteix el verd, que es l'únic que rep.
- L'objecte C absorbeix el color verd i no el reflecteix.
- L'objecte D reflecteix el color verd.

Conclusió:
El color dels objectes depèn del tipus de llum amb què són il·luminats.

a | Per quin motiu penseu que és correcte representar la llum blanca que utilitza el primer alumne com a combinació de colors?

b | Per què l'objecte que absorbeix tots els colors és negre? I per què el que els reflecteix tots és blanc?

c | És correcta la conclusió del primer alumne? Raoneu la resposta.

d | I és correcta la conclusió del segon alumne? Els dos experiments es contradiuen o poden ser ambdós correctes alhora?

e | El primer alumne ha notat que un dels objectes s'ha escalfat més que els altres en il·luminar-lo. De quin objecte creus que es tracta? Per què?

f | Podeu comprovar les vostres conclusions al web.

ACTIVITATS

29 Indica quin color tindrien els objectes següents segons la llum que incideix sobre seu:

a) Una fulla verda il·luminada amb llum blava.

b) La senyera il·luminada amb llum vermella.

c) Un vestit vermell amb línies blanques il·luminat amb llum blava.

d) Un full blanc il·luminat amb llum magenta.

Activitats interactives
Activitat de síntesi

7. Fenòmens relacionats amb la llum

La llum pot travessar diferents tipus de lents o reflectir-se en miralls, però, quines en són les causes? Sabeu que les ones lluminoses poden rebotar, penetrar en medis diferents i filtrar-se?

7.1 Reflexió: els miralls

Analitzeu i deduïu

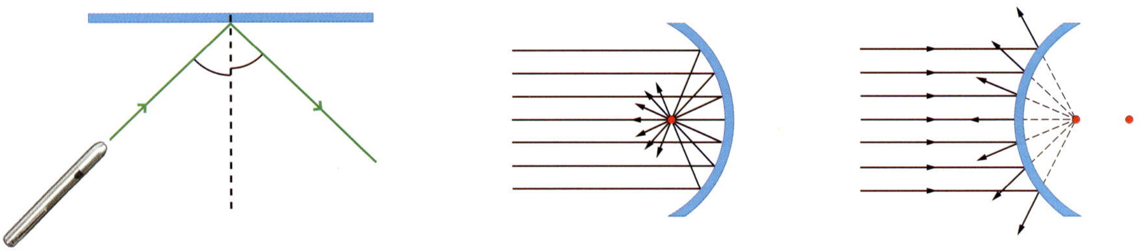

a | En el mirall pla, què és la recta normal? Quin angle forma amb el mirall? Com són els angles del raig incident (i) i del raig reflectit (r)?

b | En la reflexió, es produeix un canvi de medi? O un canvi de velocitat de propagació del raig de llum? O un canvi de direcció? Podeu deduir una definició de reflexió?

c | Què succeeix amb els raigs de llum en un mirall còncau? Com explicaríeu què és el focus (*F*) del mirall?

d | Què succeeix amb els raigs de llum en un mirall convex? Per què penseu que el focus d'aquest tipus de mirall es diu que és virtual?

Interpreteu un experiment i feu una cerca

S'ha omplert una peixera amb aigua i unes gotes de llet que permetran fer visible el raig. Després s'ha dirigit un raig de llum d'un punter làser d'un extrem a l'altre de la peixera i s'ha observat el que mostra la fotografia.

a | La llum del làser canvia de medi al llarg del seu recorregut?

b | Aquest fenomen s'anomena **reflexió total**. Per què creus que rep aquest nom?

c | Cerqueu informació sobre les aplicacions d'aquest fenomen. Podeu començar pels cables de fibra òptica. Què són i com funcionen?

ACTIVITATS

30 La figura del costat representa el reflector d'una antena parabòlica receptora de televisió per satèl·lit. Si els raigs de les ones de televisió són els indicats, indiqueu on col·locaríeu el dispositiu receptor de les ones.

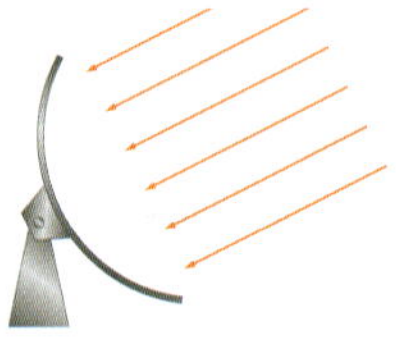

7.2 Refracció: les lents

Analitzeu i deduïu

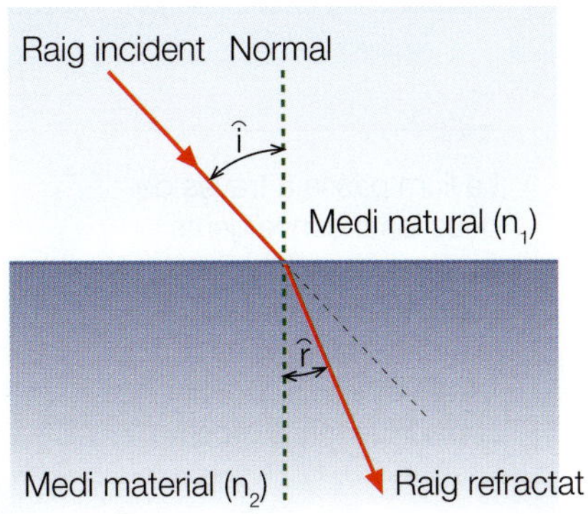

a | Què és la línia normal? Quin angle forma amb la superfície?

b | Entre quines línies es troba l'angle incident $(\hat{i})$?

c | Entre quines línies es troba l'angle refractat $(\hat{r})$?

d | En la refracció el raig de llum canvia de medi? I de direcció? I de velocitat?

e | Deduïu una definició de refracció.

f | En una cerca un alumne ha trobat una fórmula matemàtica anomenada llei de Snell. La fórmula és:

$$n_1 \cdot \sin(\hat{i}) = n_2 \cdot \sin(\hat{r})$$

Quin deu ser el significat de n_1 i de n_2? De què depèn el seu valor? Recordeu la fórmula que vau deduir a l'apartat 5.3 d'aquesta unitat.

g | Per a què deu servir la llei de Snell?

h | Si n_1 és menor que n_2, quin angle ha de ser més gran, l'incident o el refractat? Raoneu la resposta.

i | I què passaria si n_1 fos igual que n_2? Es produiria la refracció?

Feu una cerca i dibuixeu un model

La imatge mostra diferents tipus de lents.

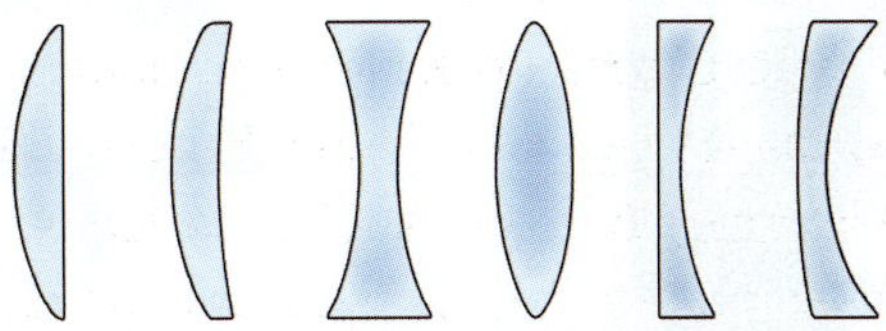

a | Les lents es poden classificar en dos grups. Cerqueu informació sobre aquests grups i les seves característiques.

b | Què tenen en comú les lents del mateix grup?

c | Dibuixeu com es comportarien els raigs de llum quan passen a través de cada lent. Tingueu en compte que en un dels dos grups cal dibuixar el punt focal (*F*).

d | Podeu practicar amb un determinat tipus de lent al web.

7.3 Polarització

Feu una cerca

Els fotògrafs professionals fan servir filtres polaritzadors per millorar la qualitat de les seves fotos. Els poden fer servir per eliminar reflexos, per ressaltar el cel blau o el verd de les plantes.

Cerqueu al web informació sobre què és la polarització de la llum, com funcionen els filtres polaritzadors i quines altres aplicacions tenen.

ACTIVITATS

31 L'índex de refracció de l'aigua és d'1,33 i el del vidre, d'1,50. Un raig de llum incideix sobre l'aigua amb un angle de 30°, i un altre incideix sobre el vidre amb un angle de 40°. Calcula:

a) La velocitat de la llum en aigua i en vidre.

b) L'angle de refracció de la llum quan penetra en l'aigua.

c) L'angle de refracció de la llum quan penetra en el vidre.

7.4 Instruments òptics

Analitzeu informació i busqueu regularitats

A continuació es mostra de forma esquemàtica el funcionament d'alguns instruments òptics:

La llum passa a través de dues lents convergents (ocular i objectiu) que augmenten la mida de la mostra observada. Un mirall dirigeix la llum per sota i il·lumina la mostra.

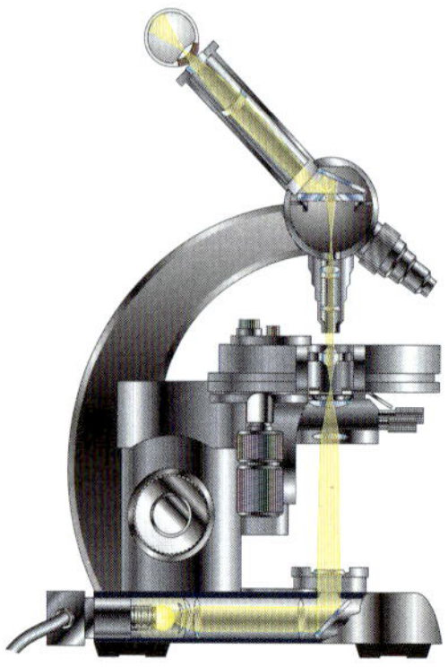

Microscopi òptic

La llum passa a través de dues lents convergents que augmenten la mida dels objectes llunyans que s'observen. La llum es refracta en passar per la primera lent, i es torna a refractar en passar per la segona.

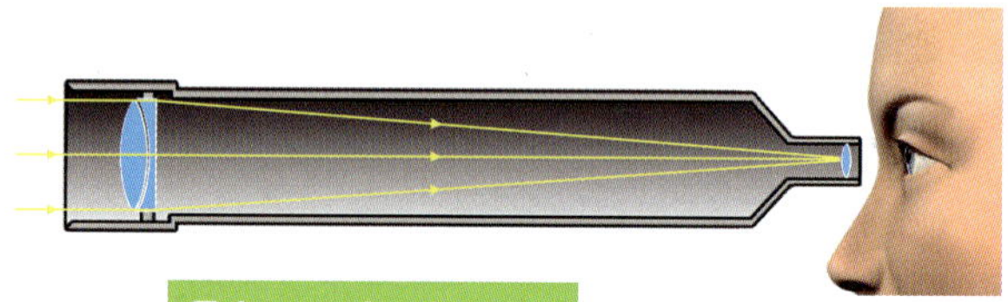

Telescopi refractor

En aquest instrument una lent convergent (objectiu) dirigeix els raigs de llum a l'interior de la càmera, on una pel·lícula fotosensible o un sistema digital «fixen» o registren la imatge.

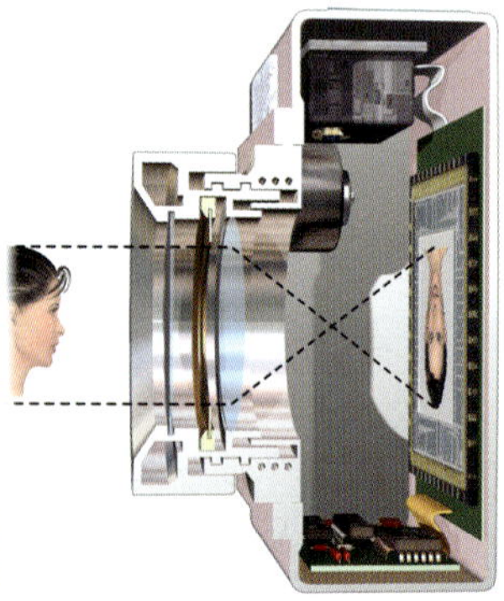

Càmera fotogràfica

La llum passa per un mirall còncau que projecta la llum a un segon mirall pla que finalment passa a través d'una lent convergent (ocular). La llum es reflecteix en els dos miralls abans de refractar-se en la lent.

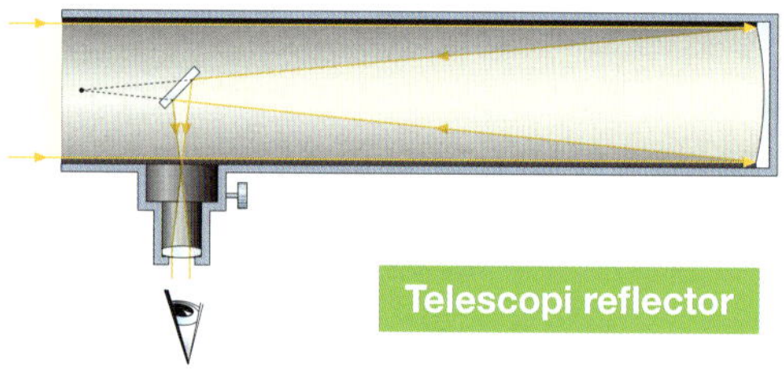

Telescopi reflector

a | En els esquemes que es mostren, dos dels instruments fan servir lents, i els altres dos, lents i miralls. Quins són?

b | Les lents que fan servir els quatre instruments són del mateix tipus. De quin es tracta? Què permet fer aquest tipus de lent amb els raigs de llum?

c | El microscopi òptic, a quin dels dos tipus de telescopis és més similar?

d | Per quin motiu creieu que el telescopi refractor s'anomena d'aquesta manera? I el reflector?

ACTIVITATS

32 Les figures següents representen tres intents de construir un periscopi. Copieu-les, dibuixeu les reflexions del raig de llum incident en cada cas i indiqueu quin dels tres models podria funcionar bé.

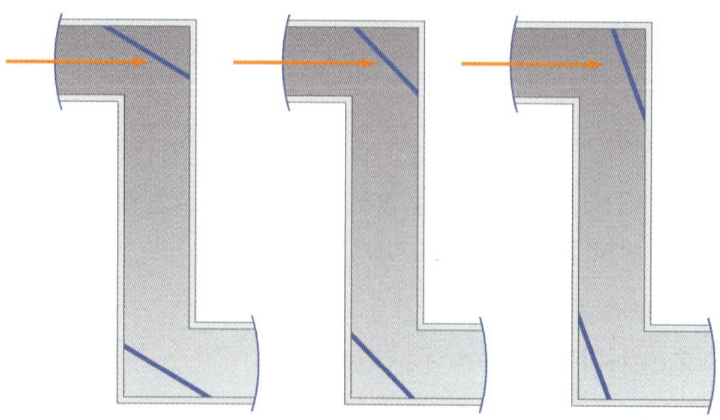

Activitats interactives
Activitat de síntesi

8. Producció i percepció de llum i so

Els humans percebem el món exterior mitjançant els cinc sentits, però els que ens aporten més informació són l'oïda i la vista. Sabeu com emetem ones sonores els humans i com captem tant les ones sonores com les ones lluminoses?

8.1 L'aparell de fonació i l'oïda

Analitzeu informació gràfica i feu una cerca

La imatge següent representa el procés de comunicació, que comença quan una idea es genera al cervell de l'emissor, i acaba quan aquesta arriba al cervell del receptor.

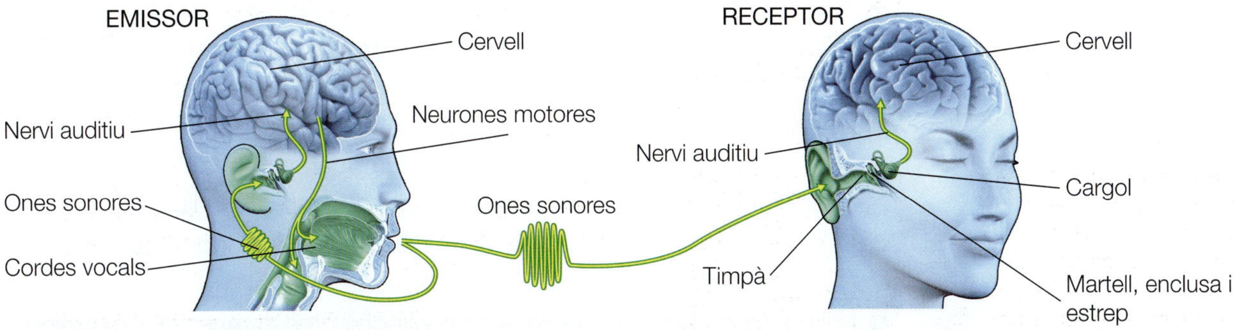

a | Ordeneu els fets següents que tenen lloc en el procés comunicatiu:
les ones sonores fan vibrar el timpà del receptor – el cervell de l'emissor codifica un missatge – el martell, l'enclusa i l'estrep amplifiquen el so – les cordes vocals vibren i les cavitats bucals i nasals amplien el so – el cargol rep el so i activa les neurones del nervi auditiu – el so es transmet per l'aire – el cervell del receptor rep el senyal del nervi auditiu i descodifica el missatge – les neurones motores envien impulsos a les cordes vocals

b | Els principals òrgans que emeten ones sonores són les cordes vocals. Cerqueu informació sobre elles i sobre com s'amplifica el seu so.

c | El principal òrgan receptor de les ones sonores és el timpà. Cerqueu informació sobre aquest òrgan i com s'amplifica el seu so.

d | Un alumne en veure la imatge ha afirmat que l'emissor és alhora receptor del seu mateix missatge. És certa aquesta afirmació? Per què?

Interpreteu un gràfic i responeu

Un **audiograma** és un gràfic que representa la capacitat auditiva. La línia verda representa la intensitat mínima necessària per percebre un so d'una freqüència determinada i la línia vermella, la intensitat màxima.

a | Quin volum cal superar per poder percebre un so de 100 Hz? I un de 10.000 Hz? Quin dels dos és més fàcil de percebre, el més greu o el més agut?

b | Es pot apreciar un so de 1.000 Hz a més de 120 dB? Per què?

c | Els sons de molt baixa freqüència s'anomenen **infrasons**. Entre quins valors d'intensitat els humans podem percebre un so de 20 Hz?

d | Tots els animals tindrien un audiograma similar? Poden alguns animals percebre ultrasons?

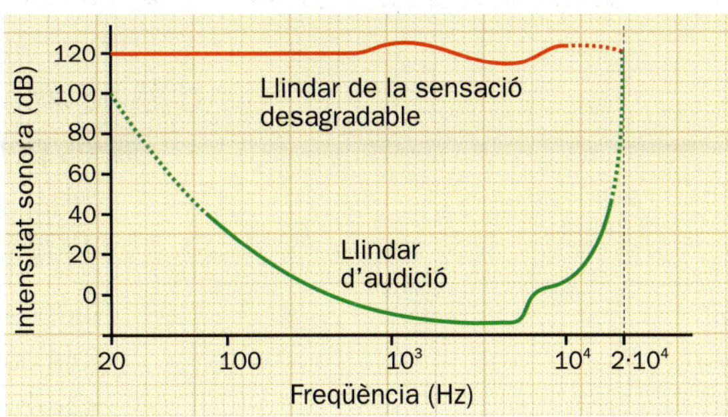

8.2 L'ull humà

Analitzeu informació gràfica i responeu

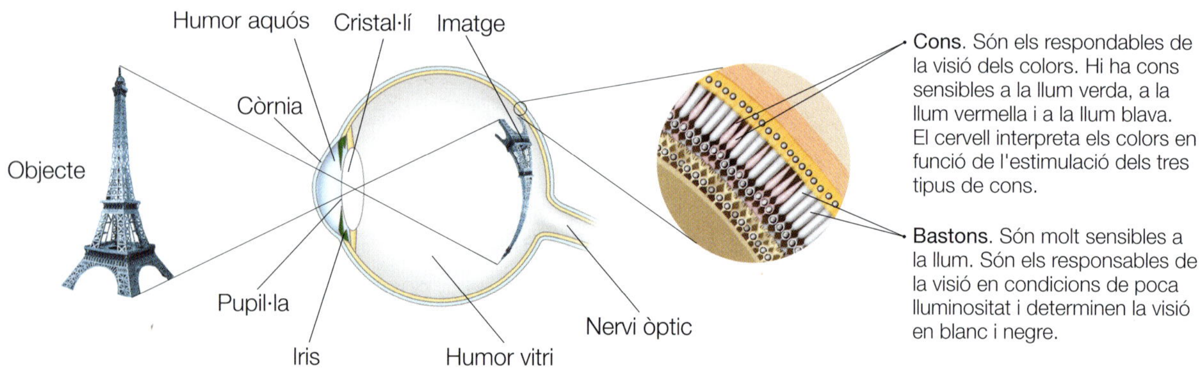

a | Quina part de l'ull és una **lent convergent** que concentra la llum cap a l'interior de l'ull? Podeu deduir-ho sabent que no és la còrnia.

b | L'iris és la part de l'ull que té color, i la pupil·la, el punt negre central. Per què penseu que es dilata la pupil·la quan estem en un lloc fosc? I per què es contrau quan estem en un lloc amb molta llum?

c | L'interior de l'ull, on hi ha els cons i els bastons, s'anomena retina. Com és la imatge que es forma a la retina?

d | Els humans hauríem de veure tots els objectes al revés? Com creieu que corregim aquest fet?

e | Si els cons només són sensibles a la llum verda, blava i vermella, com es poden percebre la resta de colors?

f | Què podria passar si una persona tingués alguns cons defectuosos, per exemple els que capten el color verd? Coneixeu el nom d'aquest defecte de la visió?

Compreneu un text i responeu

Tots els animals tenen dos ulls, és a dir visió binocular, que suposa un gran avantatge respecte a la visió amb un sol ull. En la visió binocular les imatges que cada ull envia al cervell són lleugerament diferents entre elles, de manera que el cervell les compara i en crea una imatge tridimensional.

a | Si mireu un objecte proper amb un sol ull i després amb l'altre, sembla que canviï la seva posició? I si es tracta d'un objecte llunyà? Per quin motiu penseu que passa això?

b | Si aneu a veure una pel·lícula 3D i no us poseu les ulleres, la imatge projectada a la pantalla es veu doble. Per què creieu que és així?

c | Les ulleres 3D es poden fer amb un vidre de cada color, o amb dos filtres polaritzadors. Com aconsegueixen crear l'efecte 3D?

ACTIVITATS

33 Suposeu que un jugador de bàsquet juga amb un ull tapat. Podrà jugar igual de bé que quan juga fent servir els dos ulls? Per què?

34 Quina relació hi ha entre les pantalles o projectors que utilitzen el sistema RGB (*red*, *green*, *blue*) i l'ull humà?

Activitats interactives
Activitat de síntesi

9. Contaminació acústica, lumínica i electromagnètica

Les ones sonores i lluminoses són bàsiques perquè les persones percebem el món exterior. També les radiofreqüències tenen un paper essencial en les telecomunicacions, però, sabeu que l'excés de so, de llum o d'altres ones electromagnètiques pot tenir conseqüències negatives en la salut dels éssers vius?

9.1 Contaminació acústica

Interpreteu i cerqueu informació

La taula de nivells de so indica la intensitat o volum de diferents sons en funció del seu origen. Responeu a les preguntes següents, i tingueu en compte que segons l'OMS (Organització Mundial de la Salut), l'exposició continuada a sons superiors als 65 dB pot ser perjudicial per a la salut.

Remor de fulles seques	10 dB
Conversa en veu baixa	20 dB
Conversa en veu normal	40 dB
Automòbil en marxa	50 dB
Trànsit urbà dens	70 dB
Assecador de mà	80 dB
Motocicleta	90 dB
Clàxon	100 dB
Piconadora pneumàtica	110 dB
Música de discoteca	120 dB
Llindar de dolor	130 dB
Motor de reacció	140 dB
Llançament coet espacial	180 dB

a | Quines activitats de la taula poden tenir conseqüències negatives per a la salut de les persones?

b | Cerqueu informació sobre les **causes** i les **conseqüències** de l'excés de volum de les ones sonores.

c | Si una persona treballa en una obra i utilitza sovint una piconadora pneumàtica, quines possibles **solucions** es poden prendre per protegir aquesta persona de la contaminació acústica?

d | Cerqueu informació sobre altres actuacions que es poden dur a terme per minimitzar els efectes de la contaminació acústica.

9.2 Contaminació lumínica

Ordeneu informació i discutiu

A continuació trobareu frases relacionades amb la contaminació lumínica.

- Trastorns del son.
- Ús de fanals, focus o punts de llum energèticament eficients i de baix consum.
- Despesa excessiva i malbaratament d'energia elèctrica.
- Ús de fanals, focus o punts de llum poc eficients.
- Excessiva il·luminació d'una zona.
- Gestionar la il·luminació nocturna en funció de la zona i l'horari.
- Mala orientació de la il·luminació, de baix cap a dalt.
- Disminució de la qualitat de visió del cel nocturn.
- Orientació adequada de la il·luminació, de dalt a baix.

a | Ordeneu les frases anteriors en causes, conseqüències i possibles solucions a la contaminació lumínica.

b | Una de les conseqüències de la contaminació lumínica és l'augment de les emissions de gasos d'efecte hivernacle. Per què penseu que és així?

c | Quines altres conseqüències que no s'esmenten a les frases penseu que pot tenir la contaminació lumínica? I possibles solucions?

ACTIVITATS

35 Quines àrees estan més afectades per la contaminació acústica i lumínica, les rurals o les urbanes? Per què?

9.3 Contaminació electromagnètica

Compreneu i ordeneu informació

Les ones electromagnètiques d'energia superior a la de la llum visible tenen múltiples aplicacions, però també conseqüències greus per a la salut.

Raigs gamma	• S'emeten en reaccions nuclears. • Els treballadors de les centrals nuclears porten vestits i proteccions específiques quan han de manipular material radioactiu. • Les persones que treballen fent radiografies es protegeixen de l'exposició continuada sortint de l'habitació on es fa la radiografia o posant-se una protecció de plom. • L'exposició a raigs gamma provoca mutacions en l'ADN de les cèl·lules, que poden derivar en l'aparició de malalties greus com el càncer.
Raigs X	• S'utilitzen principalment per fer radiografies. • L'exposició als raigs UV a petites dosis és necessària per a la producció de vitamina D. • L'exposició ocasional no provoca danys, però l'exposició continuada pot provocar cremades, caiguda del cabell, esterilitat o càncer.
Raigs ultraviolats	• La radiació UV del Sol és la causant de l'aparició del bronzejat. • Els reactors de les centrals nuclears estan protegits amb parets de plom i formigó per evitar fugues de radiació nuclear. • L'exposició als raigs UV a dosis altes és perjudicial per la salut, i per això a l'estiu cal utilitzar cremes de protecció solar. • Les conseqüències negatives d'un excés d'exposició als raigs UV són cremades a la pell, aparició de taques i melanomes (càncer de pell).

a | En la taula que heu llegit hi ha tres frases on no correspon, una per cada tipus d'ona. Identifiqueu-les i col·loqueu-les on correspongui.

b | Un dels avantatges de l'energia nuclear és la gran quantitat d'energia que genera, però, quins són els seus inconvenients més destacats?

c | Marie Curie va ser una famosa investigadora que va destacar en els seus treballs sobre la radioactivitat. Sabeu de què va morir? Podeu deduir-ho?

Llegiu i discutiu

El ràpid desenvolupament de les telecomunicacions que utilitzen ones electromagnètiques de baixa freqüència ha fet que les persones estiguem exposades a multitud de radiacions d'aquest tipus. Les àrees urbanes estan exposades a un gran nombre d'ones de ràdio o televisió, de mòbil o de Wi-Fi, i les conseqüències són objecte de controvèrsia.

Per una banda, s'argumenta que són ones de molt baixa freqüència i energia i que no tenen cap efecte negatiu, però, per altra banda, es reclamen estudis a llarg termini que assegurin que no hi ha efectes negatius sobre la salut, especialment quan moltes d'aquestes ones se superposen.

Detractors: contraris.

a | En què es basen els arguments dels detractors de l'ús de les ones electromagnètiques de baixa freqüència? Què n'opineu?

b | I els defensors d'aquesta tecnologia, en què es basen? Què en penseu?

ACTIVITATS

36 Quin tipus de radiació electromagnètica pot ser més perjudicial per a la salut, la de baixa o la d'alta freqüència? Argumenta-ho en funció de l'energia de l'ona.

Activitats interactives
Activitat de síntesi

1. Les ones

1.1 El moviment vibratori

El **moviment vibratori** o **moviment harmònic simple** (**MHS**) és el moviment d'un objecte al voltant d'un punt d'equilibri, com una molla o un pèndol.

1.2 El moviment ondulatori

Una ona és una pertorbació que es propaga transportant **l'energia** que l'ha originat, **sense** transportar **matèria**. Un **moviment ondulatori** o **ona** és la propagació d'un moviment vibratori o MHS.

1.3 Classificació de les ones

- En les **ones longitudinals** les partícules vibren en la mateixa direcció en què es propaga l'ona.
- En les **ones transversals** les partícules vibren perpendicularment a la direcció de propagació de l'ona.
- Les **ones mecàniques** necessiten un medi material per propagar-se. Poden ser longitudinals o transversals.
- Les **ones electromagnètiques** poden propagar-se per medis materials però es caracteritzen per propagar-se també pel buit. En el buit la seva velocitat de propagació és constant i val $3 \cdot 10^8$ m/s. Aquestes ones són transversals.

1.4 Característiques de les ones

- **L'amplitud** (***A***), que és la distància que hi ha entre el punt d'equilibri i el punt de màxima oscil·lació d'una partícula.
- El **període** (***T***), que és el temps que triga a fer una oscil·lació completa.
- La **freqüència** (***f***), que és el nombre d'oscil·lacions que l'ona fa cada segon.
- La **longitud d'ona** (**λ**), que és la distància entre dues crestes consecutives.
- La **velocitat de propagació** (***v***) és la velocitat a la qual l'ona es desplaça pel medi, i es pot calcular amb la fórmula:

$$v = \frac{\lambda}{T}$$

o també $v = \lambda \cdot f$

en què λ és la longitud d'ona en metres, *T* el període en segons i *f* la freqüència en hertzs.

ACTIVITATS

1. Indica quines de les ones següents són longitudinals i quines són transversals:
   a) La llum
   b) El so
   c) Les onades del mar
   d) Les ones de televisió
   e) Els raigs X
   f) Les ones Wi-Fi
2. Indica quines de les ones de l'activitat anterior són mecàniques i quines són electromagnètiques.
3. Una ona viatja a una velocitat de 30 m/s i té una longitud d'ona de 40 cm. Calcula'n la freqüència i el període.
4. Una ona que es propaga per una molla té una longitud d'ona de 80 cm i una freqüència de 5 Hz.
   a) A quina velocitat es propaga?
   b) Quina seria la seva longitud d'ona si es canvia la freqüència a 10 Hz?
5. L'emissora RAC105, es diu així perquè transmet a una freqüència 105 MHz. Les ones electromagnètiques es propaguen a $3 \cdot 10^8$ m/s. Quina és la longitud d'ona a la qual emet aquesta emissora?
6. La llum solar és una ona electromagnètica. La distància de la Terra al Sol és de 150 milions de quilòmetres. Quant de temps tarda la llum emesa pel Sol a arribar a la Terra?
7. Per què l'ona que es forma a l'aigua quan hi llancem una pedra és una ona transversal?

2. Interferències

2.1 Interferències constructives i destructives

Les interferències es produeixen quan dues ones de la mateixa naturalesa es propaguen per la mateixa regió de l'espai, de manera que se **superposen** i originen una ona resultant diferent.

- En les **interferències constructives** l'ona resultant té una amplitud més gran que les ones que l'originen.
- En les **interferències destructives** s'originen quan l'ona resultant té una amplitud més petita que les ones que l'han originat.

2.2 Ones estacionàries

Les **ones estacionàries** es formen per la **interferència** de dues ones que tenen la mateixa freqüència i amplitud, i que es propaguen per un mateix medi en la mateixa direcció però en sentits contraris. En les ones estacionàries hi ha alguns punts anomenats **nodes**, on es produeix una interferència totalment destructiva, de manera que no vibren. De la mateixa manera, hi ha altres punts anomenats **ventres** on la interferència és sempre constructiva i vibren amb el doble d'amplitud que les ones originals.

L'ona estacionària que es genera amb la freqüència de vibració més baixa possible s'anomena **freqüència fonamental** o **primer harmònic**, i les ones que es generen amb freqüències més altes s'anomenen **harmònics**.

ACTIVITATS

8. S'està produint una interferència entre dues ones, de manera que una partícula vibraria a 3 cm per sobre del punt d'equilibri segons una de les ones inicials, i a 2 cm per sota del punt d'equilibri segons l'altra ona inicial.
   a) En quin punt trobarem la partícula en l'ona resultant?
   b) Es tracta d'una interferència constructiva o destructiva? Raona la resposta.
9. Què son els nodes? I els ventres? En quin tipus d'ones es produeixen?

3. El so

3.1 La propagació del so

Les ones sonores són ones **mecàniques**, que necessiten un medi material per propagar-se (no es propaguen en el buit), i **longitudinals**, ja que la direcció de vibració de les partícules és la mateixa que la direcció de propagació de les ones sonores. Es propaguen en **línia recta** i en **totes direccions**.

3.2 La velocitat de propagació del so

El so no es propaga en el buit, però sí en medis materials. La seva velocitat de propagació és més gran si el medi és més dens. Així, es propaga més ràpidament en sòlids i més lentament en gasos.

La velocitat del so augmenta amb la **temperatura**: a més temperatura més velocitat, ja que les partícules es mouen més de pressa. En sòlids i líquids aquest efecte és poc apreciable, però en gasos l'increment és més gran. Així, la velocitat del so en aire a 0 °C és de 331 m/s mentre que en aire a 20 °C és de 343 m/s.

3.3 Les característiques del so

Les propietats que permeten diferenciar uns sons dels altres són les següents:

- La **intensitat** o volum, que es relaciona amb l'amplitud de l'ona sonora. Si l'amplitud és més gran el so és més fort (més intensitat), i a l'inrevés, si l'amplitut és més petita el so és més feble (menys intensitat). Es mesura en **decibels** (**dB**).
- El **to**, que es relaciona amb la freqüència de vibració de l'ona sonora. Si la freqüència és més alta els sons són més aguts, i si és més baixa són més greus.
- El **timbre**, que es relaciona amb les ones estacionàries. En la veu humana o en els instruments musicals, a més de generar-se una ona fonamental, es generen ones estacionàries que vibren en diferents harmònics, i que són característics de cada instrument o persona.

ACTIVITATS

10. Els avions supersònics són capaços de volar a una velocitat superior a la del so. La seva velocitat es mesura en Mach (Mach 1 correspon a la velocitat del so, 340 m/s). A quina velocitat, en quilòmetres per hora, pot volar un avió que arriba a Mach 3?
11. En un vaixell que navega pel mar es produeix una explosió. A 2,5 km de distància, en Martí està fent submarinisme mentre en Roger l'espera a bord d'una barca. Quan triga cadascú a sentir l'explosió? Qui la sent abans?
    Dades: velocitat del so a l'aire: 340 m/s; velocitat del so al mar: 1.500 m/s.
12. A quina velocitat es propaga el so per l'aire, si es troba a una temperatura de 25 °C? I si la temperatura és de –5 °C?

4. Fenòmens relacionats amb el so

4.1 Reflexió

La **reflexió** és el canvi de direcció que es produeix quan les ones sonores troben un obstacle. Si aquest obstacle es troba a una distància inferior a 17 m, el so original i el so reflectit es barregen, produint un efecte anomenat **reverberació**. En canvi, si l'obstacle es troba a una distància superior a 17 m, el so original i el so reflectit es perceben per separat i es produeix **l'eco**.

4.2 Refracció

La **refracció** és el canvi de velocitat i direcció que experimenten les ones sonores quan canvia el medi de propagació. Per exemple, a la nit les capes d'aire properes a la superfície estan més fredes que les capes altes, de manera que el so canvia de direcció en passar d'unes capes d'aire a les altres. Això fa que el so es reflecteixi i es puguin sentir sorolls de molt lluny. De dia el fenomen és a l'inrevés i el so no arriba tan lluny.

4.3 Ressonància

Tots els cossos tenen una freqüència pròpia en la qual vibren de forma natural. Si una ona sonora que arriba a un cos té la mateixa freqüència que la pròpia del cos, aquest es posa a vibrar i diem que entra en **ressonància**.

ACTIVITATS

13. Per quin motiu si crides en una vall entre muntanyes pots escoltar l'eco, però no el pots sentir si crides dins d'una habitació?
14. Un timbaler es troba a 400 m d'una muntanya. Amb quina freqüència ha de picar el tambor si vol que els cops i els ecos corresponents s'intercalin perfectament?
15. Dos astronautes es comuniquen a la Lluna mitjançant una ràdio, però quan tots dos veuen caure un meteorit a prop, cap d'ells sent el soroll de l'impacte. Com es pot explicar aquest fet?
16. Hi ha instruments musicals, com el llaüt, que organitzen les seves cordes per parelles. Què creus que passa si es pinça una sola corda? Justifica la teva resposta.

5. La llum

5.1 La naturalesa de la llum

- El **model ondulatori** afirma que la llum es comporta com una ona, i es propaga com a conseqüència de la vibració d'un camp magnètic i un camp elèctric perpendiculars entre ells. Aquest model permet explicar satisfactòriament fenòmens com la reflexió, la refracció o les interferències de la llum, però no l'efecte fotoelèctric.
- El **model corpuscular** afirma que la llum està constituïda per un feix de partícules, anomenades fotons. Aquest model no permet explicar la refracció o les interferències de la llum, però sí l'efecte fotoelèctric.
- En l'actualitat s'accepta que la llum té un comportament **dual ona-corpuscle**: es comporta com a ona quan es transmet, però com a feix de partícules quan interacciona amb la matèria.

5.2 Propagació de la llum

La llum és una ona **electromagnètica**, ja que no necessita un medi material per propagar-se, i **transversal**, ja que la direcció de vibració dels camps elèctric i magnètic és perpendicular a la direcció de propagació de la llum. Es propaga en **línia recta** i en **totes direccions**.

5.3 La velocitat de la llum

La velocitat de propagació de la llum en el buit és de $3 \cdot 10^8$ m/s, i es representa amb la lletra *c*.

La velocitat de les ones de llum està relacionada amb la seva longitud d'ona i freqüència:

$$c = \lambda \cdot f$$

La llum pot propagar-se per alguns medis materials. En aquests medis la seva velocitat depèn de **l'índex de refracció** de cada medi, i es pot calcular a partir de la fórmula següent:

$$v = \frac{c}{n}$$

en què *v* és la velocitat de la llum en un altre medi, *c* és la velocitat de la llum en el buit ($3 \cdot 10^8$ m/s) i *n* és un valor que depèn de cada medi i que s'anomena índex de refracció.

ACTIVITATS

17 Quines són les unitats de mesura de l'índex de refracció d'un medi? Per què?

18 Calcula la velocitat de la llum quan es propaga per un medi amb un índex de refracció de 3,51.

19 Què és l'efecte fotoelèctric? Quines aplicacions pràctiques té?

6. L'espectre electromagnètic i el color dels objectes

6.1 L'espectre electromagnètic

A més de la llum visible hi ha altres ones electromagnètiques. El conjunt de totes les ones electromagnètiques s'anomena **espectre electromagnètic**, i està format per:

- **Raigs gamma**. Són produïts per la desintegració de nuclis d'àtoms d'elements radioactius. Són ones de molt alta freqüència i energia. Són útils com a proves diagnòstiques en medicina (gammagrafia).
- **Raigs X**: Són ones de molt alta freqüència i energia, tot i que inferior que la dels raigs gamma. Útils per fer radiografies o estudis de l'estructura interna de la matèria.
- **Raigs ultraviolats** (**UV**). El Sol és la font natural més important d'emissió de raigs UV. Són ones d'alta freqüència i energia. Els raigs UVA són els UV de més longitud d'ona i són els que activen la producció de vitamina D, útils com a desinfectants i per a detecció de bitllets falsos. Els raigs UVB i UVC són de menys longitud d'ona i són molt més perillosos per la seva energia propera als raigs gamma.
- **Llum visible**. Són ones de longitud d'ona entre 400 nm i 700 nm. En funció de la seva longitud d'ona i freqüència els percebem com a llum de colors diferents. Són l'única radiació que els ulls humans poden detectar. Són útils en diferents tipus de comunicacions, ja que les ones lluminoses es poden transportar a través de la fibra òptica.
- **Raigs infraroigs** (**IR**). Són emesos pels cossos calents. Són ones de baixa freqüència i energia. Els IR de longitud d'ona propera a la llum visible són útils en comandaments a distància, detecció d'estrelles, ulleres de visió nocturna, etc. Els IR de més longitud d'ona són els que absorbeixen els gasos com el CO_2, causant l'efecte hivernacle.
- **Microones**. Són generades per dispositius electrònics anomenats **magnetòmetres**. Són ones de baixa freqüència i energia. Interaccionen amb les molècules d'aigua augmentant la seva energia cinètica i per això l'aigua augmenta de temperatura. Els radars també treballen amb microones.
- **Ones de ràdio**. Es generen en dispositius electrònics consistents en una bobina i un condensador que entren en ressonància elèctrica, la bobina genera un camp magnètic i el condensador un camp elèctric. Són les ones electromagnètiques de més baixa freqüència i energia. Útils en telecomunicacions: ràdio, televisió, satèl·lits, mòbils, etc.

6.2 La dispersió o descomposició de la llum blanca

Quan la llum blanca es dispersa, ja sigui passant per un prisma d'un material transparent o per microgotes d'aigua en suspensió a l'atmosfera, es **descompon** en colors, fet que demostra que la llum està composta per ones lluminoses de diferents longituds d'ona. Per altra banda, quan **combinem** llum de diferents colors, aquests els percebem com a llum blanca. Això no passa amb la llum làser, que és monocromàtica (formada per llum d'un sol color).

6.3 El color dels objectes

El color **blanc** d'una superfície es deu al fet que **reflecteix** gairebé tota la llum que rep. El color **negre**, en canvi, es deu al fet que **absorbeix** gairebé tota la llum que rep. Com a conseqüència, els objectes negres s'escalfen molt més que els blancs en ser il·luminats, ja que absorbeixen més energia. La resta d'objectes tenen el color de la llum que reflecteixen.

ACTIVITATS

20 Un objecte que s'il·lumina amb llum blanca es veu de color blau. De quin color es veurà aquest mateix objecte si s'il·lumina amb llum monocromàtica vermella?

21 Què succeeix si combines llum de colors diferents? Quin tipus de llum obtens?

22 Si utilitzes una lupa per concentrar llum blanca sobre globus de diferents colors, la majoria exploten molt fàcilment a causa de l'augment de temperatura, excepte el de color blanc. Com explicaries aquest fet?

7. Fenòmens relacionats amb la llum

7.1 Reflexió

La **reflexió** és el canvi de direcció que pateix la llum quan troba un obstacle que no pot travessar.

L'angle incident és l'angle format pel raig de llum incident i la recta normal (perpendicular a la superfície on es produeix la reflexió). **L'angle de reflexió** és l'angle format pel raig de llum reflectit i la recta normal. En la reflexió, l'angle incident i l'angle de reflexió són iguals.

En els **miralls còncaus** els raigs es concentren i tots passen per un mateix punt anomenat focus. En els **miralls convexos** els raigs es dispersen, el focus és virtual i queda darrere el mirall.

7.2 Refracció

La **refracció** és la desviació de la trajectòria originada per la diferent velocitat de propagació de la llum en cada medi. Es produeix, per exemple, quan la llum passa a través d'una lent. La **llei de Snell** permet calcular l'angle de refracció de la llum quan canvia de medi:

$$n_1 \cdot \sin\left(\hat{i}\right) = n_2 \cdot \sin\left(\hat{r}\right)$$

en què n_1 és l'índex de refracció del medi d'on prové la llum, n_2 és l'índex de refracció del medi on entra la llum, $(\hat{i})$ és l'angle incident i $(\hat{r})$ és l'angle de refracció.

Les lents es poden classificar en:

Convergents:

Són més amples al centre i concentren els raigs de llum.

Divergents:

Són mes estretes al centre i dispersen els raigs de llum.

7.3 Polarització

Les oscil·lacions elèctriques i magnètiques de les ones lluminoses poden vibrar en totes les direccions perpendiculars a la seva direcció de propagació. La polarització de la llum es produeix quan s'aconsegueix filtrar la llum, i que les seves ones vibrin només en una determinada direcció.

7.4 Instruments òptics

La majoria d'instruments òptics utilitzen lents i miralls. En el microscopi òptic, en el telescopi reflector i en el telescopi refractor, l'ús de lents convergents permet concentrar els raigs de llum i ampliar la imatge de l'objecte que s'observa. En les càmeres fotogràfiques, també una lent convergent permet dirigir els raigs de llum a la pel·lícula fotosensible que «fixa» la imatge o al sensor fotosensible.

ACTIVITATS

23 En el dibuix es representa un raig de llum que passa de l'aire al vidre amb un angle d'incidència de 45°, després es reflecteix en un mirall i, per acabar, retorna a l'aire. Calcula tots els angles d'incidència, de reflexió i de refracció que forma el raig.

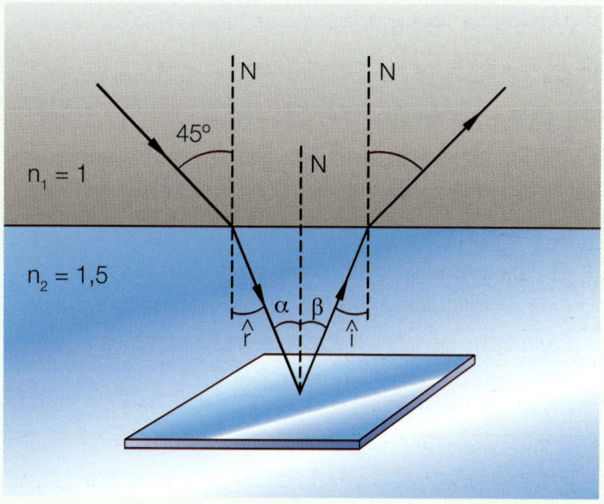

8. Producció i percepció de llum i so

8.1 L'aparell de fonació i l'oïda

Per emetre un so primer cal que el cervell de l'emissor generi un missatge i, mitjançant les neurones motores, l'enviï a les **cordes vocals**. La vibració de les cordes s'amplia a les cavitats bucal o nasal i es converteix en ones sonores que viatgen per l'aire.

PER ESTUDIAR

Quan les ones sonores arriben a l'oïda del receptor transmeten la seva vibració a una membrana anomenada **timpà**, que està connectada a uns ossets (martell, enclusa i estrep) que amplifiquen la vibració. La vibració és conduïda fins al cargol o còclea, on es transforma en un impuls nerviós que les neurones sensorials transmeten fins al cervell del receptor.

8.2 L'ull humà

En mirar un objecte, la llum que s'hi reflecteix entra per la **pupil·la** i s'enfoca sobre la retina gràcies al **cristal·lí**, que actua com una lent. A la **retina** hi ha unes cèl·lules nervioses fotosensibles anomenades **cons** i **bastons**.

Els cons determinen la visió dels colors. Hi ha cons sensibles a la llum de color verd, vermell i blau. La resta de colors es detecten com a combinació d'aquests tres. Els bastons determinen la visió en blanc i negre. La imatge projectada a la retina està invertida, però tota la informació, tant de la imatge com dels colors, s'envia al **cervell**, que ho corregeix i interpreta correctament.

ACTIVITATS

24. La Marta té un xiulet ultrasònic que emet un so de 35.000 Hz per cridar el seu gos. Per què creus que aquest xiulet s'anomena ultrasònic? Quina longitud d'ona té el so del xiulet?
25. El daltonisme és un defecte en la visió dels colors. Quines dificultats tenen les persones daltòniques? Quin tipus de cèl·lules són les responsables d'aquest defecte? On es troben?

9. Contaminació acústica, lumínica i electromagnètica

9.1 Contaminació acústica

Les principals **causes** en són el trànsit, la construcció o el volum dels aparells electrònics. Els **efectes** del soroll sobre la salut són molt negatius: provoquen estrès, dificultat per concentrar-se, trastorns del son o lesions a l'oïda. Com a **solucions** es poden instal·lar pantalles acústiques o moderar el volum dels aparells electrònics.

9.2 Contaminació lumínica

La llum que s'escapa de la Terra cap al cel és energia que no s'aprofita i causa el que anomenem contaminació lumínica. Les **causes** són l'excessiva il·luminació nocturna o l'ús de punts de llum poc eficients i mal orientats. Les **conseqüències** són un increment de la despesa en energia que no s'aprofita i la dificultat en l'observació del cel i les estrelles. Les **solucions** passen per una reducció i una millor gestió de la il·luminació nocturna, i també per l'ús de punts de llum més eficients i ben orientats.

9.3 Contaminació electromagnètica

Les ones electromagnètiques de major freqüència que la llum visible poden provocar greus conseqüències en la salut. Els raigs gamma i els raigs X són els de més energia i poden produir malalties greus com el càncer. Els raigs UV són beneficiosos en la mesura justa, però un excés pot provocar cremades, taques a la pell i melanomes (càncer de pell).

Les ones electromagnètiques de menor freqüència que la llum visible no afecten la salut de les persones, però el seu ús creixent en les telecomunicacions (mòbils i xarxes Wi-Fi) fa que alguns col·lectius demanin més estudis sobre la seva possible perillositat.

ACTIVITATS

26. Quins problemes pot tenir viure a prop d'un aeroport internacional, on hi ha trànsit aeri gairebé les 24 hores del dia? Quines conseqüències pot tenir en la salut de les persones? Quines possibles solucions s'hi poden aplicar?
27. Respecte a la contaminació lumínica, per què creus que els ajuntaments poden estar interessats a canviar l'enllumenat de tota la ciutat? En quin sentit pràctic poden beneficiar-se d'instal·lar llums que provoquin menys contaminació lumínica?
28. El Sol és la principal font dels raigs UV que arriben a la superfície del nostre planeta. Quines conseqüències pot tenir prendre el sol a la platja, un migdia d'estiu? Com podem protegir-nos-en?
29. Quins són els arguments a favor i en contra de l'ús d'ones electromagnètiques de baixa freqüència necessàries per al funcionament dels mòbils o de les xarxes Wi-Fi?

Comprova el que saps
Mapa conceptual

Càlcul de l'índex de refracció de l'aigua respecte a l'aire

Objectiu

Determinar experimentalment l'índex de refracció de l'aigua respecte a l'aire.

Material

- Un recipient opac, com ara una llauna de conserves
- Una moneda
- Plastilina
- Una canyeta de refresc
- Un suport amb nou
- Un regle o una cinta mètrica

Procediment

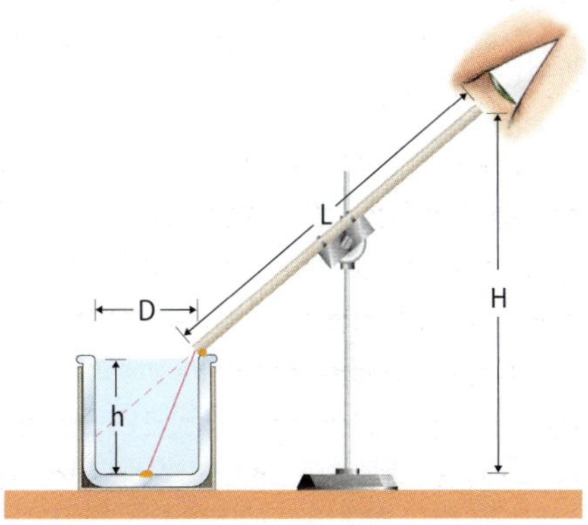

1. Col·loqueu la moneda al fons del recipient i fixeu-la amb una mica de plastilina. Ompliu completament d'aigua el recipient fins a la vora superior.
2. Feu el muntatge tal com mostra la imatge de la dreta.
3. Amb molta cura, feu coincidir l'extrem de la palleta amb la vora superior del recipient i doneu-li la inclinació necessària fins que en mirar per l'extrem superior vegeu el centre de la moneda i la vora del recipient.
4. Preneu les mesures necessàries i apliqueu les raons trigonomètriques per determinar els angles d'incidència i refracció.

$$\cos \hat{r} = \frac{H - h}{l} = \_\_\_\_\_\_\_\_ \Rightarrow \hat{r} = \_\_\_\_\_\_\_\_$$

$$\text{tg}\, \hat{i} = \frac{D/s}{h} = \frac{D}{2h} \_\_\_\_\_\_\_\_ \Rightarrow \hat{i} = \_\_\_\_\_\_\_\_$$

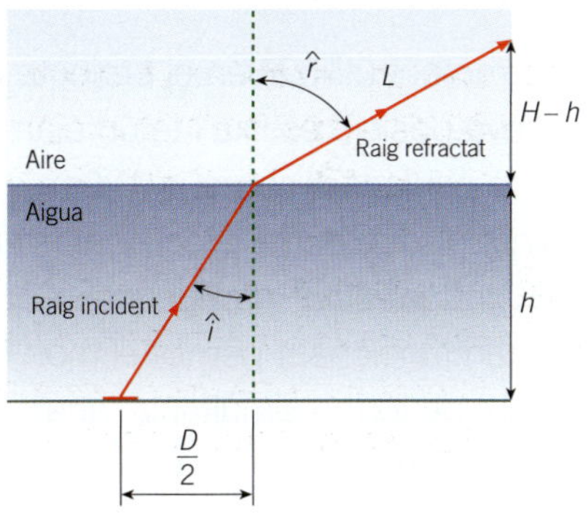

5. Finalment apliqueu la llei de Snell i aïlleu l'índex de refracció de l'aigua.

$$n_{aire} \sin \hat{i} = n_{aigua} \sin \hat{r} \qquad n_{aigua} = \frac{n_{aire} \sin \hat{r}}{\sin \hat{i}} = \_\_\_\_\_\_\_\_\_\_$$

ACTIVITATS

1. Per què cal omplir d'aigua completament el recipient? I per què cal fixar la moneda amb plastilina?
2. Què vol dir que l'índex de refracció d'un material és de 2,5:
   a) Que la velocitat de la llum en aquest material és 2,5 vegades superior a la velocitat de la llum en el buit.
   b) Que la velocitat de la llum en aquest material és 2,5 vegades més petita que la velocitat de la llum en el buit.
3. Si es repeteix l'experiment amb un altre líquid com ara alcohol o oli, s'obtindrien els mateixos resultats? Raona la resposta.
4. En aquest experiment l'angle d'incidència és més petit que l'angle de refracció. Podria ser a l'inrevés? Què hauria de passar perquè fos així?

ACTIVITAT FINAL

La comunicació amb els extraterrestres

Són moltes les persones que diuen haver vist ovnis (objectes voladors no identificats), concretament, naus extraterrestres suposadament tripulades per alienígenes. La veritat és que ningú ha presentat una prova científica de l'existència d'aquestes visites. És gairebé impossible que algú, procedent d'algun planeta pertanyent a algun estel més o menys proper, ens pugui visitar. Per fer-ho, li caldria una energia de l'ordre d'$1,8 \cdot 10^{19}$ joules per fer el viatge des d'un planeta situat a uns 5 anys llum. Aquesta xifra és aproximadament la que es necessita a l'Estat espanyol durant un any.

Radiotelescopi d'Arecibo.

Per tant, la millor forma de comunicació és per ones electromagnètiques.

Comunicar-se amb els extraterrestres, utilitzant ones electromagnètiques requereix un gran radiotelescopi, enfocat a l'espai exterior. Però ens trobem amb un problema: a quina freqüència s'ha de sintonitzar de l'espectre electromagnètic, que va des de 0 Hz fins a milers de GHz? Hem de descartar les baixes freqüències que produeixen els estels i les galàxies, i les molt altes freqüències produïdes en la nostra pròpia atmosfera. Entre aquests valors, tenim una regió tranquil·la que va des d'1 a 10 GHz. Aquesta banda segueix sent molt ampla per poder-la analitzar tota. Però podem suposar que la vida extraterrestre està basada en l'aigua. Doncs bé, la molècula d'aigua està formada per hidrogen i oxigen; a l'espectre de les ones electromagnètiques trobem les freqüències d'emissió de l'àtom d'hidrogen (1,2 GHz) i la del radical OH^- (1,64 GHz). És en aquesta regió de l'espectre electromagnètic on s'han posat a buscar un grup de científics del projecte *Seti@home*.

L'instrument utilitzat en el projecte és el radiotelescopi més gran del món, construït a Arecibo (Puerto Rico). La seva posició és fixa i té un diàmetre de 305 m. El disc reflecteix i concentra els febles senyals en una antena que té penjada a sobre, a 120 m d'altura. Aquest radiotelescopi capta cada dia 35 Gbytes de dades. No hi ha cap ordinador que pugui processar aquest volum d'informació, per això l'any 1996 es va crear el projecte SETI (*Search for Extraterrestrial Intelligence*). Aquesta idea consisteix a aprofitar la potència de càlcul de milers d'ordinadors que ja estan funcionant per tot el món i que no tot el temps que estan encesos estan treballant. Tots aquests ordinadors poden, de forma simultània, analitzar una petita porció de les dades i enviar-ne els resultats, via Internet, a la central del projecte.

Si tens un ordinador i ganes de col·laborar en el projecte SETI, pots entrar al web. Potser gràcies a tu en un futur podrem establir comunicació amb altres civilitzacions.

ACTIVITATS

1. Entre quines longituds d'ona fa la recerca el projecte SETI?
2. Per quin motiu es fa entre aquestes longituds d'ona la recerca de comunicació amb els possibles extraterrestres?
3. El radiotelescopi d'Arecibo té forma de mirall còncau. Observa la imatge de més amunt. Què creus que és l'estructura que penja a sobre del mirall? Per a què deu servir?
4. El radiotelescopi d'Arecibo actua com un mirall, però la seva superfície no és llisa, sinó que està formada per plaques d'alumini foradades. Creus que això té alguna relació amb la longitud d'ona de les ones que capta? Seria igual la superfície si hagués de captar llum visible?
5. Per què cal distribuir la informació que rep el radiotelescopi entre milers d'ordinadors de tot el món?
6. Si alguna vegada es capta informació d'un planeta a 20 anys llum de la terra, quant de temps haurà passat entre que es va emetre el senyal i la seva arribada a la terra?

Autoavaluació

REVISTA DE CIÈNCIA

Aplicacions de les ones sonores

Podríem pensar que les ones sonores només s'utilitzen per estimular l'oïda, però no és cert. L'ésser humà ha sabut trobar moltes aplicacions a les ones sonores; algunes tan curioses com la neteja de les dents!

Les ones sonores són ones longitudinals que es propaguen en medis naturals i que es generen com a resultat de la vibració d'un cos. Els animals han après a sentir aquestes ones i a interpretar-les: és el so, la sensació percebuda pels òrgans auditius. Però gràcies als avenços tecnològics, les ones sonores, especialment els ultrasons, s'utilitzen per a altres aplicacions en el camp militar i la navegació, la medicina i la neteja, entre altres.

La gamma de freqüències que pot sentir cada animal varia d'una espècie a altra.

En el camp militar el sonar va tenir una importància cabdal en el desenllaç de la Segona Guerra Mundial perquè va permetre als americans i als seus aliats descobrir la posició dels submarins alemanys, fins aquell moment invisibles. Anys abans, Lewis Nixon va inventar l'hidròfon, un micròfon submarí essencial per al sonar, però que va néixer com a sistema de detecció d'icebergs arran de l'enfonsament del *Titanic*. Actualment, el sonar es fa servir en la navegació i sobretot per a la pesca, perquè permet localitzar bancs de peixos.

En el camp de la medicina, els ultrasons tenen moltes aplicacions. Es fan servir en diagnosi perquè són ones que, com que posseeixen poca energia, no causen cap perjudici al pacient. Per aquesta raó s'han utilitzat per observar els òrgans interns i, fins i tot, per seguir el progrés de l'embaràs. En medicina els ultrasons també s'utilitzen per trencar els càlculs biliars i renals; aquesta tècnica, que s'anomena litotrícia, es basa a fer incidir sobre el càlcul un tren d'ones sonores que en fan augmentar la pressió i l'acaben fragmentant.

Els fisioterapeutes també compten amb els ultrasons com a eina de tractament per a dolors ossis i musculars, en lesions esportives, en espasmes musculars, etc. Encara que el pacient no noti ni calor ni fred, les ones fan vibrar la musculatura a escala cel·lular i aquest moviment fa augmentar la temperatura local, millora la vasodilatació de la zona afectada i potencia la difusió de les substàncies i la cicatrització. Amb tot, s'aconsegueix un increment del metabolisme local.

En el camp de l'asèpsia es fan servir ones sonores per desinfectar material quirúrgic i en odontologia per eliminar la tosca de les dents. Fora d'aquest àmbit, també s'utilitzen els ultrasons per netejar peces de mòbils, joies o peces mecàniques. El procediment consisteix a introduir les peces brutes en un medi líquid que conté substàncies detergents. En incorporar-hi ultrasons es generen milers de petites bombolles que col·lapsen sobre la superfície dels objectes i se'n desprèn la brutícia.

Neteja de joies mitjançant ultrasons.

COMPRENSIÓ LECTORA I REFLEXIÓ

1. Què són les ones sonores?
2. Per què les ecografies no són perilloses per a l'organisme?
3. Anota algunes de les aplicacions mèdiques dels ultrasons.
4. Com explicaries a un malalt que rep un tractament amb ones sonores per millorar el funcionament d'una articulació que els ultrasons són efectius, tot i que no noti cap efecte immediat.
5. Coneixes altres invents que inicialment s'utilitzessin amb finalitats militars però que posteriorment hagin tingut aplicacions fora d'aquest àmbit? Posa'n algun exemple.

UNITAT 8

LES REACCIONS QUÍMIQUES

Les reaccions químiques, també anomenades canvis químics, són transformacions en què unes substàncies es transformen en unes altres.

- **Sabries posar exemples de canvis químics que es produeixin normalment a les llars? I a la indústria? I al nostre cos?**

Actualment amb reaccions químiques s'obtenen moltes de les substàncies que utilitzem i que, en general, ens fan la vida molt més confortable.

- **Fes una llista de substàncies o materials que vegis ara mateix que s'obtenen a partir de transformacions químiques. Fes una altra llista de les diferències que hi hauria a la teva vida si aquestes noves substàncies no existissin.**

Els últims anys s'han dissenyat nous materials anomenats intel·ligents. Per exemple, hi ha teixits amb els quals es poden fer edificis, hi ha polímers invisibles que, col·locats sobre un vidre, fan que no s'embruti. Són nanomaterials, amb propietats sorprenents.

- **Creus que és bo que es fabriquin noves substàncies?**

Foto: Quan es cuinen aliments, es produeixen canvis químics.

La química dels àcids i les bases

Objectiu

Realitzar diferents experiments per familiaritzar-se amb la química dels àcids i les bases.

Material

- Gradeta amb tubs d'assaig
- Solucions d'àcids i bases
- Bicarbonat de sodi
- Comptagotes
- Paper indicador universal
- Bossa de plàstic que tanqui bé
- Vareta de vidre
- Vidre de rellotge

Procediment 1: Classificar diferents dissolucions segons el seu pH

1. Necessites tenir present l'escala de colors del pH. Prepara 5 tubs d'assaig. Cada tub ha de tenir una de les dissolucions que hi ha al quadre (1/3 del tub és suficient).
2. Prepara uns trossos de paper indicador universal en un vidre de rellotge. Amb un comptagotes agafa una gota de cada una de les solucions i posa-la en un dels trossos de paper indicador. Observa el color que agafa i pren-ne nota en el quadre següent.

Tub	Conté dissolució de...	Fórmula	Color de l'indicador universal	pH	Es tracta d'una dissolució...
1	Àcid clorhídric				
2	Àcid etanoic (àcid acètic)	CH_3–COOH			
3	Aigua				
4	Hidrogencarbonat de sodi (bicarbonat de sodi)	$NaHCO_3$			
5	Hidròxid de sodi				

Procediment 2: Per què es diu que el bicarbonat de sodi és un antiàcid?

L'acidesa d'estómac és un problema de les digestions llargues i difícils. L'acidesa és deguda al fet que a l'estómac hi ha un excés d'àcid clorhídric.

Dins d'una bossa de plàstic que es pugui tancar bé, posa 10 mL de solució d'àcid clorhídric. Afegeix-hi dues cullerades de bicarbonat de sodi i tanca immediatament la bossa. Observa el que passa, descriu el procés i explica per què s'infla l'estómac.

ACTIVITATS

1. No tots els àcids són igual de «forts». Quins àcids dels que coneixes diries que són «forts» i quins «febles»?
2. El mateix podem dir de les bases. Quines bases diries que són «fortes» i quines «febles»?
3. Per què es diu que el bicarbonat de sodi és un «antiàcid»?
4. La reacció entre l'àcid de l'estómac i el bicarbonat de sodi fa que s'infli la bossa. Per què s'infla la bossa?
5. Informa't de quines altres substàncies poden emprar-se com a antiàcids.

UNITAT 8 ACTIVITAT FINAL

La sal, molt més que un producte per a la taula

Molts productes quotidians s'obtenen a partir de substàncies comunes, substàncies que la humanitat sempre ha tingut a l'abast. Una d'aquestes substàncies és "la sal". De fet existeixen centenars de sals, però quan nosaltres diem **sal** ens referim a la sal comuna, el clorur de sodi, NaCl.

La sal ha acompanyat les civilitzacions humanes des del seu inici. El clorur de sodi es troba dissolt en grans quantitats a l'aigua de mar, i es pot obtenir per la seva evaporació. Els llocs on es fa aquest procés s'anomenen salines. A Catalunya hi ha salines a la Trinitat, al Delta de l'Ebre, i a Gerri de la Sal, que és lluny del mar però aprofita un corrent d'aigua salada.

En el quadre següent es poden veure els productes químics que s'obtenen a partir de la sal. El clor, l'hidròxid de sodi i l'hidrogen s'obtenen a partir de la sal per electròlisi. El carbonat de sodi o sosa s'obté a partir de la salmorra i de la pedra calcària que és majoritàriament carbonat de calci.

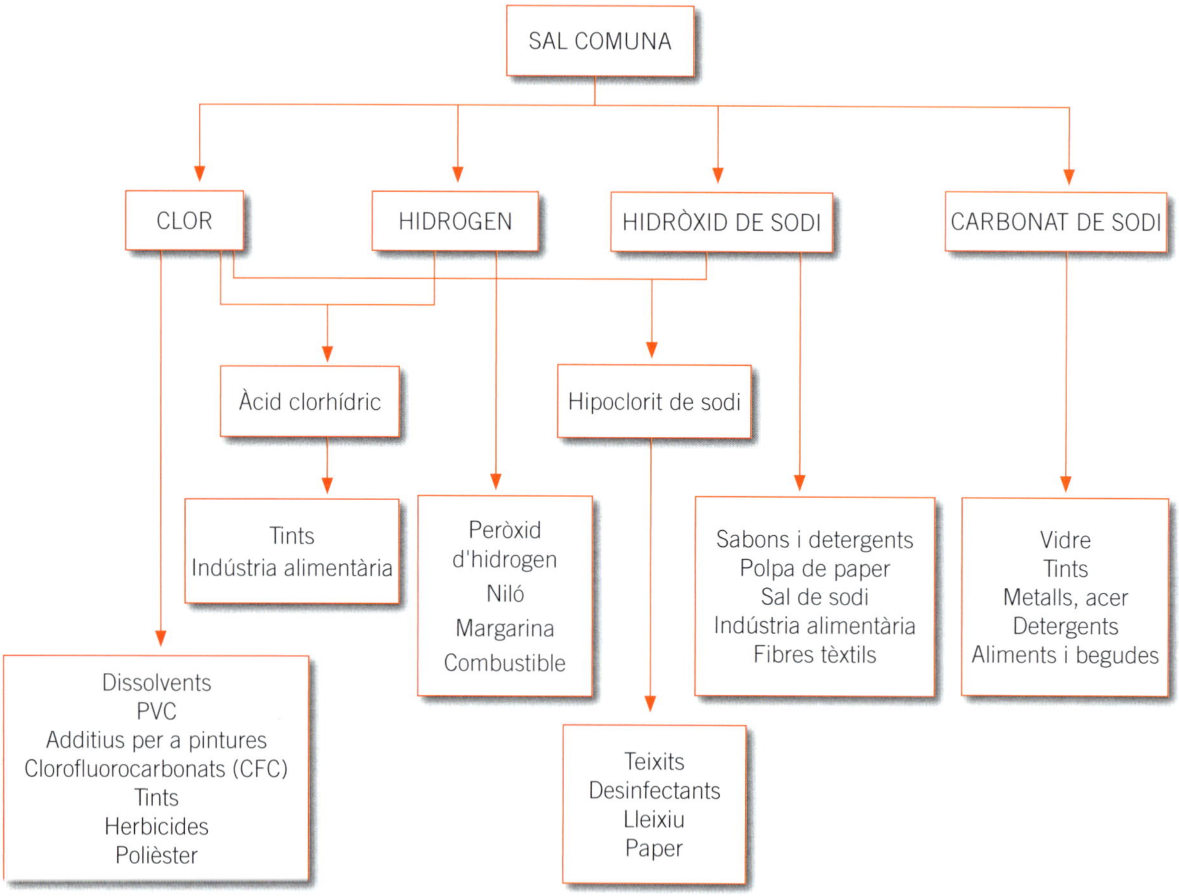

ACTIVITATS

1. A partir de quines substàncies s'obté el clor? I el lleixiu?
2. Quins usos té l'hidròxid de sodi?
3. Quins productes químics intervenen en la fabricació del vidre?
4. Busca informació sobre quines propietats de la sal la fan útil com a conservant d'aliments.
5. El plàstic policlorur de vinil, PVC, conté àtoms de clor. Per obtenir-lo es fa reaccionar el gas clor amb un compost de carboni i hidrogen, anomenat etilè, de fórmula C_2H_4. El primer pas és obtenir el clorur de vinil, C_2H_3Cl. La reacció es fa injectant oxigen: $2\ C_2H_4 + Cl_2 + \frac{1}{2}\ O_2 \rightarrow 2\ C_2H_3Cl + H_2O$
   a) Indica quins processos es necessiten, a partir de la sal, per arribar a tenir una unitat de clorur de vinil.
   b) En l'electròlisi de la sal, a més de clor també s'obté gas hidrogen. Quines utilitats té aquest gas?

Autoavaluació

REVISTA DE CIÈNCIA

Àcids i bases a la natura

Pot ser que si pensem en reaccions químiques ens imaginem un químic amb bata blanca barrejant substàncies explosives, però la realitat no és així. A l'interior dels éssers vius, cada dia tenen lloc milers de reaccions químiques que mantenen l'organisme viu. Moltes d'aquestes reaccions són d'oxidació i de reducció, però també n'hi ha de neutralització.

Un exemple de reacció de neutralització té lloc a l'interior de l'estómac, durant la digestió. Quan l'aliment arriba a l'estómac es troba amb un medi molt àcid, perquè les glàndules que recobreixen l'interior d'aquest òrgan alliberen sucs gàstrics, una secreció que conté, entre altres substàncies, àcid clorhídric (HCl). L'àcid clorhídric és important perquè activa alguns enzims digestius i elimina els bacteris i altres microorganismes ingerits amb el menjar. De vegades, l'organisme secreta més àcid clorhídric del necessari. En aquestes circumstàncies, la digestió es fa pesada i no és estrany percebre un gust amarg a la gola i a la boca: és l'acidesa d'estómac.

Les reaccions amb àcids i bases formen part essencial del metabolisme dels ésssers vius.

Aquest problema se soluciona prenent bicarbonat de sodi ($NaHCO_3$) que, com que és una base, neutralitza l'excés d'àcid de l'estómac, de la mateixa manera que, al laboratori, s'afegeix una sal a un àcid per valorar-lo.

Antiàcids en un got d'aigua.

Molts dels components fonamentals de les estructures cel·lulars són àcids, com els àcids nucleics i els àcids grassos. Els àcids nucleics són llargues cadenes de nucleòtids que emmagatzemen la informació genètica, i els àcids grassos són cadenes que finalitzen amb un carboxil (–COOH).

Un altre grup d'àcids molt freqüent a la natura és el que s'obté de les fermentacions. Aquestes reaccions són característiques dels llevats i els bacteris, però també es duen a terme en alguns teixits animals, com el teixit muscular, que si no pot obtenir energia de la respiració cel·lular per falta d'oxigen, utilitza la fermentació. En aquest cas, en el múscul es forma àcid làctic.

Les persones hem tret molt profit de les fermentacions i, des de fa mil·lennis, utilitzem aquest sistema per obtenir vinagre, vi i altres begudes alcohòliques, formatge i iogurts, i pa.

Algunes plantes, com les ortigues, i certs animals, com les formigues vermelles, són capaços de fabricar àcid fòrmic, una substància que és urticant si entra en contacte amb la pell. L'àcid fòrmic és el component principal del verí de les formigues vermelles, i també és present a l'interior dels pèls urticants de les ortigues.

COMPRENSIÓ LECTORA I REFLEXIÓ

1. Quin és el paper de l'àcid clorhídric en la digestió?
2. Com es pot anul·lar l'efecte d'un excés d'àcid clorhídric en la digestió? De quin tipus de reacció química es tracta?
3. Digues el nom d'alguns vegetals dels quals es pugui obtenir oli.
4. Què tenen en comú les formigues i les ortigues?
5. Valora la importància de les fermentacions en la indústria i digues el nom d'alguns dels productes que s'obtenen mitjançant aquest tipus de reaccions.

UNITAT 9

ELS ÀTOMS I ELS SEUS ENLLAÇOS

Els models per explicar el comportament dels àtoms han anat evolucionant al llarg del temps.

- **Coneixes els diferents models d'àtom proposats pels científics?**

La taula periòdica va néixer com un intent d'ordenar i sistematitzar la informació sobre les substàncies i els canvis, i ha anat evolucionant fins a incloure característiques dels àtoms com ara les configuracions electròniques.

- **Com és la taula periòdica actual i quines propietats dels àtoms permet estudiar?**

La manera com s'uneixen els àtoms que formen aquestes substàncies en determina l'estructura. Per explicar les propietats i predir el comportament de les substàncies, els científics han elaborat models d'enllaços químics.

- **Quins són els models d'enllaç entre àtoms?**

L'enllaç entre àtoms condueix a substàncies diferents amb propietats diferents que corresponen a les associades a cadascun dels models d'enllaç: covalent, iònic i metàl·lic.

- **Quines són les característiques de cadascun d'aquest enllaços?**

Foto: L'Atomium (Brussel·les) és una estructura de 103 metres d'altura que representa la xarxa cristal·lina del ferro.

EN AQUESTA UNITAT APRENDRÀS...

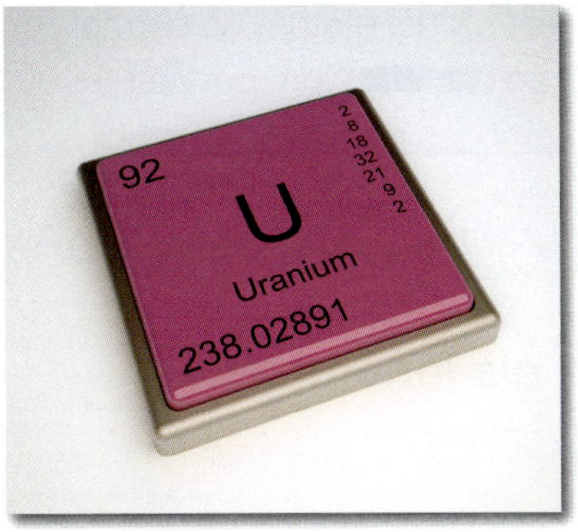

1. A identificar isòtops i relacionar la radioactivitat amb les partícules del nucli atòmic.

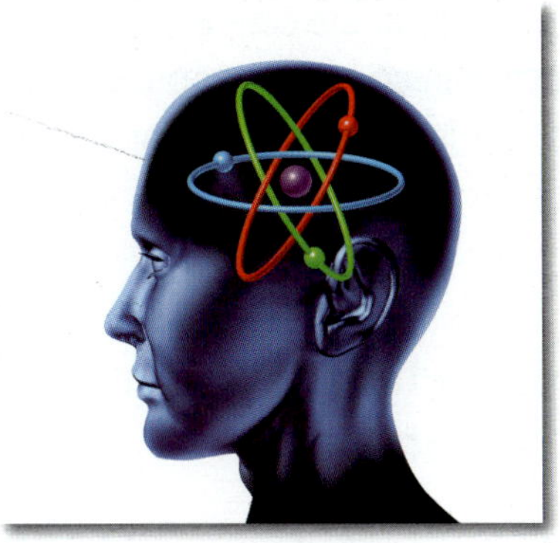

2. Quins models atòmics s'han elaborat al llarg del temps i basant-se en quines evidències.

3. A determinar la distribució dels electrons a l'interior dels àtoms.

4. A utilitzar la taula periòdica per a l'aprenentatge de la química.

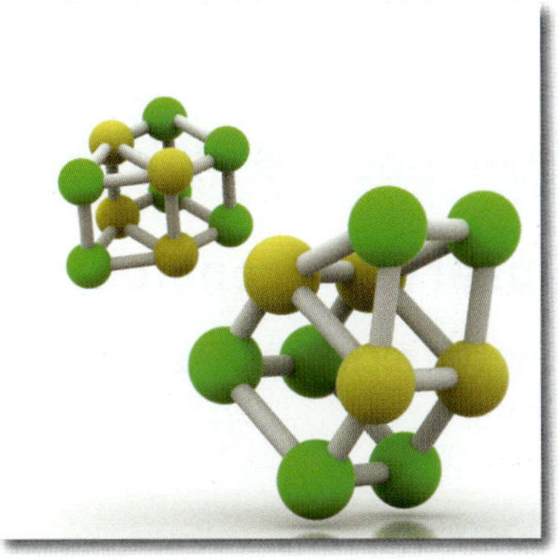

5. A predir el tipus d'enllaç químic segons els tipus d'àtoms que s'uneixen.

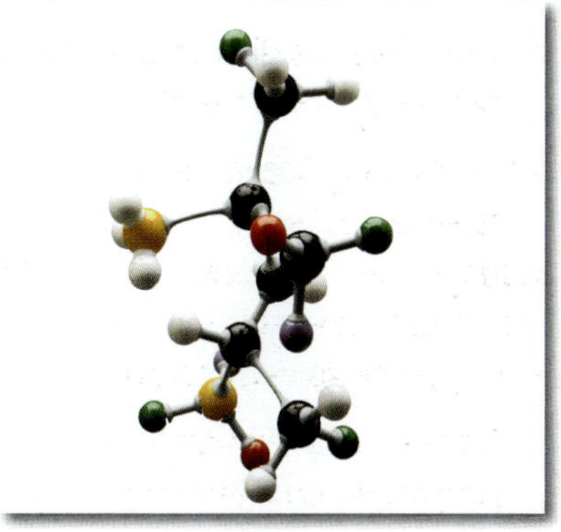

6. A interpretar les propietats de les substàncies en relació amb la seva estructura i el tipus d'enllaç.

I SERÀS CAPAÇ DE...

- Interpretar els diferents models atòmics proposats pels científics.
- Utilitzar la taula periòdica per organitzar els coneixements sobre els àtoms i els aprenentatges de química.
- Predir el tipus d'enllaç segons el tipus d'àtoms que s'enllacen.
- Relacionar les propietats de les substàncies amb la seva estructura i el tipus d'enllaç.

1. Els àtoms per dins

El model d'àtom proposat per Dalton, un àtom indivisible, massís i sense estructura interna, amb massa diferent per a cada element, va ser i pot ser útil per explicar els canvis químics. Però, aquest model d'àtom no permet explicar què són els isòtops ni els fenòmens radioactius. Com podríeu identificar isòtops i relacionar la radioactivitat amb les partícules del nucli atòmic?

1.1 Quin tipus de canvi té lloc en els fenòmens radioactius?

Cerqueu informació i concloeu

Cerqueu la informació necessària per respondre a les preguntes següents:

a | La radioactivitat és un fenomen sempre artificial, és a dir, fruit de la intervenció humana? Per què?

b | L'ús de radioisòtops està sempre desaconsellat perquè les radiacions ionitzants generades en el canvis que tenen lloc en fenòmens radioactius produeixen danys a la matèria viva? Per què?

c | Els canvis que es produeixen en els fenòmens radioactius no es podrien explicar si els àtoms no tinguessin estructura interna. Per què? Què produeixen aquests canvis a escala d'àtom? I quins efectes?

Radiacions ionitzants: són aquelles que en interaccionar amb la matèria produeixen ions. Són radiacions ionitzants les radiacions alfa, beta i gamma (radioactivitat), els raigs X i els raigs UV de major energia.

1.2 Un model d'àtom amb nucli i electrons

Observeu i concloeu

Observeu la representació de l'àtom de liti i responeu a les preguntes següents:

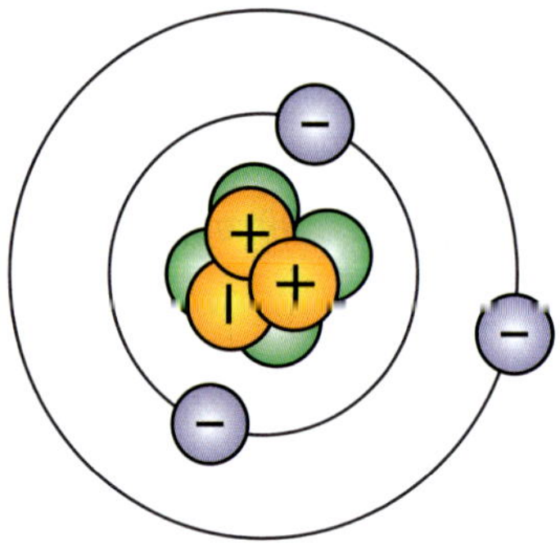

$^{7}_{3}\mathrm{Li}$ $\quad$ $^{A}_{Z}\mathrm{X}$ $\quad$ $\mathrm{X}-A$

a | Quines partícules, i quantes, hi ha al nucli de l'àtom? I a l'escorça?

b | Els àtoms es representen amb el símbol de l'element químic corresponent, el nombre atòmic i el nombre màssic. Quin és el nombre atòmic i el nombre màssic d'aquest àtom?

c | Representa aquest àtom amb la notació X-A.

d | Es tracta d'un àtom neutre o d'un àtom amb càrrega (ió)?

1.3 Els isòtops

Completeu i deduïu

Copieu i completeu la taula i responeu a les preguntes següents:

Protons Neutrons Electrons	Nre. de protons	Nre. de neutrons	Nre. atòmic	Nre màssic
A: A_1, A_2, A_3 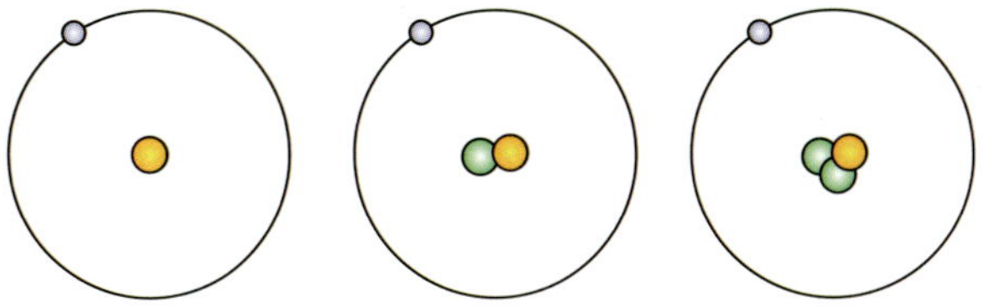	1	0/1/2	1	1/2/3
B: B_1, B_2, B_3 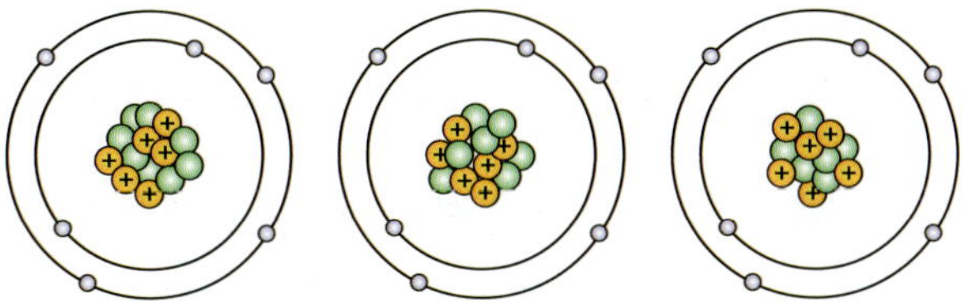	6	8/7/6	6	14/13/12

a | Quines semblances i diferències hi ha entre els àtoms A_1, A_2 i A_3? I entre els B_1, B_2 i B_3? A = 13 Diferent nº neutrons

b | Sabent que A_1, A_2 i A_3 són isòtops d'un mateix element i que B_1, B_2 i B_3 són isòtops d'un altre element diferent, què creieu que és un isòtop? nº màssic diferent.

c | Cerqueu a la taula periòdica el símbol dels elements representats en A i en B. Escriviu A_1, A_2, A_3 i B_1, B_2, B_3 emprant les notacions ${}^{A}_{Z}X$ i X–A.

d | En el cas de l'hidrogen, els seus isòtops es coneixen amb noms diferents. Cerqueu informació sobre com s'anomenen aquests isòtops.

Exercici resolt

1. Els isòtops estables del plom (Z = 82) són Pb-204, Pb-206, Pb-207 i Pb-208. Calculeu el nombre de protons i de neutrons que hi ha al nucli de cada isòtop.

Nombre de protons al nucli = Nombre atòmic (*Z*) = 82

Nombre màssic (*A*) – nombre atòmic (*Z*) = nombre de neutrons

Pb-204: 204 – 82 = **122 neutrons**; Pb-206: 206 – 82 = **124 neutrons**; Pb-207: 207 – 82 = **125 neutrons**; Pb-208: 208 – 82 = **126 neutrons**

Protons	Neutrons	
43	56	← Nombre (Tc) 43
92	143	(U) 92
92	146	(Ra) 88
88	138	
88	140	

ACTIVITATS

1. En les gammagrafies s'utilitza el tecneci-99; a la natura trobem exemples d'isòtops naturals com ara els de l'urani U-235 i U-238, i els del radi Ra-226 i Ra-228. Consulta a la taula periòdica el nombre atòmic del tecneci, l'urani i el radi i calcula el nombre de protons i neutrons de cadascun dels isòtops.

2. Hi ha molts isòtops radioactius del iode, però només el I-127 és estable. El radioisòtop I-131 (emissor beta i gamma) s'ha emprat en el tractament del càncer i altres patologies de la glàndula tiroide. El nombre atòmic del iode és 53. Quants neutrons hi ha al nucli dels isòtops I-127 i I-131? Com podries explicar que el 131 sigui radioactiu i el 127 no ho sigui?

Activitats interactives
Activitat de síntesi

2. Models atòmics

Els models atòmics que es van acceptar abans d'arribar al model atòmic actual es van desenvolupar a partir del descobriment de les partícules elementals (protons, electrons i neutrons). Sabeu quins models atòmics s'han elaborat al llarg del temps?

2.1 Model atòmic de Dalton

John Dalton (1766-1844) va proposar el primer model d'àtom amb base científica.

Observeu i investigueu

El dibuix representa el model d'àtom proposat per J. Dalton.

a | Per què el model atòmic de Dalton es pot anomenar també model d'àtom màssic o àtom químic?

b | Expliqueu com és el model d'àtom que va proposar Dalton.

c | Citeu alguna evidència experimental coneguda avui en dia i que no es pugui explicar amb el model atòmic de Dalton.

2.2 Model atòmic de Thomson

Interpreteu i relacioneu

Cerqueu informació per explicar com eren els tubs de raigs catòdics que va utilitzar Thomson (1856-1940) en els seus experiments l'any 1897. Podeu consultar el web.

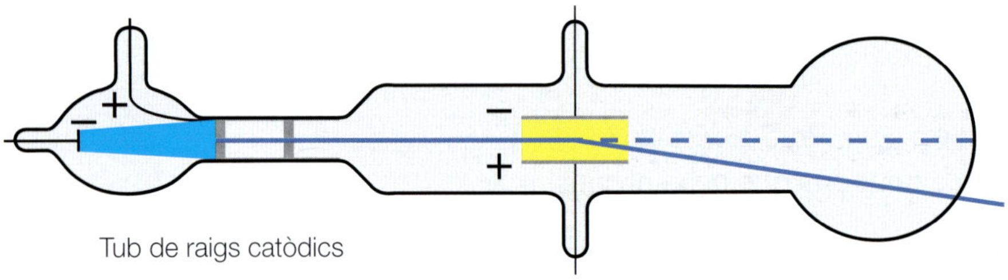

Tub de raigs catòdics

a | Com es generaven els raigs dins el tub?

b | Eren sempre iguals els raigs que es generaven?

c | Com es posava de manifest la presència dels raigs?

Tal com mostra la figura, en un dels experiments, Thomson va observar que sota la influència d'un camp elèctric, els anomenats raigs catòdics desviaven la seva trajectòria cap a la placa positiva.
Segons aquest resultat experimental:

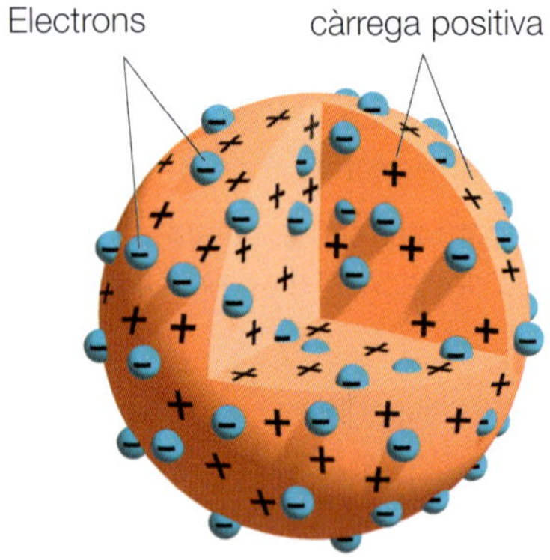

d | Quina càrrega creieu que tenen les partícules que formen els raigs catòdics?

e | Com anomenà Thomson les partícules que formen aquests raigs?
Per interpretar el seus experiments, Thomson va proposar el model d'àtom que es representa a la figura: l'àtom estava format per unes càrregues elèctriques negatives immerses en un fluid amb càrrega positiva del mateix valor que la suma de les càrregues negatives que contenia.

f | Expliqueu quina relació hi ha entre el resultat de l'experiment i el model atòmic que va proposar Thomson.

4. La taula periòdica dels elements

A la taula periòdica els elements estan ordenats en ordre creixent de nombre atòmic (*Z*). Però, com podem utilitzar la taula periòdica per a l'aprenentatge de la química?

4.1 Electrons i capa de valència

Cerqueu regularitats i completeu

Copieu la taula i completeu-la afegint-hi els elements següents: silici, potassi, carboni i clor. Després responeu a les preguntes.

Element (símbol i nombre atòmic)	Configuració electrònica	Electrons de valència	Capa de valència	Situació a la taula periòdica
Liti (Li , *Z* = 3)	$1s^2\ 2s^1$	1	2	**Període** (fila): 2 **Grup** (columna):1

a | Quina relació hi ha entre la configuració electrònica i el nombre d'electrons de valència? I amb la capa de valència?

b | Quina relació hi ha entre el nombre d'electrons de valència i el del grup? I entre la capa de valència i la fila?

c | On estan situats els elements que tenen el mateix nombre d'electrons de valència?

d | On estan situats els elements que tenen els electrons més externs situats en la mateixa capa?

e | Expliqueu amb les vostres paraules els conceptes: **electrons de valència**, **capa de valència**, **grup** i **període** de la taula periòdica.

Configuració electrònica[1]		s^1	s^2	d^1	d^2	d^3	d^4	d^5	d^6	d^7	d^8	d^9	d^{10}	p^1	p^2	p^3	p^4	p^5	p^6
Orbitals[2]	G / P	1	2	3	4	5	6	7	8	9	10	11	12	13	14	15	16	17	18
1*s*	1	H +1, −1																	He
2*s* 2*p*	2	Li +1	Be +2											B +3, −3	C +2, +4, −4	N +1, +2, +3, +4, +5, −3	O −2	F −1	Ne
3*s* 3*p*	3	Na +1	Mg +2											Al +3	Si +4, −4	P +3, +5, −3	S +2, +4, +6, −2	Cl +1, +3, +5, +7, −1	Ar
4*s* 3*d* 4*p*	4	K +1	Ca +2	Sc +3	Ti +2, +3, +4	V +2, +3, +4, +5	Cr +2, +3, +6	Mn +2, +3, +4, +6, +7	Fe +2, +3	Co +2, +3	Ni +2, +3	Cu +1, +2	Zn +2	Ga +3	Ge +2, +4	As +3, +5, −3	Se +4, +6, −2	Br +1, +3, +5, +7, −1	Kr
5*s* 4*d* 5*p*	5	Rb +1	Sr +2	Y +3	Zr +4	Nb +3, +5	Mo +6	Tc +7	Ru +3	Rh +2, +3, +4	Pd +2, +4	Ag +1	Cd +2	In +3	Sn +2, +4	Sb +3, +5, −3	Te +2, +4, +6, −2	I +1, +3, +5, +7, −1	Xe
6*s* 4*f* 5*d* 6*p*	6	Cs +1	Ba +2	La +3	Hf +4	Ta +5	W +6	Re +4, +6, +7	Os +3, +4	Ir +3, +4	Pt +2, +4	Au +1, +3	Hg +1, +2	Tl +1, +3	Pb +2, +4	Bi +3, +5	Po +2, +4, +6	At +1, +3, +5, +7, −1	Rn
7*s* 5*f* 6*d* 7*p*	7	Fr +1	Ra +2	Ac +3	Rf –	Db –	Sg –	Bh –	Hs –	Mt –	Ds –	Rg –	Cn –	Uut –	Uuq –	Uup –	Uuh –	Uus –	Uuo –
6*s* 4*f* 5*d* 6*p*	Lantànids 6				Ce +3, +4	Pr +3, +4	Nd +3, +4	Pm +3	Sm +2, +3	Eu +2, +3	Gd +3	Tb +3, +4	Dy +3	Ho +3	Er +3	Tm +2, +3	Yb +2, +3	Lu +3	
7*s* 5*f* 6*d* 7*p*	Actínids 7				Th +4	Pa +4, +5	U +3, +4, +5, +6	Np +3, +4, +5, +6	Pu +3, +4, +5, +6	Am +3, +4, +5, +6	Cm +3	Bk +3, +4	Cf +3	Es +3	Fm –	Md –	No –	Lr –	

1. Orbitals més externs ocupats per electrons.

2. Orbitals de l'última capa on poden contenir electrons els elements d'aquell període o fila.

4.2 Propietats dels elements

La posició d'un element a la taula periòdica n'especifica el comportament químic i d'altres propietats.

El **sodi** és un metall molt reactiu.

Quina configuració té l'àtom de sodi? Quina tendència tenen els seus àtoms: guanyar o perdre electrons?

Compreneu un text i deduïu

Les capes electròniques plenes aporten la màxima estabilitat als àtoms. Per adoptar aquesta configuració els àtoms guanyen, perden o comparteixen electrons. El **comportament químic** dels elements es basa en la tendència dels seus àtoms a adoptar la configuració electrònica $ns^2\ np^6$ pròpia dels elements del grup 18, anomenats gasos nobles, que presenten màxima estabilitat.

a | Els elements dels grups 16 i 17 tenen, respectivament, 1 i 2 electrons menys que el gas noble del mateix període. Aquests elements tindran tendència a guanyar, perdre o compartir electrons per adoptar la configuració de gas noble?

b | Els elements dels grups 1 i 2 tenen, respectivament, 1 i 2 electrons més que el gas noble del grup anterior. Aquests elements tindran tendència a guanyar, perdre o compartir electrons per adoptar la configuració de gas noble?

c | Els elements dels grups que van del 3 al 12, creieu que tindran tendència a guanyar, perdre o compartir electrons per augmentar l'estabilitat dels seus àtoms? I els elements dels grups 13, 14 i 15?

Feu una cerca i deduïu

Completeu una taula com aquesta amb els elements principals (els dels grups 1, 2 i 13 a 17) dels sis primers períodes de la taula periòdica.

Esbrineu la mida d'alguns dels àtoms de la taula i deduïu com varia la **mida dels àtoms** en un mateix grup i en un mateix període. Raoneu les respostes.

		GRUP							
		1	2		13	14	15	16	17
PERÍODE	1	H							
	2	Li	Be		B	C	N	O	F
	...	...	...		...	...	...	...	...
	6								

ACTIVITATS

11. Amb quin nombre d'electrons és d'esperar que intervinguin el carboni i el silici quan s'uneixen amb altres àtoms?

12. Quines són les configuracions electròniques del clor ($Z = 17$) i del magnesi ($Z = 12$) quan estan units a altres àtoms?

13. Compara la mida dels àtoms dels elements següents col·locant els signes > o < per indicar si són més grans o més petits segons correspongui:
    a) Al ___ Na b) Br ___ Ca c) Cl ___ I d) Ca ___ Be

Grup / Periode	1	2	3	4	5	6	7	8	9	10	11	12	13	14	15	16	17	18
1	1 H 1,00 Hidrogen																	2 He 4,00 Heli
2	3 Li 6,94 Liti	4 Be 9,01 Beril·li											5 B 10,81 Bor	6 C 12,01 Carboni	7 N 14,01 Nitrogen	8 O 16,00 Oxigen	9 F 19,00 Fluor	10 Ne 20,18 Neó
3	11 Na 22,99 Sodi	12 Mg 24,31 Magnesi											13 Al 26,98 Alumini	14 Si 28,09 Silici	15 P 30,97 Fòsfor	16 S 32,06 Sofre	17 Cl 35,45 Clor	18 Ar 39,95 Argó
4	19 K 39,10 Potassi	20 Ca 40,08 Calci	21 Sc 44,96 Escandi	22 Ti 47,90 Titani	23 V 50,94 Vanadi	24 Cr 52,00 Crom	25 Mn 54,94 Manganès	26 Fe 55,85 Ferro	27 Co 58,93 Cobalt	28 Ni 58,70 Níquel	29 Cu 63,55 Coure	30 Zn 65,38 Zinc	31 Ga 69,73 Gal·li	32 Ge 72,64 Germani	33 As 74,92 Arsènic	34 Se 78,96 Seleni	35 Br 79,90 Brom	36 Kr 83,80 Criptó
5	37 Rb 85,47 Rubidi	38 Sr 87,62 Estronci	39 Y 88,91 Itri	40 Zr 91,22 Zirconi	41 Nb 92,91 Niobi	42 Mo 95,94 Molibdè	43 Tc 98,00 Tecneci	44 Ru 101,07 Ruteni	45 Rh 102,91 Rodi	46 Pd 106,42 Pal·ladi	47 Ag 107,87 Plata	48 Cd 112,41 Cadmi	49 In 114,82 Indi	50 Sn 118,69 Estany	51 Sb 121,75 Antimoni	52 Te 127,60 Tel·luri	53 I 126,90 Iode	54 Xe 131,30 Xenó
6	55 Cs 132,90 Cesi	56 Ba 137,34 Bari	57 La 138,90 Lantani	72 Hf 178,49 Hafni	73 Ta 180,95 Tàntal	74 W 183,85 Tungstè	75 Re 186,21 Reni	76 Os 190,23 Osmi	77 Ir 192,22 Iridi	78 Pt 195,09 Platí	79 Au 196,97 Or	80 Hg 200,59 Mercuri	81 Tl 204,37 Tal·li	82 Pb 207,20 Plom	83 Bi 208,98 Bismut	84 Po (209) Poloni	85 At (210) Àstat	86 Rn (222) Radó
7	87 Fr (223) Franci	88 Ra (226) Radi	89 Ac (227) Actini	104 Rf (261) Rutherfordi	105 Db (262) Dubni	106 Sg (266) Seaborgi	107 Bh (264) Bohri	108 Hs (277) Hassi	109 Mt (268) Meitneri	110 Ds (271) Ununnili	111 Rg (272) Unununi	112 Cn (277) Copernici	113 Uut (284) Ununtri	114 Uuq (289) Ununquadi	115 Uup (288) Ununpenti	116 Uuh (293) Ununhexi	117 Uus (291) Ununsepti	118 Uuo (294) Ununocti

Lantànids 6	58 Ce 140,12 Ceri	59 Pr 140,91 Praseodimi	60 Nd 144,24 Neodimi	61 Pm (145) Prometi	62 Sm 150,40 Samari	63 Eu 151,96 Europi	64 Gd 157,25 Gadolini	65 Tb 158,92 Terbi	66 Dy 162,50 Disprosi	67 Ho 164,93 Holmi	68 Er 167,26 Erbi	69 Tm 168,93 Tuli	70 Yb 173,04 Iterbi	71 Lu 174,97 Luteci
Actínids 7	90 Th 232,04 Tori	91 Pa 231,04 Protoactini	92 U 238,03 Urani	93 Np 237,05 Neptuni	94 Pu (244) Plutoni	95 Am (243) Americi	96 Cm (247) Curi	97 Bk (247) Berkeli	98 Cf (251) Californi	99 Es (252) Einsteni	100 Fm (257) Fermi	101 Md (258) Mendelevi	102 No (259) Nobeli	103 Lr (262) Laurenci

Nombre atòmic — 1
Massa atòmica* — 1,00
Símbol — H
Nom — Hidrogen

Sòlid
Líquid
Gas
Artificial

Metalls
Semimetalls
No-metalls
Gasos nobles

* Un nombre entre parèntesi indica el nombre de massa atòmica de l'isòtop conegut de vida mitjana més llarga.

4.3 Tipus d'elements químics

Feu una cerca i organitzeu la informació

Cada grup de la taula periòdica conté els elements que tenen propietats semblants. Alguns dels grups són coneguts amb noms determinats. Els més utilitzats són els alcalins, els halògens i els gasos nobles.

Cerqueu informació i responeu a les preguntes:

a | Quin grup rep el nom d'alcalins? I el nom d'halògens? I el de gasos nobles?

b | Amb quin grup relacionaríeu el nom de carbonoides? I amb quin el de nitrogenoides?

c | Amb quin nom es coneixen els elements que integren els grups 3, 4, 5, 6, 7, 8, 9, 10, 11 i 12?

d | Quins grups es coneixen amb el nom d'alcalinoterris, terris i calcògens?

e | Elaboreu una taula amb la informació recollida.

Feu una cerca i organitzeu la informació

Hem vist que el comportament químic d'un element ve determinat per la tendència a conservar-ne la configuració electrònica o a guanyar, perdre o compartir electrons per adoptar la configuració dels gasos nobles. Segons aquest comportament, els elements es classifiquen en **gasos nobles**, **metalls, no-metalls** i **semimetalls**.

a | Quina zona de la taula periòdica ocupen els metalls? I els no-metalls?

b | Com es classifiquen aquests elements: B, Si, Ge, As, Sb, Te i At? Quina diferència principal hi ha entre aquest tipus d'elements i els metalls?

c | Quins elements dels grups 10, 13 i 17 són metalls? I quins són no-metalls? Hi ha algun semimetall en aquests grups? Quins?

d | El caràcter metàl·lic d'un element està determinat, principalment, pel nombre d'electrons de valència i la mida de l'àtom. Esbrineu la relació entre el nombre d'electrons i el caràcter metàl·lic dels elements. Com varia el caràcter metàl·lic d'un grup a un altre? I dintre d'un mateix període?

e | Esbrineu les propietats principals dels quatre tipus d'elements químics.

En els **circuits integrats**, els semimetalls, poden conduir el corrent en determinades circumstàncies.

Quins elements són semimetalls?

ACTIVITATS

14 Copia i completa la taula:

Element	Z	Període	Grup	Configuració	Electrons en la capa de valència
Liti					
	12				
		3	15		
				$1s^2\ 2s^2\ 2p^4$	
Neó					
	18				

15 La configuració electrònica d'un àtom acaba en: $3s^2$, $3p^5$. De quin element es tracta?

Activitats interactives
Activitat de síntesi

5. Models d'enllaç químic

Els àtoms en molt poques ocasions estan aïllats. El més habitual és que s'uneixin a altres àtoms per formar diversitat de compostos. Com podem predir els tipus d'enllaç químic segons el tipus d'àtoms que s'uneixen?

Cerqueu informació i deduïu

a | Ja que els àtoms estan formats per un nucli positiu i electrons amb càrrega negativa, quines forces elèctriques han d'intervenir quan dos àtoms s'apropen?

b | Si les forces d'atracció entre els electrons i els nuclis són més fortes que les forces de repulsió entre els nuclis, quedaran units els àtoms?

c | Sempre que es forma un enllaç entre àtoms es desprèn energia o se n'absorbeix?

d | L'energia de l'agrupació d'àtoms que resulta, és més gran o més petita que la suma de les energies dels àtoms individuals?

e | Expliqueu amb les vostres paraules un **enllaç químic**.

Observeu i deduïu

a | Quin tipus d'enllaç formen els àtoms dels metalls entre ells?

b | Quin tipus d'enllaç es forma entre àtoms dels no-metalls?

c | Quin tipus d'enllaç es forma entre àtoms de metalls i àtoms de no-metalls?

d | Establiu la **relació entre el model d'enllaç i el tipus d'àtoms que s'uneixen**.

5.1 Molècules i cristalls

Compareu i deduïu

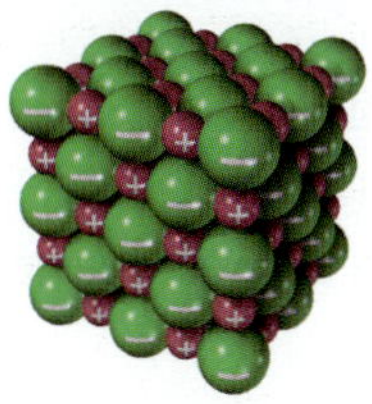

CsCl

O_2

H_2O

SiO_2

Cu

a | En quins casos les agrupacions d'àtoms que es formen són **molècules**? En quins casos es formen **cristalls**? Quina diferència hi ha en el nombre d'àtoms que forma una molècula i el que forma un cristall?

b | En quins casos es tracta de substàncies simples o de compostos?

ACTIVITATS

16 Amb quin tipus d'enllaç s'uneixen els àtoms dels elements alcalins i dels halògens? Raona la resposta tenint en compte la tendència dels àtoms a guanyar o perdre electrons.

Activitats interactives
Activitat de síntesi

6. Tipus d'enllaç químic

Com hem vist, hi ha diversos tipus d'enllaços químics, però, com podem interpretar les propietats de les substàncies en relació amb la seva estructura i el tipus d'enllaç?

6.1 L'enllaç metàl·lic

Relacioneu i cerqueu informació

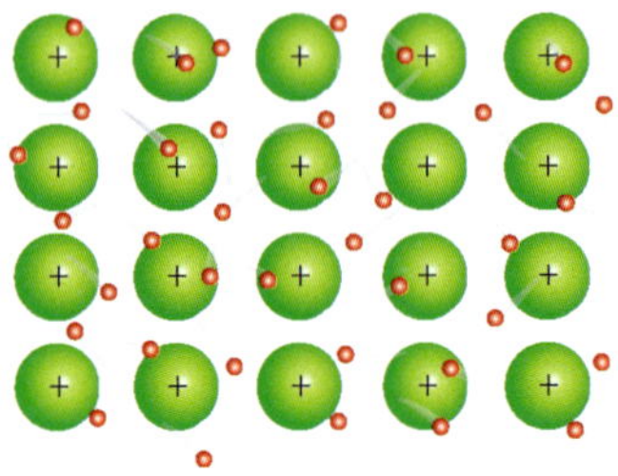

Aquí teniu algunes propietats dels metalls i la figura que mostra el model d'enllaç metàl·lic:

- Sòlids generalment bastant densos, excepte el mercuri, que és líquid. Lluentor metàl·lica.
- Punts de fusió i d'ebullició elevats. Amb grans diferències entre uns i altres; per exemple, el punt de fusió d'estany és 232 °C i de tungstè és 3.410 °C.
- Conductivitat de l'electricitat elevada. El segon millor conductor és el coure, després de la plata.
- Molt dúctils, mal·leables, tenaços i de duresa variable i no gaire elevada.

a | Quines posicions ocupen els ions positius (en verd) a la xarxa cristal·lina i com es disposen els electrons de valència (en vermell)? Es tracta d'un enllaç entre un nombre limitat d'àtoms?

b | A la vista dels elevats punts de fusió, l'enllaç metàl·lic és un enllaç fort o feble? Per què?

c | Descriviu en què consisteix l'**enllaç metàl·lic**.

Exercici resolt

1. Els metalls són conductors de l'electricitat, tant en estat sòlid com fosos. Justifica aquesta propietat basant-te en l'estructura del metall i el model d'enllaç metàl·lic.

Són conductors de l'electricitat a causa de la gran mobilitat d'electrons a la xarxa cristal·lina metàl·lica, formada pels àtoms del metall ordenats en una estructura gegant i envoltats pels electrons de valència de cada àtom.

ACTIVITATS

17 Justifica si hi pot haver una relació entre les temperatures de fusió i la duresa d'alguns metalls amb el nombre d'electrons de la capa de valència, observant la taula següent:

Metall	Temp. fusió (°C)	Duresa	Configuració
Na	98	Molt tou	$1s^2\ 2s^2\ 2p^6\ 3s^1$
K	64	Molt tou	$1s^2\ 2s^2\ 2p^6\ 3s^2\ 3p^6\ 4s^1$
Fe	1.536	Molt dur	$1s^2\ 2s^2\ 2p^6\ 3s^2 3p^6\ 4s^2\ 3d^6$
Mn	1.245	Molt dur	$1s^2\ 2s^2\ 2p^6\ 3s^2\ 3p^6\ 4s^2\ 3d^5$
Cr	1.875	Molt dur	$1s^2\ 2s^2\ 2p^6\ 3s^2\ 3p^6\ 4s^2\ 3d^4$

18 Completa les frases següents: L'enllaç metàl·lic consisteix en una xarxa gegant d'ions dels àtoms de metall envoltats per __________________. La conductivitat ________ s'explica per la mobilitat dels electrons.

19 Quin tipus d'ions formen els metalls? Escriu els ions que formen el sodi (Na), l'alumini (Al) i el calci (Ca).

20 Per què els metalls tenen els punts de fusió i d'ebullició elevats?

6.2 L'enllaç iònic

Cerqueu informació i relacioneu

a | Cerqueu informació sobre les propietats dels compostos iònics: com són els seus punts de fusió i d'ebullició, si són fràgils, si són durs, si són solubles en aigua i en quines condicions condueixen l'electricitat.

b | Observeu el model de cristall iònic de la figura i responeu a les preguntes següents:

- Quines posicions ocupen els ions positius i els ions negatius a la xarxa cristal·lina? Es tracta d'un enllaç entre un nombre limitat d'àtoms?
- A la vista dels punts de fusió, l'enllaç iònic és fort o feble? Per què?

c | Descriviu en què consisteix l'**enllaç iònic**.

d | Per què els compostos iònics no són líquids ni gasosos?

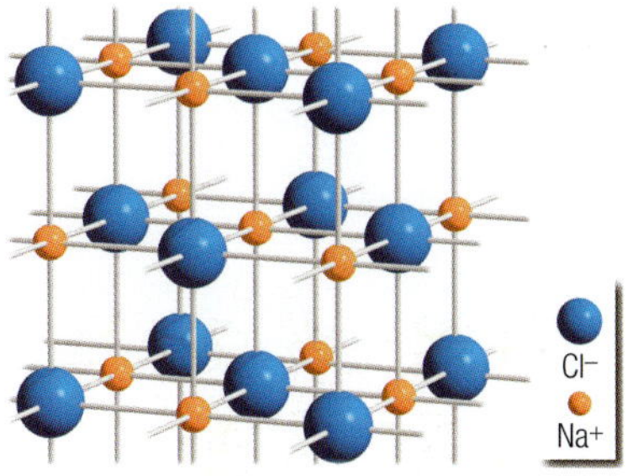

Descriviu un procés

La figura representa el procés de **formació d'un cristall iònic**.

a | Expliqueu què passa en les etapes A, B i C del procés.

b | Per a l'etapa B, representeu la configuració electrònica del sodi (Z = 11) i del clor (Z = 17) i dels ions sodi i clorur i indiqueu quines diferències s'observen entre els àtoms i els ions corresponents.

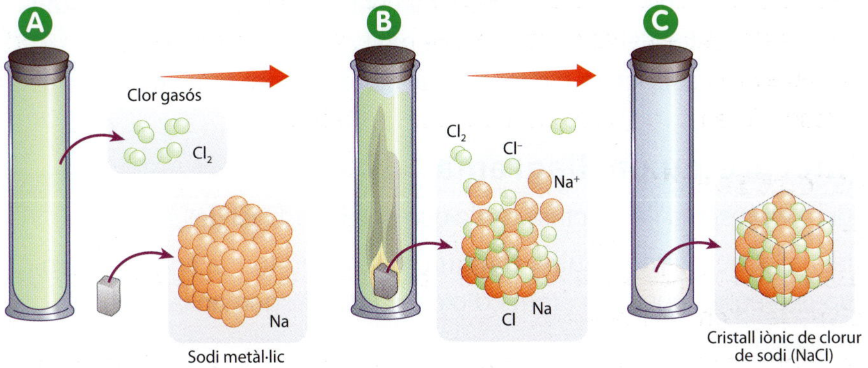

ACTIVITATS

21 Suposa que tenim els àtoms de liti i de fluor.

a) Escriu la configuració de cada un d'aquests àtoms.

b) El liti forma cations i el fluor, anions. Escriu la configuració de cadascun d'aquests ions.

c) Quines propietats tindrà el compost iònic format?

22 Quins dels compostos següents són iònics?
a) N_2O **b)** $CaCl_2$ **c)** SO_2 **d)** $FeCl_3$ **e)** LiBr

23 Com s'explica que els compostos iònics tinguin elevades temperatures de fusió?

24 Quins ions són els que formen els compostos següents?
a) NaF **b)** LiCl **c)** CaO **d)** $MgBr_2$

25 Podries donar una raó, basada amb el que saps sobre l'enllaç, de per què el diòxid de carboni, CO_2, no és un compost iònic?

26 Digues si les afirmacions següents són certes o falses:

a) En el compost NaF, el sodi és l'anió i el fluor, el catió.

b) Aquest compost ha de ser soluble en aigua.

c) Aquest compost té un punt de fusió baix.

6.3 L'enllaç covalent

Observeu i deduïu

Els **diagrames de Lewis** són una forma de representar molècules amb enllaços covalents: els elements es representen amb el símbol, els electrons de valència amb punts i els parells d'electrons compartits amb ratlles.

Enllaç covalent simple | **Enllaç covalent doble** | **Enllaç covalent triple**

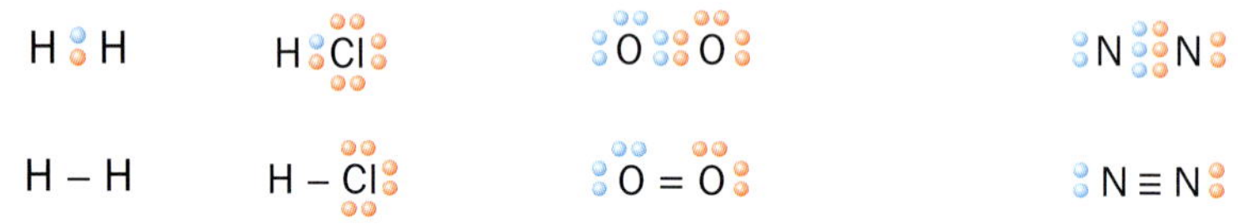

a | Observeu els diagrames de Lewis anteriors. Indiqueu el nombre d'electrons que es comparteixen en cada cas.

b | Què passa amb els electrons de valència quan es forma un enllaç covalent? Es forma algun tipus d'ió?

c | Expliqueu en què consisteix un **enllaç covalent**.

6.4 Les substàncies moleculars i els cristalls covalents

L'enllaç covalent dóna lloc a molècules i a cristalls covalents. Les **molècules** són agrupacions d'un nombre fix, generalment petit, d'àtoms. Els **cristalls covalents** estan formats per un nombre molt gran d'àtoms, que es disposen en una estructura tridimensional perfectament ordenada.

Interpreteu un diagrama

La figura representa l'estructura de l'aigua solidificada (el gel).

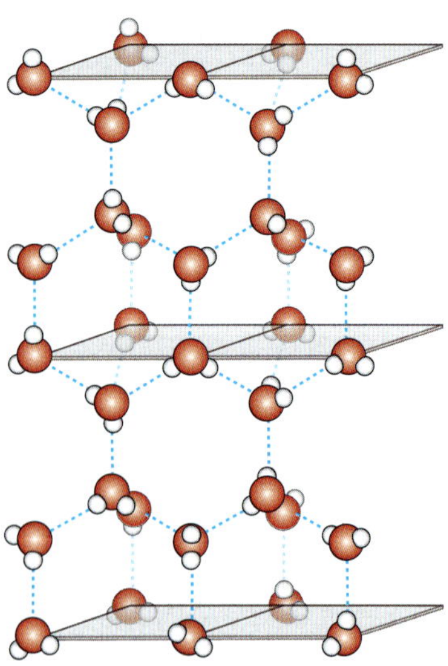

a | Identifiqueu les **molècules d'aigua**, que tenen forma angular. Quin tipus d'enllaç uneix els àtoms d'oxigen i d'hidrogen en la molècula d'aigua?

b | En l'aigua líquida, les molècules estan desordenades i tenen certa mobilitat. En el gel, les molècules s'ordenen i es formen estructures que obliguen les molècules d'aigua a no quedar tan juntes. Què ocuparà més volum: la mateixa massa d'aigua líquida o d'aigua solidificada? Què tindrà més densitat, l'aigua líquida o el gel?

c | Entre una molècula d'aigua i una altra existeixen unes forces degudes al fet que els enllaços covalents entre els àtoms d'oxigen i d'hidrogen adquireixen petites càrregues elèctriques. Observeu al dibuix la manera com s'atrauen dues molècules d'aigua. Entre quins àtoms es forma una atracció elèctrica?

d | Per què aquests atraccions elèctriques s'anomenen **forces intermoleculars**?

e | Cerqueu informació sobre les forces intermoleculars i expliqueu quines són més fortes i quines més febles, i quin tipus de forces intermoleculars hi ha en els cristalls de iode i els hidrocarburs de cadena llarga, com les ceres o parafines.

f | Quines propietats tenen els cristalls moleculars? Els punts de fusió i d'ebullició acostumen a ser molt elevats? Per què?

Justifiqueu propietats a partir d'un model

La figura representa l'estructura del diamant, una substància que exemplifica un **cristall covalent**.

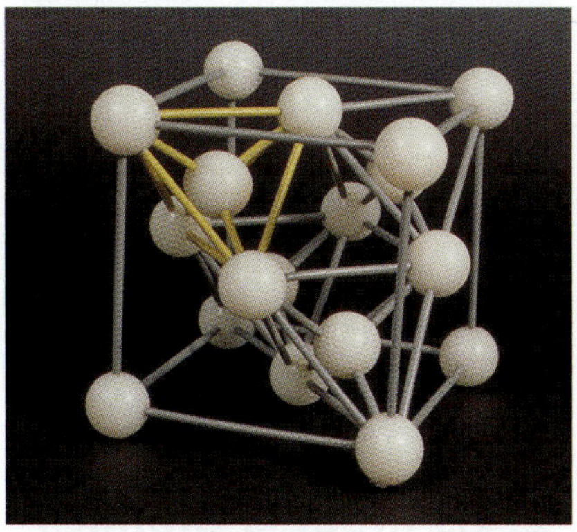

a | Quin tipus d'enllaç uneix els àtoms de carboni?

b | Com explicaríeu què són els cristalls covalents?

Aquí teniu recollides algunes propietats dels cristalls covalents:

- Sòlids molt durs. Difícils de ratllar.
- Punts de fusió i d'ebullició molt elevats.
- Insolubles en gairebé tots el dissolvents.
- No condueixen el corrent elèctric.

Tenint en compte com són els cristalls covalents, justifiqueu les propietats següents:

- Que tinguin els punts de fusió molt elevats.
- Que no siguin solubles.
- Que siguin molt durs (el diamant és el sòlid més dur, ratlla els altres).

ACTIVITATS

27 Representa amb diagrames de Lewis les molècules de les substàncies covalents següents:
a) HF b) SCl_2
c) NH_3 d) ClF

28 Quin tipus d'enllaç presenten les substàncies següents?
a) Fe b) $CaCl_2$ c) NH_3

29 Representa mitjançant diagrames de Lewis les molècules següents:
a) Br_2 b) CH_4 c) HCl

30 Col·loca les paraules adients en les frases següents:
a) L'enllaç covalent es produeix entre *àtoms/molècules* de *metalls/no-metalls* que *comparteixen/cedeixen* electrons.
b) En els diagrames de Lewis, cada electró se simbolitza per *una línia/un punt* i cada parell d'electrons compartit per *una línia/un punt*.

31 Els enllaços covalents entre dos àtoms poden ser senzills, dobles o triples, segons es comparteixi un parell, dos parells o tres parells d'electrons. Observa les estructures de Lewis de les molècules següents i digues quants parells d'electrons es comparteixen en cada cas:
a) $H_2C{=}CH_2$ b) HO–OH
c) HC≡CH d) N≡N

32 Poden formar enllaç covalent els gasos nobles? Per què?

Activitats interactives

Activitat de síntesi

1. Els àtoms per dins

1.1 Quin tipus de canvi té lloc en els fenòmens radioactius?

A finals del segle XIX es va descobrir que alguns àtoms d'elements com l'urani o el radi emeten radiació de manera espontània i es converteixen en altres elements. Aquest fenomen s'anomena **radioactivitat** i els elements que l'experimenten, **elements radioactius**.

La radiació emesa pot ser de tres tipus, alfa (α), beta (β) i gamma (γ), si bé un mateix element només pot emetre alhora radiació alfa i gamma o beta i gamma.

Les radiacions pertanyen al grup de **radiacions ionitzants** perquè tenen energia suficient per ionitzar els àtoms i les molècules. Això les fa perilloses i també útils en radioteràpia per curar càncers.

1.2 Un model d'àtom amb nucli i electrons

Els àtoms estan formats per un **nucli**, que concentra gairebé tota la massa i conté els protons i els neutrons; i una **escorça**, que conté els electrons.

Els àtoms es representen amb el símbol de l'element químic corresponent, el **nombre atòmic (*Z*)** i el **nombre màssic (*A*)**:

$^{A}_{Z}X$ $^{7}_{3}Li$ X–A Li-7

En els **àtoms neutres**, el nombre de protons és igual al nombre d'electrons.

1.3 Els isòtops

Els àtoms d'un mateix element químic poden tenir diferent nombre de neutrons; llavors diem que són **isòtops**.

Els isòtops d'un element tenen les mateixes propietats químiques perquè tenen el mateix nombre d'electrons, ja que aquests són els que determinen el tipus d'enllaç entre àtoms i el tipus de reaccions que es produeixen.

Els isòtops amb més neutrons fan que el nucli sigui més inestable i es produeixi el trencament que allibera un tipus de radiació.

Els **radioisòtops** són isòtops inestables, i es transformen en altres elements alliberant energia i diverses partícules.

ACTIVITATS

1 Copia i completa la taula al teu quadern, referent als tres isòtops més estables del potassi:

Àtom	Element	Protons	Electrons	Neutrons
$^{39}_{19}K$				
$^{40}_{19}K$				
$^{41}_{19}K$				

2. Els models atòmics

2.1 El model atòmic de Dalton

Dalton va proposar que els àtoms eren indivisibles i quedaven inalterats en els processos químics.

2.2 El model atòmic de Thomson

El model atòmic que va proposar Thomson consisteix en una esfera de matèria massissa carregada positivament on hi ha incrustats els electrons.

2.3 El model atòmic de Rutherford

- Una gran part de la massa de l'àtom està concentrada en el nucli, que conté les partícules amb **càrrega positiva**, els **protons**.
- El nucli està envoltat pels **electrons** de l'escorça, **carregats negativament**.
- El nucli és molt petit comparat amb la mida de l'àtom.
- El 1932, **James Chadwick** va descobrir que al nucli dels àtoms hi havia els **neutrons**, sense càrrega elèctrica i amb una massa semblant a la dels protons.

2.4 Els espectres atòmics

Quan fem un assaig a la flama per escalfar els àtoms d'un element, observem que s'emet llum. L'emissió procedeix dels moviments dels electrons de l'escorça.

Si aquesta llum es fa passar per un prisma òptic i es projecta en una pantalla, es poden observar un conjunt de línies lluminoses característiques de cada element. Aquest conjunt de línies s'anomena **espectre d'emissió** de l'element.

2.5 El model atòmic de Bohr

La interpretació de l'espectre d'emissió de l'àtom d'hidrogen va permetre al científic danès Niels Bohr proposar un nou model.

- Els electrons descriuen **òrbites circulars** al voltant del nucli de l'àtom.
- En cada òrbita, els electrons tenen una certa energia. Per això les òrbites s'anomenen també **nivells d'energia** i es designen amb la lletra n = 1, 2, 3, 4... El nombre d'electrons que hi pot haver en cada nivell d'energia és igual a $2n^2$.
- L'energia de cada nivell augmenta a mesura que ens allunyem del nucli.
- Un electró pot «saltar» a un nivell de més energia si se subministra una determinada quantitat d'energia a l'àtom. Quan l'electró retorna al nivell d'energia que estava, s'emet radiació lluminosa.

2.6 El model atòmic actual

Les característiques del model actual de l'àtom són:

- Es diu que els electrons estan «deslocalitzats» i que, en no poder definir la seva posició i velocitat amb precisió, formen «núvols electrònics» que corresponen als nivells d'energia de l'àtom de Bohr.
- Aquests núvols electrònics s'anomenen **orbitals atòmics** i són les regions de l'espai on hi ha una probabilitat superior al 90% de trobar un electró. Cada orbital pot contenir, com a màxim, dos electrons.
- Els orbitals són de diferents tipus, anomenats *s*, *p*, *d* i *f*, i adopten formes diverses en l'espai.

ACTIVITATS

2. Com justifica el model de Bohr les ratlles lluminoses dels espectres d'emissió?
3. Fes un dibuix esquemàtic del model de Bohr per a l'àtom d'heli $\left({}^{4}_{2}\text{He}\right)$.
4. L'àtom de sodi (Na) té 11 electrons a l'escorça. Segons el model de Bohr, quants electrons té a cada nivell?
5. Com varia l'energia dels successius nivells en què se situen els electrons?
6. Què és un orbital atòmic? Quants electrons pot contenir, com a màxim, un orbital?

3. La configuració electrònica dels àtoms

La configuració electrònica d'un àtom descriu la manera com estan distribuïts els electrons en nivells i subnivells d'energia.

En cada nivell o subnivell d'energia hi pot haver un o més orbitals. Recorda que cada orbital pot contenir com a màxim dos electrons.

Els electrons omplen els orbitals en ordre creixent d'energia, és a dir, del nivell més proper al nucli al més llunyà. Si omplen orbitals de la mateixa energia, primer es col·loca un electró en cada orbital, després es col·loca el segon, i així successivament.

Les formes dels orbitals són diverses. La mida dels orbitals de la mateixa forma augmenta a mesura que augmenta el nivell d'energia que ocupen.

3.1 La configuració electrònica dels orbitals

- Cada orbital pot contenir, com a màxim, dos electrons.
- Els electrons es van situant en els orbitals segons un ordre creixent d'energia.
- Si els orbitals que s'omplen tenen la mateixa energia, els electrons tendeixen a estar «desaparellats», és a dir, a situar-se en orbitals diferents.

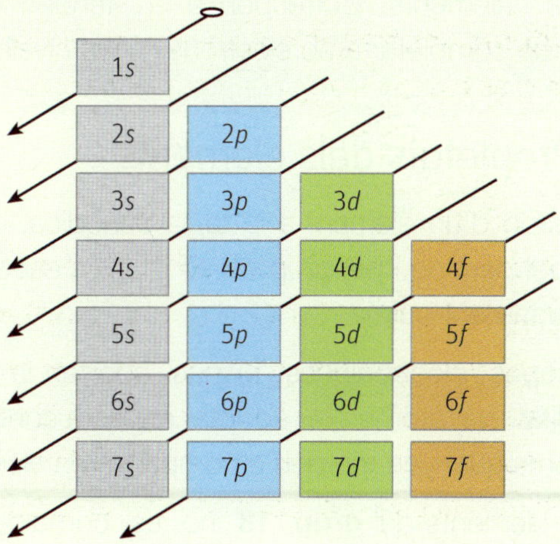

ACTIVITATS

7. Ordena, de més petita a més gran, l'energia dels orbitals següents:
   3*s* 2*p* 3*d* 4*s* 3*p* 2*s* 1*s*

8 Escriu les configuracions electròniques dels àtoms següents:

a) Liti (Li, $Z = 3$)

b) Alumini (Al, $Z = 13$)

c) Calci (Ca, $Z = 20$)

4. La taula periòdica dels elements

A la taula periòdica, els elements estan ordenats en ordre creixent de nombre atòmic (Z). Els elements se situen en set **períodes** (les files), i divuit **grups** (les columnes). Les configuracions electròniques dels àtoms dels elements tenen una relació directa amb el grup de la taula periòdica on se situen.

4.1 Electrons i capa de valència

Els **electrons de valència** són els electrons de l'últim nivell dels àtoms i en determinen la capacitat d'unir-se amb altres àtoms (el comportament químic dels àtoms) i la forma en què ho fan (les propietats dels àtoms).

El període indica la capa de valència dels elements, és a dir, el nivell on se situen els electrons de valència. El grup indica el nombre d'electrons de la capa de valència. Per això, els elements d'un mateix grup tenen propietats químiques semblants.

L'**estat** o **nombre d'oxidació** d'un element indica el nombre d'electrons que utilitza per unir-se amb àtoms d'altres elements. Correspon a la tendència dels àtoms de completar amb electrons l'últim nivell.

4.2 Propietats dels elements

La posició d'un element a la taula periòdica, determinada pel període i pel grup on se situa, n'especifica el comportament químic.

Les capes electròniques plenes aporten la màxima estabilitat als àtoms. Per adoptar aquesta configuració els àtoms guanyen, perden o comparteixen electrons.

- Els elements del **grup 18** no es combinen amb altres elements i no formen compostos, ja que els seus àtoms, amb capes electròniques plenes, presenten màxima estabilitat.
- Els elements dels **grups 17 i 16** tenen tendència a guanyar 1 i 2 electrons, respectivament, per adoptar la configuració de gas noble.
- Els elements del **grups 1 i 2** tenen la tendència contrària, i solen perdre 1 i 2 electrons, respectivament, per adoptar la configuració de gas noble.
- Els elements dels grups **3 al 12** també tenen tendència a perdre electrons per augmentar l'estabilitat dels seus àtoms.
- Els elements dels **grups 13, 14 i 15** presenten més diversitat en el seu comportament, i els àtoms d'alguns d'aquests elements tendeixen a compartir electrons.

El lloc que ocupa un element a la taula periòdica ens permet comparar la **mida dels àtoms**.

- **En un mateix grup**, la mida dels àtoms augmenta en sentit descendent. Aquest fet s'explica perquè augmenta el seu nombre atòmic.
- **En un mateix període**, la mida dels àtoms és màxima en el grup 1. Però en augmentar el nombre atòmic el volum és més petit i va disminuint passant per un mínim a la part del mig. Finalment, augmenta lleugerament cap a la dreta del grup.

4.3 Tipus d'elements químics

- Els **gasos nobles**. Estan situats en el grup 18 de la taula periòdica. Es caracteritzen per finalitzar la seva configuració electrònica estable amb 8 electrons omplint els orbitals *s* i *p* més externs ($ns^2\ np^6$). No formen compostos amb altres elements a causa de la seva estabilitat. Són gasos a temperatura ambient.
- Els **metalls**. Ocupen la majoria de grups de la taula periòdica. Els elements dels grups 1 (menys l'hidrogen, que és un no-metall) i 2 s'anomenen, respectivament, **metalls alcalins** i **metalls alcalinoterris**. Els elements dels 10 grups «curts», del grup 3 al grup 12, s'anomenen **metalls de transició**.
- Tenen tendència a perdre electrons per adoptar la configuració de gas noble: formen ions positius o cations. Són sòlids a temperatura ambient, excepte el mercuri, que és líquid.
- Els **no-metalls**. Es troben en els grups 14, 15, 16 (**calcògens**) i 17 (**halògens**) de la taula. Tenen tendència a guanyar electrons o compartir-los per adoptar la configuració electrònica dels gasos nobles. Formen ions negatius o anions a causa del

guany d'electrons. A temperatura ambient, la majoria són sòlids tous, encara que n'hi ha que són gasosos i un és líquid (el brom).

- Els **semimetalls**. Presenten un comportament intermedi entre els metalls i els no-metalls. No condueixen el corrent elèctric excepte en condicions determinades.

ACTIVITATS

9. Indica el grup i el període a què pertanyen els elements següents: potassi (K), bari (Ba), fòsfor (P), oxigen (O) i brom (Br).
10. Quants electrons tenen a la capa de valència els elements del grup 2? I els del grup 3? I els del grup 17?
11. Consulta la taula periòdica i comenta el comportament químic de l'oxigen i el sodi.
12. El carboni i el silici tenen més tendència a compartir electrons que a perdre'ls o guanyar-los. Pots explicar aquest fet?
13. Com varia la mida dels àtoms dels elements d'un mateix grup? I els d'un mateix període? Com s'expliquen aquestes variacions?
14. Copia el grup 15 de la taula periòdica. Quins elements són no-metalls? Quins són semimetalls? Quins són metalls? Quin tipus d'ions tendeix a formar cada element?

5. Models d'enllaç químic

Els àtoms s'uneixen i formen una gran diversitat de compostos. Quan les forces atractives són superiors a les repulsives, els àtoms s'uneixen. La unió de dos o més àtoms per formar un sistema estable s'anomena **enllaç químic**.

5.1 Molècules i cristalls

- Les **molècules** són agrupacions d'un nombre, generalment petit, d'àtoms, ja sigui d'un mateix element **(molècules d'un element**) o d'elements diferents (**molècules d'un compost**).
- Els **cristalls** són agrupacions formades per un nombre variable, generalment molt gran, d'àtoms o ions. Originen estructures tridimensionals en què les partícules estan disposades regularment en l'espai.

ACTIVITATS

15. Què anomenem enllaç químic?
16. Cerca informació sobre les agrupacions d'àtoms següents i classifica-les en molècules o cristalls:
    a) Ozó (O_3)
    b) Clorur de potassi (KCl)
    c) Clor (Cl^2)
    d) Níquel (Ni)
    e) Metà (CH_4)
    f) Fòsfor (P_4)

6. Tipus d'enllaç químic

6.1 L'enllaç metàl·lic

L'enllaç metàl·lic té lloc entre els àtoms dels metalls. Es produeix per la formació d'un núvol d'electrons que manté unida una xarxa cristal·lina formada per cations metàl·lics.

Propietats dels metalls

A la natura, només s'hi troben quatre metalls lliures, sense combinar amb altres elements: l'or (Au), la plata (Ag), el coure (Cu) i el platí (Pt). Els metalls presenten les característiques següents:

- Són sòlids relativament durs a temperatura ambient (excepte el mercuri, que és líquid). Això és a causa del núvol d'electrons que manté units els cations metàl·lics de la xarxa cristal·lina. Tenen els punts de fusió i d'ebullició elevats, tot i que varia molt d'uns metalls a uns altres.
- Són bons conductors de l'electricitat a causa de la gran mobilitat dels electrons de la xarxa cristal·lina.
- Són dúctils, mal·leables, tous i tenaços, ja que les capes d'ions es poden desplaçar les unes sobre les altres sense que canviï la disposició dels àtoms de la xarxa.

6.2 L'enllaç iònic

L'**enllaç iònic** s'estableix entre cations metàl·lics i anions no metàl·lics que s'atrauen elèctricament. Aquest fenomen dóna lloc a xarxes cristal·lines tridimensionals.

Propietats dels compostos iònics

- Tenen els punts de fusió i d'ebullició elevats, ja que les forces que mantenen units els ions de diferent signe són fortes. Per tant, a temperatura ambient solen ser sòlids durs a causa de la força d'atracció entre els ions positius i negatius de la xarxa cristal·lina.
- Són fràgils, perquè un petit cop pot significar un desplaçament de la xarxa i la repulsió entre ions del mateix tipus.
- No condueixen l'electricitat, però sí que ho fan en dissolució aquosa o fosos.
- Es dissolen bé en aigua.

6.3 L'enllaç covalent

L'**enllaç covalent** es produeix entre àtoms de no-metalls que comparteixen electrons.

Els enllaços covalents es representen amb els símbols dels elements, punts per representar els electrons de valència i ratlles per indicar els parells d'electrons compartits.

Enllaç covalent simple

H:H o H–H

H:Cl o H–Cl:

Enllaç covalent doble

:Ö::Ö: o :Ö=Ö:

Enllaç covalent triple

:N::N: o :N=N:

6.4 Les substàncies moleculars i els cristalls covalents

Quan els àtoms s'uneixen mitjançant enllaços covalents en resulten dos tipus de substàncies: les substàncies moleculars i els cristalls covalents.

Propietats de les substàncies moleculars

- Tenen els punts de fusió i d'ebullició baixos, ja que les forces que mantenen unides les seves molècules són dèbils, malgrat que les forces que mantenen units els seus àtoms són fortes. Per tant, a temperatura ambient solen ser gasos i líquids; també n'hi ha de sòlids.
- Generalment, són insolubles en aigua, ja que, en no formar-se ions, l'aigua no pot debilitar les unions entre els àtoms.
- No condueixen el corrent elèctric, ja que no hi ha càrregues elèctriques (electrons o ions) que es puguin moure lliurement.

Propietats dels cristalls covalents

- Són sòlids durs, amb temperatures de fusió i d'ebullició molt altes, ja que les forces que mantenen units els àtoms del cristall són molt fortes.
- Són insolubles en aigua i en gairebé tots els dissolvents, ja que les molècules de l'aigua o dels altres dissolvents no poden debilitar les unions entre els àtoms.
- No condueixen el corrent elèctric, ja que no hi ha càrregues elèctriques (electrons o ions) que es puguin moure lliurement.

ACTIVITATS

17 Com explicaries el fet que els metalls siguin bons conductors del corrent elèctric?

18 Quin tipus d'ions formen els metalls? Escriu els ions que formen el sodi (Na), l'alumini (Al) i el calci (Ca).

19 Quins dels compostos següents són iònics?

a) IF3 c) $CaCl_2$ e) $SeCl_4$

b) KCl d) PbS f) Rb_2O

20 Què significa que els metalls són dúctils, mal·leables, tous i tenaços? Posa exemples de metalls que presentin aquestes característiques.

21 Indica quin parell d'àtoms o ions poden formar cristalls iònics. Raona en cada cas la resposta.

22 Per què els compostos iònics tenen els punts de fusió i ebullició elevats?

23 Indica si els parells d'àtoms següents tendeixen a compartir electrons. Raona en cada cas la resposta.

a) Br – Br b) Zn – F

c) Se – Se d) Ca – I

24 Per què els cristalls covalents són sòlids durs amb temperatures de fusió i d'ebullició molt altes?

25 Una substància covalent té un punt d'ebullició inferior a 0 °C. Digues si es tracta d'una substància molecular o bé d'un cristall covalent. Justifica la resposta.

Comprova el que saps
Mapa conceptual

Determinació del tipus d'enllaç químic

Objectiu

Investigar experimentalment la diferent solubilitat en aigua i en dissolvents orgànics que presenten algunes substàncies per deduir el tipus d'enllaç que estableixen.

Material

- Vas de precipitats de 50 mL
- Vidre de rellotge
- Espàtula
- Dues làmines de coure
- Vareta de vidre
- Pila de petaca de 4,5 V o una altra font d'electricitat
- Cables i pinces de cocodril
- Bombeta de 2,2 V i portabombetes
- Dissolvents: aigua destil·lada, etanol i oli Johnson
- Cristal·litzadors o vasos de precipitats de 250 mL
- Soluts: clorur de sodi, parafina, nitrat de potassi, hidròxid de sodi, un tros de ceràmica i sucre

Procediment

1. Proves de solubilitat
   - **a.** Utilitza tants vasos de precipitats de 50 mL com dissolvents vulguis fer servir. En cada vas, col·loca una petita quantitat de dissolvent i afegeix-hi mitja espàtula del solut escollit. Observa si es dissol o no.
   - **b.** Repeteix l'operació tantes vegades com soluts hagis de comprovar.

   Si no pots analitzar a ull nu la dissolució, col·loca en un vidre de rellotge una mica de líquid, evapora el dissolvent i observa si queda residu, que en aquest cas seria el solut no dissolt.

2. Proves de conductivitat elèctrica
   - **a.** Fes el muntatge que mostra la figura. Recorda que pots utilitzar una pila o una altra font d'electricitat.
   - **b.** Prova la conductivitat elèctrica de cada producte en estat sòlid, líquid (quan sigui possible) o dissolt en aigua destil·lada o dissolvent orgànic, segons correspongui.
   - **c.** Si el producte és sòlid, posa'n una certa quantitat en un vidre de rellotge i toca'l amb les làmines de coure, ja connectades a la pila i a la bombeta, procurant que no es toquin.
   - **d.** En estat líquid o en dissolució, aboca'n una certa quantitat en un vas de precipitats de 250 mL. Procura que les làmines no es toquin.
   - **e.** Anota en quins casos s'ha encès la bombeta.

ACTIVITATS

1. Elabora una taula per a cada experiment i anota-hi els resultats.
2. A partir de les dades obtingudes, dedueix quines substàncies són iòniques i quines covalents.

UNITAT 9

ACTIVITAT FINAL

Com desfer l'embolic!

Els additius alimentaris són substàncies que s'afegeixen a les begudes i als aliments elaborats perquè es puguin conservar, millorar o per modificar-ne les característiques.

Suposeu que sou el tècnic d'anàlisi química d'una empresa d'additius que acaba de fer un trasllat, en el transcurs del qual els pots amb sucre en pols i de sorra en pols fina s'han quedat barrejats amb els pots amb un additiu que comercialitza l'empresa. I, a sobre, les etiquetes han caigut i no se sap quines corresponen a cadascun dels pots. Les tres substàncies tenen l'aspecte de pols blanca i és impossible diferenciar a simple vista l'additiu alimentari de les altres dues mostres.

Com podeu saber quines mostres no corresponen a l'additiu alimentari comercial?

La taula següent mostra el nom, la fórmula, i algunes dades de les tres substàncies.

Nom/Usos	Fórmula	Solubilitat en aigua	Tipus de sòlid/cristall	Estructura	Enllaç
Fosfat de trisodi (E339). Emprada com a edulcorant en determinats preparats.	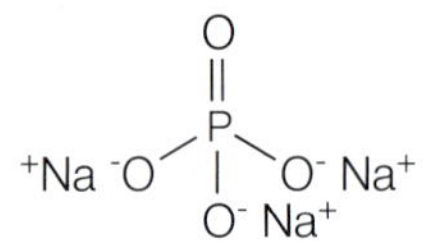	**?**	Sòlid iònic	Reticle cristal·lí iònic	**?**
Diòxid de silici (sílice, E551). Pols molt fina emprada com a antiaglomerant.	SiO_2	*Insoluble*	**?**	Reticle cristal·lí covalent	**?**
Sacarosa (sucre comú). Emprada com a edulcorant en determinats preparats.	$C_{12}H_{22}O_{11}$	*Soluble*	Sòlid molecular	**?**	**?**

ACTIVITATS

1. Completa la informació que falta on hi ha els signes d'interrogació de la taula.
2. Seria possible diferenciar les tres mostres de pols blanca per la seva solubilitat? Per què? I comparant el seu punt de fusió? Quina de les substàncies és d'esperar que tingui el punt de fusió més elevat? I més baix? Raona la resposta d'acord amb l'estructura i l'enllaç present en cadascuna de les substàncies.
3. L'additiu fosfat de trisodi ha de donar medi àcid o bàsic? Quins ions es formen quan es dissol en aigua?
4. Què significa *antiaglomerant*? Pot ser útil aquest additiu per evitar que la sal formi grumolls en el saler? Per què es formen els grumolls?
5. La sacarosa no es pot posar com a additiu en aliments «baixos en calories». En aquests casos se substitueix per additius com ara la sacarina o l'aspartam. A més de tenir gust dolç, quines propietats de solubilitat en aigua, d'estructura, etc. han de tenir aquest productes?
6. Un dels elements presents a l'additiu alimentari que comercialitza l'empresa és el fòsfor. Per tal d'iniciar nous projectes a l'empresa, el teu cap et demana informació sobre la reactivitat del fòsfor (metall o no-metall) i les seves característiques a escala de nucli (protons i neutrons). El nombre atòmic del fòsfor és Z=15. L'isòtop més abundant és el P-31.
   a) Escriu la seva configuració electrònica i indica el nombre d'electrons de valència. Té caràcter metàl·lic o no metàl·lic? A quin grup pertany?
   b) Indica el nombre d'electrons, protons i de neutrons del P-31 i fes una representació d'aquest àtom.
   c) Cerca informació i raona les diferències i similituds entre fòsfor blanc, roig i negre pel que fa als protons, la fórmula i l'estructura.
   d) En el cas de necessitar substituir el fosfat de trisodi per una altra substància que tingui les mateixes característiques de solubilitat, estructura, etc., quina d'aquestes recomanaríeu?
   Hidrogencarbonat de sodi (bicarbonat de sodi), àcid cítric, clorur de sodi, glucosa.
   Justifica els motius de la teva elecció.

Autoavaluació

REVISTA DE CIÈNCIA

Noves partícules elementals

Els antics grecs consideraven que l'àtom era la partícula més petita que formava part de la matèria i que era indivisible. D'aquí el seu nom, *àtom*, que en grec vol dir *indivisible*. Però els científics saben que això no és així, que els àtoms estan constituïts per partícules subatòmiques.

Per estudiar la naturalesa de l'àtom calen unes instal·lacions enormes, els col·lisionadors de partícules, que se serveixen de camps electromagnètics molt potents per provocar l'acceleració de partícules subatòmiques amb càrrega elèctrica fins a velocitats properes a la de la llum, amb l'objectiu de fer-les col·lidir. D'aquesta manera, els científics poden estudiar les propietats de les partícules subatòmiques conegudes i descobrir-ne de noves. De fet, però, la paradoxa és que com més gran i potent és el col·lisionador, més partícules elementals es poden descobrir, i d'una massa més gran.

Un dels últims descobriments, i dels més transcendentals per a la física, va tenir lloc l'any 2012 a les instal·lacions del CERN, el Laboratori Europeu de Física de

El bosó de Higgs és un dels descobriments més importants de les últimes dècades.

Partícules, a Suïssa. En aquest centre d'investigació hi ha el Gran Col·lisionador d'Hadrons, un súper accelerador de partícules amb el qual es va detectar per

El físic teòric Peter Higgs al costat del Gran Col·lisionador d'Hadrons del CERN, a Ginebra (Suïssa).

primer cop el bosó de Higgs.

El bosó de Higgs és la partícula de força que constitueix el camp de Higgs i la responsable que la resta de partícules subatòmiques tinguin massa. Les conseqüències d'aquesta afirmació són espectaculars; es pot deduir que a escala subatòmica, la massa, més que una propietat intrínseca de la partícula, és el resultat de la interacció de la partícula amb el camp de Higgs. Així, el fotó, la partícula associada a la força electromagnètica, no interactua amb aquest camp, de manera que no té massa; i l'electró, que hi interactua molt poc, una massa petita... En canvi, els quarks, que hi interaccionen fortament, tenen molta massa.

Els científics creuen que el CERN tindrà un paper cabdal en el descobriment de noves partícules subatòmiques en un futur proper. Després de dos anys de tenir la instal·lació aturada per reparar-la i millorar-la, durant el 2015 es va tornar a posar en marxa amb el doble de potència. Els científics estan molt il·lusionats pels nous reptes; esperen poder descobrir antimatèria i matèria fosca i mesurar detalladament el bosó de Higgs. I, també, és clar, intentar entendre nous fenòmens i partícules inesperats que a dia d'avui encara no poden ni imaginar.

COMPRENSIÓ LECTORA I REFLEXIÓ

1. Què és el bosó de Higgs?
2. Per què creus que és tan important el descobriment d'aquesta partícula?
3. Què és el CERN i quina relació té aquesta instal·lació amb el descobriment de noves partícules?
4. Explica per què els científics creuen que durant els anys pròxims es descobriran noves partícules subatòmiques.
5. Valora la importància d'aquests descobriments per al coneixement del món que ens envolta.

UNITAT 10

LA QUÍMICA DEL CARBONI

El petroli és una barreja de substàncies com ara el propà, líquids amb els quals es fan les gasolines i també hidrocarburs sòlids.

- Coneixes altres substàncies que s'extreuen del petroli i quins usos tenen?

Una de les aplicacions més importants dels derivats dels petroli són els combustibles.

- Quins avantatges i quins inconvenients per al medi ambient té l'ús d'aquest tipus de combustibles?

L'element carboni és comú a tots els components que s'extreuen del petroli. Es coneixen milers de substàncies que contenen carboni i cada any se'n sintetitzen de noves. Les trobem en àmbits tan diversos com productes de neteja, productes cosmètics, pintures, teixits i robes, plàstics i un llarg etcètera.

- Series capaç de fer una llista amb tots els productes que contenen carboni que estan a menys d'un metre de tu en aquest moment?

Foto: Plataforma petrolífera.

Nomenclatura dels hidrocarburs de cadena lineal.

- S'anomenen amb el prefix que indica el nombre d'àtoms de carboni de la cadena i amb el sufix ***-à*** per als alcans, ***-è*** per als alquens i ***-í*** per als alquins.
- En el cas dels alquens i els alquins, s'indica amb un nombre previ la posició de l'enllaç covalent doble o triple. Per exemple:

CH_3–CH_2–CH_2–CH_2–CH_3 Pentà

CH_2=CH–CH_2–CH_3 1-butè

CH_3–C≡C–CH_2–CH_3 2-pentí

Nomenclatura dels hidrocarburs de cadena ramificada

- En el cas dels alcans es tria com a cadena principal la més llarga. Si es tracta d'un alquè o un alquí, es tria la cadena més llarga que conté el doble o el triple enllaç.
- Es numeren els àtoms de carboni de la cadena principal de manera que el carboni 1 sigui el que tingui més a prop la ramificació, que s'anomena **radical alquílic**. En el cas dels alquens i els alquins es comença a numerar la cadena de manera que la insaturació quedi en la posició menor.
- Els radicals s'anomenen amb el prefix que indica el nombre de carbonis i el sufix ***-il***.
- S'escriuen, en primer lloc, els radicals precedits d'un nombre separat per un guió. El nombre indica l'àtom de carboni en el qual hi ha el radical. En el cas d'haver-hi diversos radicals diferents, s'escriuen per ordre alfabètic, i en el cas d'haver-hi diversos radicals iguals s'indica amb un prefix numeral (*di*, *tri*...) davant del nom del radical.

  Finalment s'escriu el nom de l'hidrocarbur sense deixar espais amb els noms dels radicals. Per exemple:

```
CH3 — CH — CH2 — CH3   2-metilbutà
      |
      CH3
```

Nomenclatura dels hidrocarburs de cadena tancada

Es procedeix com en la resta d'hidrocarburs, afegint-hi el prefix ***ciclo-***. Per exemple:

```
CH2 — CH2
|     |      Ciclobutà
CH2 — CH2
```

ACTIVITATS

2. Escriu les fórmules desenvolupades i moleculars dels compostos següents:
   a) Un hidrocarbur saturat de cinc àtoms de carboni.
   b) Un alquè de quatre àtoms de carboni amb un enllaç covalent doble.
   c) Un alquí de cinc àtoms de carboni amb dos enllaços covalents triples.

2.1 Propietats dels hidrocarburs

Estan relacionades amb el nombre d'àtoms de carboni de la molècula i també amb el tipus d'enllaç (senzill, doble o triple):

- Les temperatures de fusió i d'ebullició són més altes a mesura que augmenta la longitud de la cadena. A temperatura ambient, els quatre primers alcans són gasos; del C_5H_{12} al $C_{16}H_{34}$ són líquids, i els que tenen cadenes més llargues són sòlids.
- Són menys densos que l'aigua, i les seves densitats augmenten a mesura que augmenta la longitud de la cadena d'àtoms de C.
- Són insolubles en aigua i solubles en dissolvents orgànics com l'etanol, l'èter i d'altres.
- La reactivitat química és més elevada en els hidrocarburs insaturats, a causa dels enllaços dobles en els alquens, i triples en els alquins.
- Cremen amb facilitat en presència d'oxigen i formen CO_2 i H_2O.

2.2 Problemes ambientals relacionats amb l'ús dels hidrocarburs

Entre els principals problemes ambientals actuals, cal remarcar l'augment de la temperatura, l'escalfament global a causa de l'efecte d'hivernacle, el deteriorament de la capa d'ozó i la pluja àcida.

- El **sobreescalfament de l'atmosfera**, provocat per l'increment de gasos com ara el diòxid de carboni i el vapor d'aigua, que retenen la calor que desprèn la Terra. Aquest fenomen s'anomena **efecte d'hivernacle**. Ara bé, l'increment de l'ús de combustibles fòssils fa augmentar la quantitat de gasos d'efecte d'hivernacle a l'atmosfera i provoca l'escalfament gradual del planeta.

Aquest augment de la temperatura implica altres problemes ambientals, com ara aiguats, sequera, desglaç dels pols, pujades del nivell del mar, ciclons més freqüents...

Per atenuar l'efecte d'hivernacle cal reduir el consum d'energia.

- El **deteriorament de la capa d'ozó**, a causa dels clorofluorocarburs (CFC), que es fan servir com a refrigerants i propulsors dels esprais; els halons, que es troben en alguns extintors, i el bromur de metil, que es fa servir com a pesticida.

  La capa d'ozó absorbeix els rajos ultraviolats emesos pel Sol. L'aprimament de la capa d'ozó provoca que el nombre de rajos ultraviolats que arriben a la superfície terrestre augmenti i, en conseqüència, creixi el risc de patir càncer de pell i despreniment de retina, i que disminueixi el rendiment dels cultius i el creixement d'altres organismes.

  Per tal d'evitar la destrucció de la capa d'ozó, des de l'Administració cal prohibir o limitar l'ús dels CFC; pel que fa a les persones, cal assegurar-se abans de comprar un aparell que no contingui gasos perjudicials per a la capa d'ozó.

- La **pluja àcida**, conseqüència de la reacció dels gasos provinents de la combustió dels combustibles fòssils, en especial del carbó, provoca l'alliberament d'òxids de nitrogen i de sofre.

  La radiació solar fa reaccionar aquestes molècules amb el vapor d'aigua de l'atmosfera i es transformen en àcid sulfúric i àcid nítric, unes substàncies molt corrosives que retornen al sòl arrossegades per les precipitacions.

  La pluja àcida altera la composició de l'aigua de rius i llacs, causa la mort dels vegetals i canvia la composició del sòl. A les persones i als animals els ocasiona problemes respiratoris, irritacions a les mucoses i càncers; també deteriora monuments i façanes d'edificis.

  Per tal d'evitar la pluja àcida cal reduir el consum de combustibles fòssils, en especial de carbó. En l'àmbit de l'Administració s'han de dur a terme polítiques per afavorir la utilització d'energies alternatives i vetllar perquè les indústries redueixin les emissions. Com a mesures personals, cal obligar a utilitzar catalitzadors en els vehicles i, sempre que sigui possible, reduir la utilització del vehicle propi.

ACTIVITATS

3. Identifica aquests hidrocarburs com a alcans, alquens o alquins:
   a) Heptè
   b) 3-heptí
   c) 4-metildecà
4. Escriu les fórmules desenvolupada i semidesenvolupada...
   a) dels hidrocarburs saturats C_5H_{12} i C_9H_{20}.
   b) de l'hidrocarbur insaturat C_6H_{12} (amb l'enllaç covalent doble en el primer carboni).
   c) de l'hidrocarbur insaturat C_5H_8 (amb l'enllaç covalent triple en el primer carboni).
5. Quin hidrocarbur té els punts de fusió i d'ebullició més elevats: el pentà (C_5H_{12}) o l'octadecà ($C_{18}H_{38}$).

3. Compostos orgànics oxigenats

Els **compostos orgànics oxigenats** contenen carboni, hidrogen i, com a mínim, un àtom d'oxigen a la molècula. Segons el grup característic o **grup funcional** que conté aquest àtom, es classifiquen en alcohols, aldehids, cetones, àcids carboxílics, èters i èsters.

3.1 Alcohols

El grup funcional dels alcohols és el grup **–OH**, anomenat **hidroxil**.

Per formular els alcohols:

- Considerem que deriven de l'hidrocarbur saturat que té el mateix nombre de carbonis a la cadena i els anomenem afegint-hi una ***n*** al nom de l'hidrocarbur i el sufix ***-ol***; per exemple, metà → metanol; età → → etanol.
- Indiquem el número del carboni que forma enllaç amb el grup –OH, de manera que el carboni **1** sigui el que tingui més a prop l'enllaç amb el grup –OH. Si hi ha dos grups –OH, afegirem ***-diol***, i si n'hi ha tres, ***-triol***.

Les propietats dels alcohols són les següents:

- A temperatura ambient, els nou primers alcohols són líquids, i els que tenen cadenes més llargues són sòlids.
- Són menys densos que l'aigua; fins al butanol són solubles en aigua i molt bons dissolvents.

- Tenen el punt de fusió baix i el d'ebullició alt, que augmenta en augmentar la longitud de la cadena.
- Experimenten reaccions de combustió i són molt inflamables.

3.2 Aldehids i cetones

El grup funcional dels aldehids i les cetones és **–C=O** i s'anomena **carbonil**. En el cas dels aldehids, el grup funcional es troba en un extrem de la cadena, i en el cas de les cetones, a l'interior de la cadena.

Per formular aldehids i cetones:

- Considerem que deriven de l'hidrocarbur saturat que té el mateix nombre de carbonis a la cadena i els anomenem afegint-hi una ***n*** al nom de l'hidrocarbur, i el sufix ***-al*** per als aldehids i ***-ona*** per a les cetones.
- Si hi ha dos grups –C=O, afegirem ***-dial***, i si n'hi ha tres, ***-trial***, en els aldehids, i ***-diona*** o ***-triona***, en les cetones.

Els aldehids i cetones experimenten també reaccions de combustió, i els de cadena curta són solubles en aigua. Per exemple:

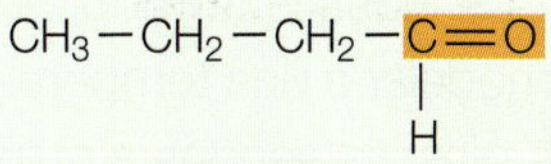
Butanal

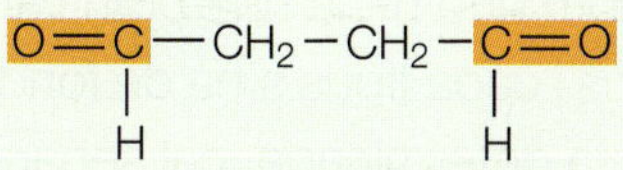
Butandial

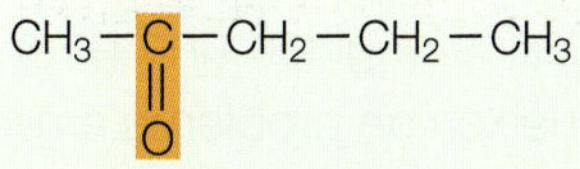
2-pentanona

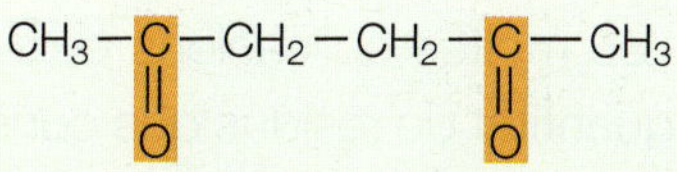
2,5 hexandiona

3.3 Àcids orgànics

El grup funcional dels àcids orgànics és **–COOH**, s'anomena **carboxil** i està situat en un extrem de la cadena.

Per formular els àcids orgànics:

- Considerem que deriven de l'hidrocarbur saturat del mateix nombre d'àtoms de carboni i els anomenem amb la paraula ***àcid***, seguida del nom de l'hidrocarbur i afegint-hi una ***n*** i el sufix ***-oic***.
- Si hi ha dos grups –COOH, s'intercalen el prefix ***di-*** entre el nom de l'hidrocarbur acabat en ***n*** i el sufix ***-oic***.

Les **propietats generals dels àcids orgànics**:

- Els àcids de fins a quatre àtoms de carboni són líquids i solubles en aigua. A mesura que augmenta el nombre de carbonis, en disminueix la solubilitat. A partir de nou carbonis, són sòlids a temperatura ambient.
- Es comporten com àcids dèbils; reaccionen amb les bases per donar sals i aigua, i provoquen despreniment de gas hidrogen quan reaccionen amb alguns metalls o amb els carbonats.

ACTIVITATS

6 Copia les fórmules dels compostos següents i encercla i anomena el seu grup funcional:

a)
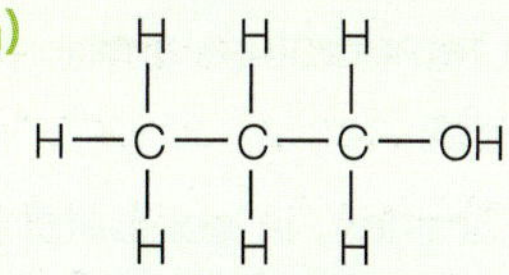

b)
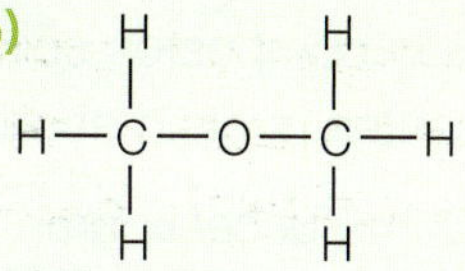

c)
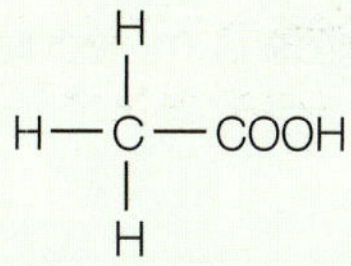

7 Relaciona cada grup funcional amb el tipus de compost corresponent:

1) –OH
2) –O–
3) –COOH

a) Èter
b) Àcid carboxílic
c) Alcohol

4. Compostos orgànics nitrogenats

Els compostos orgànics nitrogenats, com les amines i les amides, contenen nitrogen en els seus grups funcionals.

4.1 Amines

Les **amines** deriven de la substitució d'un o més hidrògens de la molècula d'amoníac (NH_3) per radicals alquílics.

Per formular les amines, indiquem el sufix ***-amina*** precedit dels noms dels radicals alquílics. Si n'hi ha més d'un, s'anomenen per ordre alfabètic.

Les amines presenten les **propietats** següents:

- Són compostos més bàsics que l'amoníac i reaccionen amb els àcids forts per formar sals.
- Desprenen una olor desagradable.
- Les amines amb menys de quatre àtoms de carboni són gasos a temperatura ambient. La resta són líquids.

- La seva solubilitat en aigua disminueix a mesura que augmenta el nombre d'àtoms de carboni.

4.2 Amides

Les **amides** es formen quan se substitueix en els àcids orgànics un grup –OH per un grup **$–NH_2$**, anomenat **amino**.

Per formular les amides se substitueix el sufix ***-oic*** de l'àcid carboxílic del qual procedeix pel sufix ***-amida***.

Les amides presenten les **propietats** següents:

- Són compostos sòlids a temperatura ambient i presenten punts d'ebullició alts.
- Com succeeix amb les amines, la solubilitat de les amides en aigua disminueix a mesura que augmenta el nombre d'àtoms de carboni de la molècula.

ACTIVITATS

8 Classifica els compostos següents en amines o amides:

a) $CH_3–CH_2–CH_2–CH_2–NH_2$

b) 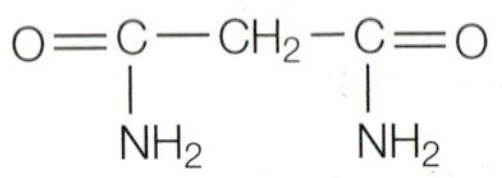

c) 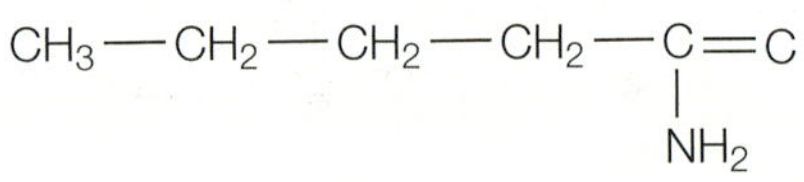

d) $CH_3–CH_2–NH–CH_2–CH_3$

5. Els polímers

Els **polímers** són macromolècules formades per la unió de moltes molècules petites anomenades **monòmers**.

El procés d'unió de dos monòmers s'anomena **polimerització**. El polímer s'anomena amb el prefix ***poli-***.

Algunes substàncies que es troben a la natura, com la cel·lulosa o les proteïnes, són **polímers naturals**. Amb la modificació química d'alguns polímers naturals s'obtenen els **polímers artificials**, com ara la viscosa, el cel·luloide o la galalita. Els **polímers sintètics**, com ara els plàstics, són fabricats al laboratori o a la indústria.

5.1 Els plàstics

Els **plàstics** són polímers que tenen usos i aplicacions molt diversos gràcies a les seves característiques: són aïllants de la calor i l'electricitat; són resistents, lleugers i flexibles, i poden adoptar formes diverses.

5.2 El reciclatge dels plàstics

Segons el comportament dels plàstics davant la calor, es poden classificar en dos grans grups:

- **Termostables**. Quan s'escalfen per primera vegada es poden modelar, però, en refredar-se, no es poden deformar. Són insolubles, rígids i durs, i no es poden reciclar. S'utilitzen per fabricar endolls, interruptors, mànecs aïllants, material esportiu, hèlices i ales d'avions, entre altres coses.
- **Termoplàstics**. Es deformen quan s'escalfen i es tornen rígids quan es refreden. Són solubles en dissolvents orgànics i es poden reciclar fonent-los i modelant-los de nou. S'utilitzen per fer bosses, envasos, recipients, joguines, ampolles, gots, caixes, discos compactes, etc.

Com que hi ha una gran varietat de plàstics termoplàstics i cada tipus s'ha de fondre i modelar a una temperatura determinada, cal separar els plàstics segons a quin tipus pertanyen abans de poder-los reciclar.

Les moltes aplicacions dels plàstics originen una gran quantitat de residus que constitueixen un problema ambiental.

Els plàstics no es poden descompondre a la natura per l'acció de plantes, animals, microorganismes i fongs, i poden passar centenars d'anys abans que no es descomponguin. Per evitar-ne l'acumulació, hem de:

- **Reduir** la quantitat de plàstics en els envasos i els embalatges.
- **Reutilitzar** els objectes de plàstic.
- **Reciclar** els productes de plàstic llençant-los als contenidors indicats per a la recollida selectiva. El reciclatge de plàstics permet reduir residus, fabricar nous objectes de plàstic i, en cremar-los, utilitzar-los com a combustible per obtenir energia.

  La incineració d'alguns plàstics té l'inconvenient que produeix gasos tòxics molt contaminants, per la qual cosa sempre s'ha de fer en condicions controlades, en plantes preparades per reduir el seu impacte.

ACTIVITATS

9 Molts polímers es formen pel trencament del doble enllaç d'una molècula «unitat» i la posterior creació d'una cadena llarga (polímer). Com s'anomena aquesta molècula?

10 Classifica els polímers següents segons que siguin naturals o sintètics:

a) Glucogen
b) Baquelita
c) Policarbonat
d) Cel·lulosa
e) Seda
f) Polietilè

11 Anomena un objecte de cada tipus de plàstic que facis servir en la teva vida quotidiana.

12 Es pot reciclar, sense cap tractament, una càrrega de residus que conté diferents tipus de plàstics barrejats?

13 Què és més fàcil de reciclar un plàstic el codi numèric del qual sigui 3 o un altre amb el nombre 5?

6. La química de la vida

Moltes substàncies orgàniques fan possible els processos químics essencials per al manteniment de la vida. Les més importants són els **glúcids**, els **lípids**, les **proteïnes** i els **àcids nucleics**.

6.1 Els glúcids

Els **glúcids** o **carbohidrats**, també coneguts com a **hidrats de carboni** o **sucres**, estan formats per àtoms de C, H i O. Proporcionen energia als éssers vius. Es classifiquen en:

- **Monosacàrids**. Són els glúcids més senzills. Estan formats per molècules que existeixen en forma de cadena oberta o formant cicles i consten de quatre, cinc o sis àtoms de carboni. Els monosacàrids són dolços i solubles en aigua.
- **Disacàrids**. Estan formats per dues molècules de monosacàrids. Són dolços i solubles en aigua.
- **Polisacàrids**. Estan formats per moltes molècules de monosacàrids. No són dolços i són insolubles en aigua.

6.2 Els lípids

La majoria dels **lípids** o **greixos** són **triglicèrids**, és a dir, biomolècules sorgides de la reacció de tres àcids grassos amb la glicerina (propantriol). Si tots els enllaços covalents entre els àtoms de C de la cadena són simples, parlarem de **triglicèrids saturats** (sòlids a temperatura ambient i, la majoria, d'origen animal), i si contenen enllaços covalents dobles, parlarem de **triglicèrids insaturats** (líquids a temperatura ambient i, la majoria, d'origen vegetal).

6.3 Les proteïnes

Les **proteïnes** són polímers naturals formats per aminoàcids que tenen als seus extrems un grup amino ($-NH_2$) i un grup carboxil (–COOH). La gran varietat de proteïnes es deu al gran nombre de cadenes diferents que es poden formar amb els vint aminoàcids existents.

6.4 Els àcids nucleics

Els **àcids nucleics** són polímers de monòmers anomenats **nucleòtids**. Cada nucleòtid està format per:

- Un **monosacàrid**: ribosa o desoxiribosa.

  Àcid fosfòric (H_3PO_4).
- Una **base nitrogenada**, que pot ser adenina (A), guanina (G), citosina (C), uracil (U) i timina (T).

Hi ha dos tipus d'àcids nucleics:

- **Àcid ribonucleic** (**RNA**). La seva molècula té una estructura de cadena única. Conté la ribosa com a monosacàrid i les bases nitrogenades citosina, adenina, guanina i uracil.
- **Àcid desoxiribonucleic** (**DNA**). La seva molècula té una estructura de doble cadena enrotllada en forma d'hèlix. Conté la desoxiribosa com a monosacàrid i les bases nitrogenades citosina, adenina, guanina i timina.

ACTIVITATS

14 Com es forma un disacàrid a partir de dos monosacàrids? Quin tipus d'enllaç es forma?

15 L'àcid palmític és un àcid gras present a la carn, la llet i la mantega. La seva fórmula desenvolupada és $CH_3\text{-}(CH_2)_{14}\text{-}COOH$.

Es tracta d'un àcid gras saturat o insaturat?

16 La lecitina és un fosfolípid que sintetitza el fetge i que forma part de les membranes de les cèl·lules. Quina és la composició general d'un fosfolípid?

17 En què es diferencien les composicions del DNA i de l'RNA?

Comprova el que saps
Mapa conceptual

FEM CIÈNCIA

Representació de cadenes carbonades mitjançant models

Objectiu

Representar estructures moleculars d'alguns compostos orgànics mitjançant models.

Material

- Col·lecció didàctica de models orgànics de boles i varetes.
- Si no es disposa d'aquest material, es poden utilitzar boles de plastilina de diferents grandàries i colors (negre per al carboni, verd per al nitrogen, blau per a l'oxigen i blanc per a l'hidrogen) i, com a enllaços, es poden fer servir escuradents de fusta.

Desenvolupament de la pràctica

1. Completa una taula com aquesta amb la fórmula desenvolupada, semidesenvolupada i molecular dels alcans següents. Després, elabora un model de boles per a cadascun.

Compost	Fórmula desenvolupada	Fórmula semidesenvolupada	Fórmula molecular
Metà			
Età			
Propà			
Butà			

2. Completa una taula com aquesta amb la fórmula desenvolupada, semidesenvolupada i molecular dels compostos orgànics següents. Després, elabora un model de boles per a cadascun.

Compost	Fórmula desenvolupada	Fórmula semidesenvolupada	Fórmula molecular
Etè			
Propè			
1-butè			
2-butè			
Etí			
Propí			
1-butí			
2-butí			
1-propanol			
Àcid butanoic			
2-butanona			

ACTIVITATS

1. Quin compost orgànic s'ha representat a les imatges?
2. Elabora els models de boles corresponents als dos isòmers del butà.
3. Dibuixa els models de boles dels grups funcionals de les famílies dels compostos orgànics oxigenats i dels compostos orgànics nitrogenats.Tingues en compte les mides i els colors de les boles.

L'escalfament global de la Terra

Els últims anys s'ha constatat que la temperatura global de la Terra està augmentant, fet que provoca un canvi en el clima que està afectant tot el planeta. Quan ens preguntem per què succeeix aquest fenomen, les respostes es dirigeixen cap a l'activitat humana; les primeres proves que van ajudar a entendre l'escalfament global van venir de la interpretació de gràfics com el següent:

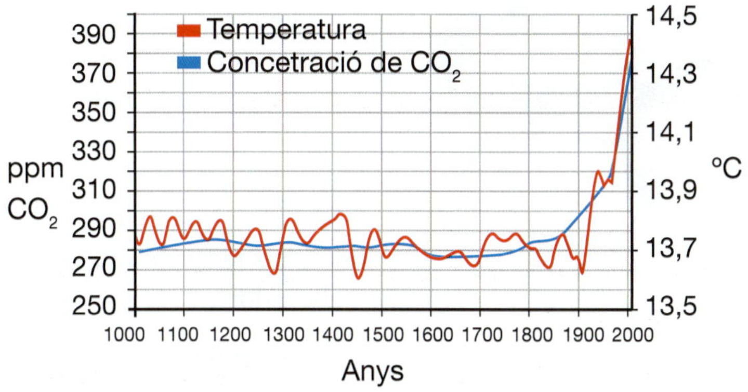

ACTIVITATS

1. Què mostra el gràfic? Què hi ha en cadascun dels eixos? Per què hi ha una escala a la dreta i una altra a l'esquerra?
2. Com evolucionen la concentració de CO_2 i la temperatura mitjana global de la Terra al llarg del temps? Quines similituds hi ha en l'evolució de les dues magnituds?
3. Quina activitat humana es relaciona directament amb les emissions de diòxid de carboni? Quins productes es formen en la combustió de qualsevol compost orgànic?
4. Quin tipus de compostos orgànics estan implicats principalment en l'augment de les emissions de diòxid de carboni? Escriu el nom i la fórmula d'algun d'aquests compostos.
5. Una alternativa als combustibles derivats del petroli són els anomenats *biocombustibles*. Busca informació sobre què són aquests combustibles. L'ús d'aquests combustibles reduiria les emissions de diòxid de carboni a l'atmosfera. Explica per què.
6. Està clar que el petroli fàcilment accessible s'esgotarà en un termini no gaire llarg. Actualment el procés de *fracturació hidràulica* permet extreure petroli de llocs als quals l'accés normal és difícil. Creus que en el futur el petroli ha de servir majoritàriament per fabricar combustibles o per sintetitzar altres productes?
7. En les refineries s'obtenen productes que s'utilitzen per a molts altres usos que fabricar gasolines. Quines altres substàncies i materials s'obtenen a part dels combustibles?
8. Els incendis forestals també generen grans quantitats de diòxid de carboni. Quines són les principals substàncies que formen els vegetals?
9. L'agricultura i les pràctiques ramaderes intensives provoquen emissions de metà a l'atmosfera. Aquest gas, igual que el diòxid de carboni, també augmenta l'efecte d'hivernacle. A quin tipus de compostos orgànics pertany el metà? El metà és el compost majoritari del gas natural. Què es forma en la seva combustió? Escriu-ne la reacció.
10. Si no es redueixen les emissions de diòxid de carboni, quina preveus que serà l'evolució de la temperatura global de la Terra en els propers 100 anys?
11. Escriu un text argumentant amb base científica tres propostes per reduir personalment les emissions de diòxid de carboni, i tres propostes per fer-ho col·lectivament o des de les administracions públiques.

Autoavaluació

REVISTA DE CIÈNCIA
Els polímers sintètics

La idea que a partir d'una peça petita, individual, es creï quelcom més gran, no és un concepte nou ni en la química ni en la natura. És una idea simple però que dóna lloc a un gran ventall d'oportunitats. I en la natura, també en els éssers vius, n'hi ha milers d'exemples: el betum, les proteïnes, la cel·lulosa, el cautxú, l'ambre...

L'ésser humà ha sabut adonar-se de les propietats d'aquestes substàncies i les ha fet servir per a impermeabilitzar, enganxar i fins i tot per a momificar cossos morts des de l'antiguitat.

Ara bé, la gènesi de centenars de polímers diferents va tenir lloc quan els químics van adonar-se que podrien crear noves substàncies seguint el mateix procediment: unir diverses unitats de peces individuals, monòmers, per obtenir una nova substància de característiques diferents.

La creació de polímers artificials va revolucionar la química, amb la possibilitat de crear nous materials.

Molts dels objectes que utilitzem habitualment estan fets de polímers.

El primer plàstic que es va crear va ser el cel·luloide, a la dècada de 1860, que es va fer servir, per exemple, per fabricar plaques dentals i colls de camisa, tot i que és conegut per ser el suport per a la pel·lícula fotogràfica. Però aquesta substància tenia les seves limitacions perquè és altament inflamable i perquè es descompon fàcilment amb la llum. Van haver de passar més de 40 anys fins que un altre químic, l'any 1907, va sintetitzar un plàstic nou a partir de molècules de formaldehid i de fenol, la baquelita, més dur i resistent, que es va fer servir per fabricar les carcasses dels telèfons, carburadors de cotxes i nanses de paelles, entre altres objectes.

Quan els químics van adonar-se que l'etilè podia polimeritzar, es van obrir noves possibilitats perquè, després de la producció de polietilè, es va intentar aconseguir un polímer a partir del propilè i de l'estirè (un derivat del benzè). I en combinar aquestes substàncies amb altres productes o substituir algun àtom per altres, van crear nous materials, molt útils en la indústria: el clorur de polinivil (PVC), el tefló, el poliestirè expandit, el niló, etc.

Les investigacions han continuat en les darreres dècades i això ha permès sintetitzar el PET (politereftalat d'etilè), un plàstic que ens envolta arreu perquè és resistent, innocu, lleuger, reciclable, però no degradable. I és aquí, en la dificultat per degradar els plàstics, on tenim un dels problemes mediambientals més importants del nostre temps. Els científics han creat noves substàncies que són difícilment destructibles, de manera que passen a incrementar el volum de les deixalles que van a parar als abocadors.

És veritat que els PET són plàstics que es poden reciclar, cosa que vol dir que es poden fondre altre cop i donar-los un nou ús, però això no vol dir que tothom ho faci, ni els particulars ni les empreses, de manera que la majoria dels plàstics PET passen gran part de la seva llarga vida abandonats a la natura, al mar o barrejats amb altres deixalles als abocadors.

COMPRENSIÓ LECTORA I REFLEXIÓ

1. Explica què són els polímers. Anomena'n alguns.
2. Fes una llista dels objectes que t'envolten i que estan fabricats amb polímers.
3. Per què creus que són tan importants per a la indústria i la societat en general?
4. Quin impacte ambiental provoquen els plàstics?
5. Proposa diverses mesures per minimitzar l'impacte d'aquests materials en el medi ambient.

ANNEXOS

ANNEX I: **Les matemàtiques i les ciències experimentals**

ANNEX II: **Formulació inorgànica**

ANNEX III: **Seguretat al laboratori**

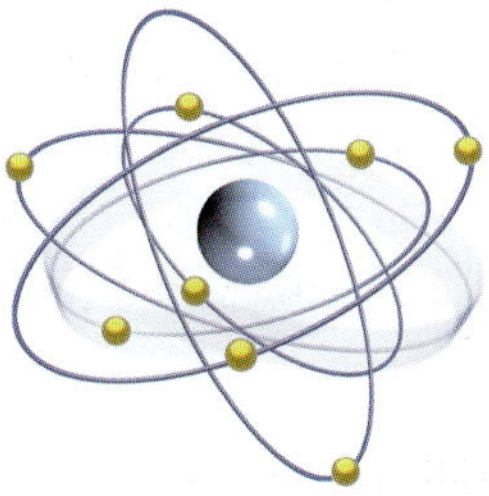

1. Utilitzem les matemàtiques

Quan fem ciència, treballem amb potències, transformem unitats, aïllem incògnites d'equacions... Per tant, les matemàtiques hi són presents, i els seus principis generals esdevenen pràctics i útils.

L'expressió de magnituds i la seva mesura

Per expressar els valors de les magnituds, fem servir diferents unitats. Com que el llenguatge científic ha de ser precís, quan indiquem una dada o un resultat, hem de seguir unes normes determinades.

Normes per escriure les unitats	Incorrecte	Correcte
Els símbols de les unitats no duen punt ni s'expressen en plural.	4 Js - 3 kg.	4 J - 3 kg
Els símbols s'escriuen amb minúscules. Si la unitat deriva d'un nom propi, la primera lletra ha de ser majúscula.	k - Km	K - km
Entre el valor de la magnitud i el símbol de la unitat ha d'haver-hi un espai.	30m - 5J	30 m - 5 J
Si el nom de la unitat deriva d'un nom propi, s'escriu amb minúscula inicial.	10 Pascals	10 pascals
Els símbols només tenen una abreviatura; no n'admeten d'altres.	8 cc - 5Nw	8 cm^3 - 5 N
L'inici dels decimals s'indica a sota, amb un punt o una coma.	5'4	5,4 - 5.4

La notació científica

S'utilitza per expressar quantitats molt petites o molt grans. Per expressar un nombre en **notació científica**, s'indica com a producte d'un nombre amb una xifra entera diferent de zero per una potència de 10. Per exemple:

$25.000.000 = 2,5 \cdot 10^7$ $\quad$ $0,00000000000342 = 3,42 \cdot 10^{-12}$

La notació científica facilita la utilització dels **factors de conversió** en el canvi d'unitats. Per exemple:

$$5 \cdot 10^8 \text{ pg} \cdot \frac{10^{-12} \text{ g}}{1 \text{ pg}} = 5 \cdot 10^{-4} \text{ g} \qquad 2,4 \cdot 10^5 \text{ Gm} \cdot \frac{10^9 \text{ m}}{1 \text{ Gm}} = 2,4 \cdot 10^{14} \text{ m}$$

ACTIVITATS

1. Escriu correctament els valors de les forces següents:

   a) 50N b) 6 Nw c) 40 N. d) 0'02 KN e) 100 Newtons

2. Escriu correctament les mesures següents:

   a) 30 pa b) 10 gr. c) 62'7 Kg d) 25 cc e) 80 Km/h

3. Escriu, en cada cas, el factor de conversió que permet passar de:

   a) kg a mg b) s a min c) m^2 a mm^2 d) km/h a m/s

4. Les cèl·lules més grans dels teixits humans tenen una massa aproximada de 15 ng, 1/100 de la massa de l'òvul humà. Expressa les dues masses en notació científica, en grams i en quilograms.

La precisió dels instruments de mesura

La **precisió** d'un instrument de mesura és el valor mínim que podem apreciar quan mesurem una magnitud, i ve determinada per les unitats i les divisions de la seva escala.

La **sensibilitat** d'un instrument és la seva capacitat per detectar variacions de la magnitud que es mesura. Si pot detectar variacions molt petites, es tracta d'un instrument molt sensible.

Quan efectuem una mesura, hem de ser conscients de les limitacions de l'instrument que fem servir i del marge d'error o **incertesa** que assumim.

La incertesa d'una mesura es pot identificar amb la precisió de l'instrument. Per exemple, si un termòmetre té una precisió d'1 °C, la seva incertesa és de ±1 °C.

Mesures i errors

Les dades que obtenim d'un instrument són aproximades. Els errors que cometem poden ser de dos tipus:

- **Errors sistemàtics**. Tenen a veure amb la manera de prendre la mesura. Estan relacionats amb un defecte de l'instrument de mesura, amb el seu ajust a zero (**error calibrat**) o amb el fet que l'observador no visualitzi correctament una escala analògica (**error de paral·laxi**).
- **Errors accidentals** o **aleatoris**. Es produeixen a l'atzar, sense que en siguem conscients. Per reduir al màxim aquest tipus d'errors, hem de repetir l'experiment diverses vegades i prendrem com a valor més probable la mitjana aritmètica de les mesures.

MESURA D'UN VOLUM

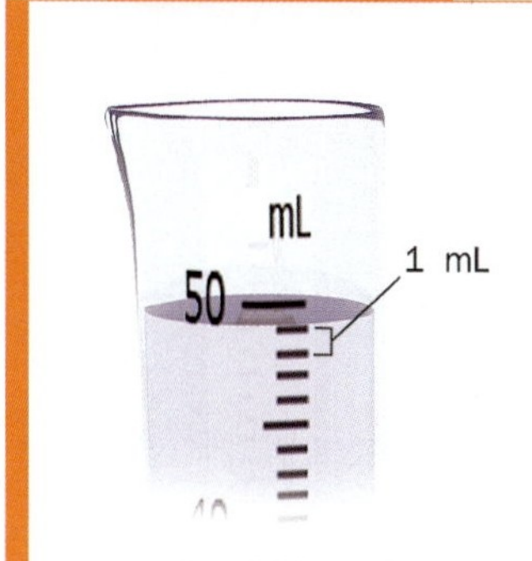

Precisió: 1 mL
Incertesa: ±1 mL
Volum de líquid: 49 ±1 mL

ERROR DE PARAL·LAXI

ACTIVITATS

5 Observa els instruments de mesura següents i respon a les preguntes:

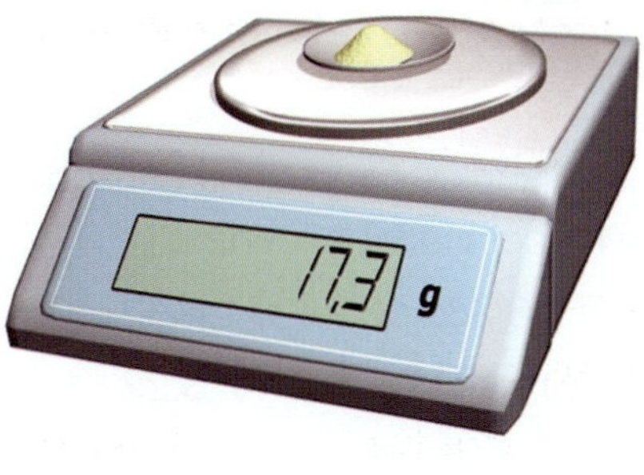

Quina balança és més precisa? Escriu correctament la mesura de la massa que ha enregistrat cada aparell.

6 Hem dut a terme una reacció química quatre vegades en les mateixes condicions i amb les mateixes quantitats de reactius. Les masses de producte obtingudes han estat: 38,42 g, 38,64 g, 34,58 g i 38,34 g. Quina precisió té la balança que hem utilitzat? Quina massa de producte prendrem com a correcta? Què volem minimitzar en prendre aquesta quantitat?

2. L'ús de la calculadora

Quan utilitzem la calculadora per fer càlculs científics, hem de tenir present que:

- Les quantitats que fem servir s'expressen normalment en el sistema internacional d'unitats.
- S'han d'arrodonir correctament els resultats.
- Hem de conèixer bé el càlcul amb determinades notacions, com ara la notació trigonomètrica, la notació científica...

Arrodoniment dels resultats

Per arrodonir correctament un resultat, apliquem els criteris següents:

- Ens fixem en el primer dígit que no tindrem en compte: si és inferior a 5, la xifra anterior no es modifica. En cas contrari, s'augmenta en una unitat. Per exemple:

  $34,565 \rightarrow 3,57$; $5,413 \rightarrow 5,41$; $70,099 \rightarrow 70,10$

- Si efectuem una suma o una resta, el resultat s'expressa amb el mateix nombre de decimals que la dada que en tingui menys. Per exemple:

  $65,432 + 9,45 = 74,882 \rightarrow 74,88$

- Si efectuem un producte o una divisió, el resultat s'indica amb el mateix nombre de xifres significatives que el nombre que en tingui menys. Per exemple:

  $7,53 \cdot 1,643 = 12,37179 \rightarrow 12,37 \rightarrow 12,4$

Xifres significatives

Les xifres significatives d'una mesura experimental són les que proporciona l'instrument de mesura. Per exemple:

Mesura	Nre. de xifres significatives
2,3 m	Dues
25,30 V	Quatre
0,00387 g	Tres
0,250 mg	Tres
15,50 min	Quatre

Observa que totes les xifres diferents de zero són significatives, excepte quan aquests apareixen a la dreta de la coma.

Càlcul amb notació científica

Per fer operacions amb quantitats expressades en notació científica, utilitzem la tecla EXP. Per exemple:

OPERACIÓ QUE S'HA DE FER	
$4,2 \cdot 10^8 \cdot 3,9 \cdot 10^5$	
TECLES QUE S'HAN DE PRÉMER	**RESULTAT**
4 · 2 EXP 8 × 3 · 9 EXP 5 =	$1,638 \cdot 10^{14}$

També podem fer els càlculs directament, calculant les operacions dels nombres i les operacions amb les potències de 10 de manera independent:

$4,2 \cdot 10^8 \cdot 3,9 \cdot 10^5 \rightarrow 4,2 \cdot 3,9 \cdot 10^8 \cdot 10^5 \rightarrow 16,38 \cdot 10^{13} \rightarrow 1,638 \cdot 10^{14}$

$2,3 \cdot 10^6 + 3 \cdot 10^7 \rightarrow 0,23 \cdot 10^7 + 3 \cdot 10^7 \rightarrow (0,23 + 3) \cdot 10^7 \rightarrow 3,23 \cdot 10^7$

ACTIVITATS

7 Arrodoneix els valors següents a les mil·lèsimes:

a) 34,1267 **b)** 0,005689 **c)** 3,6724 **d)** 5,0198

8 Fes les operacions següents sense calculadora i amb calculadora:

a) $2.10^{-3} \cdot 3.10^{-4}$ **c)** $56.000 \cdot 3 \cdot 10^3 \cdot 4.10^5$ **e)** $7 \cdot 10^4 + 3,5 \cdot 10^5$

b) $0,00042 + 5 \cdot 10^{-5}$ **d)** $1,4 \cdot 10^{-7} \cdot 5 \cdot 10^3$ **f)** $(4,5 \cdot 10^3 + 2 \cdot 10^4) \cdot 10^5$

3. Equacions

Les equacions i l'aïllament de variables

Molts fenòmens físics i químics comporten fórmules que relacionen diverses variables.

Per aïllar una incògnita, fem servir els mateixos criteris de transposició de termes que utilitzem en les equacions matemàtiques.

Exercici resolt

1. Aïlla en cada cas la variable que s'indica:

a) t de la fórmula $v_F = v_0 + a \cdot t$

b) T de la fórmula $\Delta L = a \cdot L_0 \cdot (T - T_0)$

a) $v_F = v_0 + a \cdot t \rightarrow a \cdot t = v_F - v_0 \rightarrow t = \dfrac{v_F - v_0}{a}$

b) Multipliquem el parèntesi i, a continuació, aïllem el terme que conté la temperatura T:

$$\Delta L = a \cdot L_0\, T - a \cdot L_0\, T_0 \rightarrow a \cdot L_0 \cdot T = \Delta L + a \cdot L_0 \cdot T_0$$

$$T = \frac{\Delta L + \alpha \cdot L_0 \cdot T_0}{\alpha \cdot L_0}$$

La relació equació-gràfic

Els diferents tipus de funcions matemàtiques s'associen a unes equacions i a uns gràfics determinats.

Quan utilitzem una equació en ciències experimentals, podem identificar-la amb un tipus de funció matemàtica i, per tant, amb un tipus de gràfic.

Funció	Gràfic	Expressió general matemàtica: $y = f(x)$	Exemple d'aplicació a les ciències experimentals
Proporcionalitat directa	Recta	$y = m \cdot x$	$F = f(\Delta x) \rightarrow F = k \cdot \Delta x$
Afí	Recta	$y = m \cdot x + n$	$v_F = f(t) \rightarrow v_F = v_0 + at$
Quadràtica	Paràbola	$y = ax^2 + bx + c$	$x = f(t) \rightarrow$ $\rightarrow x = x_0 + v_0 t + (1/2)at^2$
Proporcionalitat inversa	Hipèrbola	$x \cdot y = k \quad (y = k/x)$	$P = f(V) \rightarrow P \cdot V = k$

Exercici resolt

2. Indica de quin tipus de funció matemàtica es tracta i quin tipus de gràfics obtindries:

a) $f = \dfrac{1}{T} \rightarrow f = f(T) \rightarrow$ Funció de proporcionalitat inversa $\rightarrow$ Hipèrbola

b) $F = m \cdot a \rightarrow F = f(a) \rightarrow$ Funció de proporcionalitat directa $\rightarrow$ Recta

c) $E_c = \dfrac{1}{2} m \cdot v^2 \rightarrow E_c = f(v) \rightarrow$ Funció quadràtica $\rightarrow$ Paràbola

d) $x = x_0 + v \cdot t \rightarrow x = f(t) \rightarrow$ Funció afí $\rightarrow$ Recta

ACTIVITATS

9 En l'exercici resolt 1 d'aquesta pàgina, aïlla T de la fórmula $\Delta L = a \cdot L_0 \cdot (T - T_0)$ aïllant primer el parèntesi. Comprova que obtens la mateixa expressió.

10 Aïlla en cada cas la variable que s'indica:

a) t de: $P = \dfrac{W}{t}$

b) μ de $F_f = \mu \cdot m \cdot g$

c) F_2 de: $\dfrac{F_1}{S_1} = \dfrac{F_2}{S_2}$

d) v de: $F_c = m \cdot \dfrac{v^2}{r}$

e) a de: $\Delta x = \dfrac{1}{2} at^2$

11 Completa una taula com la de l'exemple resolt 2 amb les relacions següents:

a) Força - acceleració

b) Posició - temps (MRU)

c) Energia cinètica - velocitat

d) Freqüència - període

1. Formulació química

La **formulació** és el conjunt de normes que permet assignar un nom i una fórmula a cada substància. La **fórmula** ens indica quins àtoms dels elements formen la substància i en quina proporció estan.

Els compostos es formen perquè l'energia dels àtoms neutres disminueix respecte a l'energia del compost que formen: tendeixen a formar ions per adoptar una configuració electrònica de gas noble. També poden, però, compartir electrons. Per tant, quan formen un compost, els àtoms perden, guanyen o comparteixen electrons.

València d'un element

La **valència** d'un element representa el nombre d'àtoms d'hidrogen que es combinen amb un àtom de l'element. Així, l'àtom d'oxigen té valència 2, perquè quan formen un compost amb l'hidrogen, H_2O, hi intervenen dos àtoms d'hidrogen. L'àtom de carboni té valència 4, perquè forma amb l'hidrogen el compost CH_4.

La valència d'un element està determinada pel nombre d'electrons que l'àtom perd, guanya o comparteix i, per tant, per la posició d'aquest element a la taula periòdica. Hi ha molts elements que tenen més d'una valència.

Nombre d'oxidació

El **nombre d'oxidació** d'un element que forma un compost és el nombre (positiu o negatiu) que representa la càrrega que tenen els seus àtoms en aquest compost. Coincideix, en valor absolut, amb la seva valència.

Així, doncs, la valència i el nombre d'oxidació són termes molt relacionats. Tot i així, es tendeix a utilitzar el nombre d'oxidació.

- Els elements dels grups 1 i 2 i alguns altres tenen només un nombre d'oxidació.
- Tots els nombres d'oxidació dels metalls són positius.
- Els no-metalls, menys el fluor i l'oxigen, tenen nombres d'oxidació positius i negatius.
- Els elements del grup 18, els gasos nobles, no tenen nombre d'oxidació, perquè no formen compostos amb altres elements.

	1	2	3	4	5	6	7	8	9	10	11	12	13	14	15	16	17	18
1	H +1,−1																	
2	Li +1	Be +2											B +3,−3	C +2,+4 −4	N +1,+2,+3 +4,+5,−3	O −2	F −1	
3	Na +1	Mg +2											Al +3	Si +4,−4	P +3,+5, −3	S +2,+4,+6 −2	Cl +1,+3,+5, +7, −1	
4	K +1	Ca +2				Cr +2,+3,+6	Mn +2,+3,+4, +6,+7	Fe +2,+3	Co +2,+3	Ni +2,+3	Cu +1,+2	Zn +2	Ga +3	Ge +2,+4	As +3,+5,−3	Se +4,+6, −2	Br +1,+3,+5, +7,−1	
5	Rb +1	Sr +2								Pd +2, +4	Ag +1	Cd +2	In +3	Sn +2,+4	Sb +3,+5,−3	Te +2,+4,+6, −2	I +1,+3,+5, +7,−1	
6	Cs +1	Ba +2								Pt +2,+4	Au +1,+3	Hg +1,+2	Tl +1,+3	Pb +2,+4	Bi +3,+5	Po	At	
7	Fr	Ra +2																

1.1 Criteris bàsics de formulació

Per formular hem de tenir en compte que:

- La suma dels nombres d'oxidació dels elements en el compost ha de ser 0. Per saber la càrrega que aporta cada element al compost, multipliquem el nombre d'àtoms d'aquest element pel seu nombre d'oxidació.

  Per exemple: $Li_2O \Rightarrow 2 \cdot (+1) + 1 \cdot (-2) = 0$; $Al_2S_3 \Rightarrow 2 \cdot (+3) + 3 \cdot (-2) = 0$
- El subíndex 1 no s'escriu i, sempre que es pugui, se simplifiquen els subíndexs.
- Els símbols dels elements amb nombre d'oxidació positiu es col·loquen en primer lloc, i els que tenen nombre d'oxidació negatiu, en segon lloc.
- Podem intercanviar els nombres d'oxidació sense signe de cada element, que es transformen en subíndexs.
- També podem aplicar directament el principi de compensació de les càrregues: la càrrega total del compost ha de ser 0.

1.2 Tipus de nomenclatures

La IUPAC (Unió Internacional de Química Pura i Aplicada) ha establert la normativa per formular i anomenar els diferents elements i compostos. Podem formular i anomenar els compostos segons tres nomenclatures diferents:

- **Nomenclatura sistemàtica**. Està recomanada per la IUPAC. El nombre d'àtoms o ions presents a la fórmula s'indica amb els prefixos **mono-** (1), **di-** (2), **tri-** (3), **tetra-** (4), **penta-** (5), **hexa-** (6), **hepta-** (7). El prefix mono- no es fa servir habitualment. Per exemple: Cl_2O_7, heptaòxid de diclor; FeH_3, trihidrur de ferro.
- **Nomenclatura de Stock**. Es fan servir números romans entre parèntesis per indicar els nombres d'oxidació positius dels elements que hi ha a l'esquerra de la fórmula. Si l'element només actua amb un nombre d'oxidació, s'anomena tan sols l'element, sense el número romà. Per exemple: Cl_2O_7, òxid de clor (VII); FeH_3, hidrur de ferro (III).
- **Nomenclatura tradicional**. És molt emprada en la formulació dels oxoàcids. Malgrat no estar recomanada per la IUPAC, molts d'aquests noms són admesos com a correctes. S'utilitzen prefixos i sufixos que depenen del nombre d'oxidació amb què actua l'àtom central.

Nombres d'oxidació de l'àtom central	→ Nombre d'oxidació creixent →			
Si només en té un			-ic	
Si en té dos		-ós	-ic	
Si en té tres	hipo-...-ós	-ós	-ic	
Si en té quatre (cas dels halògens)	hipo-...-ós	-ós	-ic	per-...-ic

Per exemple: H_2SO_4, àcid sulfúric; H_2SO_3, àcid sulfurós.

$HClO$, àcid hipoclorós; $HClO_2$, àcid clorós; $HClO_3$, àcid clòric; $HClO_4$, àcid perclòric.

Formulació dels òxids

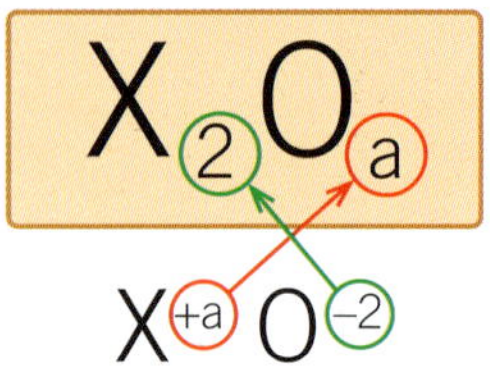

X: metall o no-metall

2. Compostos binaris

Són compostos formats per **dos elements diferents**. Els principals són: els **òxids**, els **hidrurs**, els **hidràcids** i les **sals binàries**.

2.1 Els òxids

Són compostos binaris formats per la combinació de qualsevol element amb l'oxigen. L'**oxigen** actua sempre amb **nombre d'oxidació (–2)** i, per tant, s'escriu a la dreta de la fórmula. Per formular els òxids utilitzem gairebé sempre les nomenclatures sistemàtica i de Stock.

Nomenclatura de Stock	Nomenclatura sistemàtica
S'anomenen amb les paraules *òxid de* seguides del nom de l'element, indicant entre parèntesis el seu nombre d'oxidació (si en té més d'un) en números romans.	S'anomenen amb un prefix seguit de les paraules *òxid de* (indica el nombre d'àtoms d'oxigen) i un altre prefix seguit del nom de l'element (indica el nombre d'àtoms d'aquest element).
Per exemple: Fe_2O_3: Òxid de ferro (III) PbO_2: Òxid de plom (IV) SiO_2: Òxid de silici (IV) Na_2O: Òxid de sodi	Per exemple: Fe_2O_3: Triòxid de diferro PbO_2: Diòxid de plom SiO_2: Diòxid de silici Na_2O: Òxid de disodi

2.2 Els hidrurs

Són compostos binaris formats per la combinació de l'hidrogen amb un metall. En aquests compostos, l'**hidrogen** actua sempre amb **nombre d'oxidació (–1)** i, per tant, s'escriu sempre a la dreta de la fórmula.

Nomenclatura de Stock	Nomenclatura sistemàtica
S'anomenen amb les paraules *hidrur de* seguides del nom del metall, indicant entre parèntesis el seu nombre d'oxidació (si en té més d'un) en números romans.	S'anomenen amb un prefix, que indica el nombre d'àtoms d'hidrogen, seguit de les paraules *hidrur de* seguides del nom del metall.
Per exemple: BaH_2: Hidrur de bari FeH_3: Hidrur de ferro (III) PtH_4: Hidrur de platí (IV) LiH: Hidrur de liti	Per exemple: BaH_2: Dihidrur de bari FeH_3: Trihidrur de ferro PtH_4: Tetrahidrur de platí LiH: Hidrur de liti

Formulació dels hidrurs

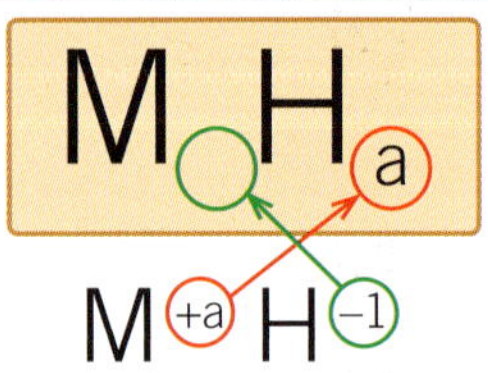

M: metall

ACTIVITATS

12 Completa la taula al teu quadern:

Fórmula	Nomenclatura sistemàtica	Nomenclatura de Stock
MnO_2		
Ag_2O		
	Monòxid de ferro	
N_2O_3		
		Òxid de mercuri (II)
	Triòxid de diclor	
		Hidrur de magnesi
COH_2		
	Trihidrur de cobalt	

2.3 Els hidràcids

Són compostos binaris formats per la combinació de l'hidrogen amb els no-metalls dels grups 16 i 17 de la taula periòdica, que actuen amb el seu nombre d'oxidació negatiu. En aquests casos, l'**hidrogen** actua sempre amb **nombre d'oxidació (+1)** i, per tant, s'escriu sempre a l'esquerra de la fórmula.

Encara que són gasos a temperatura ambient, les seves dissolucions aquoses tenen caràcter àcid; per això s'anomenen hidràcids.

Formulació dels hidràcids

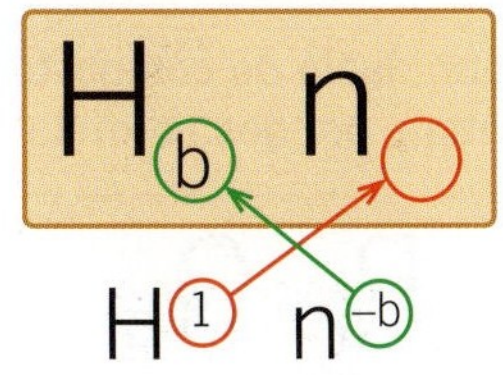

n: no-metall

Nomenclatura de Stock	Nomenclatura sistemàtica
S'anomenen amb el nom del no-metall amb el sufix *–ur* seguit de l'expressió *d'hidrogen*. Els hidràcids dels elements del grup 16 tenen 2 hidrògens a la fórmula i, per tant, s'hi incorpora el prefix *di–*.	Si el gas està dissolt en aigua, s'anomena indicant la paraula *àcid* seguida de l'arrel del no-metall amb el sufix *–hídric*.
Per exemple: HF: Fluorur d'hidrogen H_2S: Sulfur de dihidrogen	Per exemple: HF: Àcid fluorhídric H_2S: Àcid sulfhídric

2.4 Les sals binàries

Les sals binàries estan formades per un metall i un no-metall, que actua amb el seu nombre d'oxidació negatiu. Si substituïm els hidrògens d'un hidràcid per un metall, es forma una sal binària. El metall actua amb grau d'oxidació positiu i se situa a l'esquerra de la fórmula.

Nomenclatura de Stock	Nomenclatura sistemàtica
Després del no-metall amb sufix *–ur*, s'hi indica la preposició *de* i el nom del metall seguit del nombre d'oxidació amb què actua (en el cas que en tingui més d'un).	S'anomenen amb el nom del no-metall amb el sufix *–ur* i, si cal, el prefix corresponent que indica el nombre d'àtoms. En segon lloc, s'anomena el metall, si cal amb el prefix del nombre d'àtoms.
Per exemple: $FeBr_2$: Bromur de ferro (II) Ni_2S_3: Sulfur de níquel (III)	Per exemple: $FeBr_2$: Dibromur de ferro Ni_2S_3: Trisulfur de diníquel

ACTIVITATS

13 Completa la taula al teu quadern:

Fórmula	Nomenclatura sistemàtica	Nomenclatura de Stock
		Clorur d'hidrogen
HBr		
		Seleniur d'hidrogen
HI		
KBr		
		Iodur de potassi
$FeCl_3$		
	Difluorur de bari	
PbO		
	Triclorur d'alumini	
		Sulfur de ferro (II)

Formulació de les sals binàries

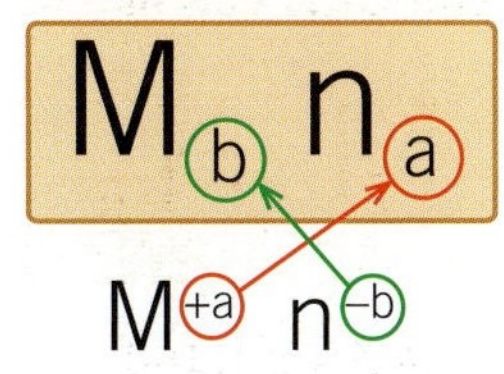

M: metall n: no-metall

Formulació de compostos formats per dos no-metalls

$P_a\ Q_b$

a i b són els nombres d'oxidació dels no-metalls Q i P, respetivament

2.5 Els compostos formats per dos no-metalls

El no-metall amb més tendència a guanyar electrons (el més electronegatiu) s'escriu a la dreta de la fórmula.

Nomenclatura de Stock	Nomenclatura sistemàtica
S'anomenen amb l'arrel del no-metall més electronegatiu amb sufix *–ur* seguit del nom de l'altre no-metall seguit del nombre d'oxidació amb què actua entre parèntesis.	S'anomenen amb l'arrel del no-metall més electronegatiu amb sufix *–ur* seguit del nom de l'altre no-metall, amb el prefix que calgui.
Per exemple: ClF_3: Fluorur de clor (III) $AsCl_5$: Clorur d'arsènic (V) $SiBr_4$: Bromur de silici (IV)	Per exemple: ClF_3: Trifluorur de clor $AsCl_5$: Pentaclorur d'arsènic $SiBr_4$: Tetrabromur de silici

Formulació dels hidròxids

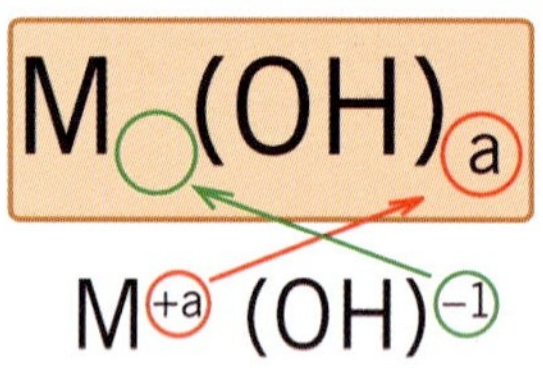

M: metall OH: hidròxid

3. Els hidròxids

Són compostos formats per la combinació d'un metall amb l'**anió hidròxid** (**OH–**), que actua amb **nombre d'oxidació (–1)**. Per tant, a les fórmules dels hidròxids primer s'escriu el símbol del metall i després el grup hidròxid. El nombre de grups hidròxid ha de coincidir amb el nombre d'oxidació positiu del metall perquè el compost sigui neutre. Si hi ha més d'un grup (OH) es fan servir parèntesis.

Nomenclatura de Stock	Nomenclatura sistemàtica
S'anomenen amb la paraula *hidròxid*, seguida de la preposició *de* i el nom del metall seguit del nombre d'oxidació amb què actua (en el cas que en tingui més d'un).	S'anomenen amb els prefixos habituals davant de la paraula *hidròxid*, que indiquen el nombre de grups hidròxid, seguida del nom del metall.
Per exemple: NaOH: Hidròxid de sodi $Fe(OH)_3$: Hidròxid de ferro (III) $Ni(OH)_2$: Hidròxid de níquel (II)	Per exemple: NaOH: Hidròxid de sodi $Fe(OH)_3$: Trihidròxid de ferro $Ni(OH)_2$: Dihidròxid de níquel

ACTIVITATS

14 Completa la taula al teu quadern:

Fórmula	Nomenclatura sistemàtica	Nomenclatura de Stock
	Clorur d'hidrogen	
		Iodur de potassi
$FeCl_3$		
		Hodròxid de manganès (II)
KOH		
		Iodur de sodi
SiO_2		
	Triclorur d'alumini	
$Al(OH)_3$		
		Pentaclorur de fósfor
CCl_4		

4. Els oxoàcids

Els oxoàcids són compostos ternaris formats per la combinació de tres elements:

- L'**hidrogen**, que actua amb **nombre d'oxidació (+1)**.
- Un **no-metall** o un **element de transició** amb **nombre d'oxidació positiu**.
- L'**oxigen**, que actua amb **nombre d'oxidació (–2)**.

Es poden formular:

– Afegint una molècula d'aigua a l'òxid corresponent.

– Directament, per compensació de càrregues (el compost ha de ser neutre).

A les fórmules dels oxoàcids s'escriuen, d'esquerra a dreta, els hidrògens, el no-metall i els oxígens.

Formulació dels oxoàcids

$$H_a n_b O_c$$

n: no-metall

Nomenclatura tradicional	Nomenclatura de Stock	Nomenclatura sistemàtica
S'anomenen amb la paraula *àcid* seguida de l'arrel del no-metall o element de transició amb els sufixos o prefixos que li pertoquin segons el seu nombre d'oxidació (vegeu la pàg. 263).	S'anomenen amb la paraula *àcid* seguida del prefix que indica el nombre d'oxígens de la fórmula i l'expressió *oxo*. Finalment, s'anomena el no-metall amb sufix *–ic* seguit del seu nombre d'oxidació entre parèntesis.	Es fa servir l'expressió *oxo* amb el prefix que indica el nombre d'oxígens de la fórmula, seguit de l'arrel del no-metall amb sufix *–at* i el seu nombre d'oxidació entre parèntesis. A continuació, s'afegeix l'expressió *d'hidrogen*.
Per exemple: $H2_SO_4$: Àcid sulfúric HNO_2: Àcid nitrós	Per exemple: H_2SO_4: Àcid tetraoxosulfúric (VI) HNO_2: Àcid dioxonítric (III)	Per exemple: H_2SO_4: Tetraoxosulfat (VI) d'hidrogen HNO_2: Dioxonitrat (III) d'hidrogen

Exercici resolt

1. Formula els compostos següents:

a) Àcid sulfúric

b) Àcid tetraoxoclòric (VII)

c) Trioxocarbonat (IV) d'hidrogen

a) El sofre té tres nombres d'oxidació positius (+2, +4, +6). Com que el sufix és *–ic*, agafem el més gran (+6), i formem l'òxid corresponent:

$$S^{6+} O^{2-} \rightarrow S_2O_6 \rightarrow SO_3$$

Afegim a l'òxid una molècula d'aigua i obtenim la fórmula de l'àcid sulfúric:

$$SO_3 + H_2O \rightarrow \mathbf{H_2SO_4}$$

b) Sabem que el clor actua amb nombre d'oxidació (+7) i que l'àcid conté 4 oxígens. Per tant, per tal que el compost sigui neutre, ens cal un hidrogen:

$$Cl^{7+} O_4^{8-} \rightarrow \text{cal un ió } H^+ \rightarrow H^+ Cl^{7+} O_4^{8-} \rightarrow \mathbf{HClO_4}$$

c) Sabem que el carboni actua amb nombre d'oxidació (+4) i que l'àcid conté 3 oxígens. Només cal compensar la càrrega negativa resultant amb hidrògens:

$$C_{4+} O_3^{6-} \rightarrow \text{calen dos ions } H^+ \rightarrow H_2^{2+} C^{4+} O_3^{6-} \rightarrow \mathbf{H_2CO_3}$$

ACTIVITATS

15 Formula els compostos següents: àcid carbònic, àcid bòric, àcid perclòric, àcid hipoclorós, àcid perbròmic i àcid sulfurós.

16 Anomena els compostos següents segons les tres nomenclatures:

a) HNO

b) H_2SO_3

c) HNO_3

4.1 Els oxoanions

Els oxoanions són els anions que s'obtenen quan es perden els hidrògens dels oxoàcids. La càrrega negativa de l'oxoanió és igual al nombre d'hidrògens que tenia l'àcid.

Nomenclatura tradicional
S'anomenen amb terminacions relacionades amb el nom de l'àcid del qual provenen. Els oxoanions canvien els sufixos *–ós* i *–ic* dels àcids per *–it* i *–at*, respectivament. Així doncs, les relacions entre els àcids i els oxoanions derivats són:

Àcid	Oxoanió
hipo-...-ós	*hipo-...-it*
–ós	*–it*
–ic	*–at*
per-...-ic	*per-...-at*

Per exemple:

Àcid hipoclorós: $HClO$ → Oxoanió hipoclorit: ClO^-
Àcid sulfurós: H_2SO_3 → Oxoanió sulfit: SO_3^{2-}
Àcid bròmic: $HBrO_3$ → Oxoanió bromat: BrO_3^-
Àcid perclòric: $HClO_4$ → Oxoanió perclorat: ClO_4^-

5. Les oxosals

Les oxosals són compostos ternaris formats per un metall, un no-metall i oxigen, que s'indiquen a les fórmules en aquest ordre.

Per formular les oxosals combinem l'oxoanió derivat de l'àcid corresponent amb àtoms de metall, de forma que en resulti un compost neutre, amb càrrega 0. Per tant, el que fem quan formulem les oxosals és substituir els hidrògens de l'àcid per metall.

- **Nomenclatura tradicional**. S'anomenen a partir de l'oxoanió corresponent de l'àcid i l'arrel del metall amb sufix *–ós* o *–ic*, segons si el metall adopta el nombre d'oxidació més petit o més gran, respectivament.

  Si només té un nombre d'oxidació, es fa servir la preposició *de* i el nom del metall.
- **Nomenclatura sistemàtica**. S'anomenen com els oxoàcids dels quals provenen, però canviant l'expressió *d'hidrogen* pel nom del metall amb el nombre d'oxidació entre parèntesis (si en té més d'un).
- **Nomenclatura de Stock**. S'anomenen de la mateixa forma que la nomenclatura tradicional, però en lloc d'utilitzar pel metall de l'oxosal els sufixos *–ós* o *–ic*, se n'indica el nombre d'oxidació entre parèntesis.

Formulació de les oxosals

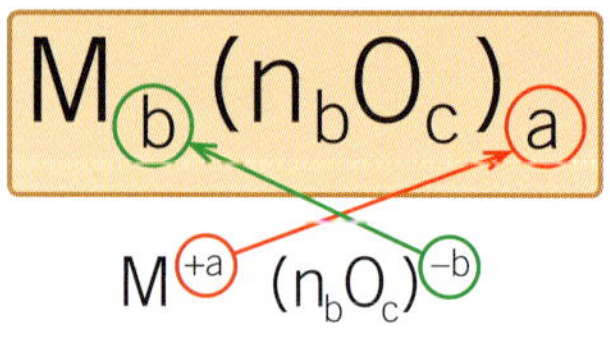

M: metall n: no-metall

Nomenclatura tradicional	Nomenclatura de Stock	Nomenclatura sistemàtica
Per exemple: Na_2SiO_3: Silicat de sodi $CuNO_3$: Nitrat cuprós $Au(ClO_4)_3$:Perclorat àuric $Ca(BrO)_2$: Hipobromit de calci	Per exemple: Na_2SiO_3: Silicat de sodi $CuNO_3$: Nitrat de coure (I) $Au(ClO_4)_3$: Perclorat d'or (III) $Ca(BrO)_2$: Hipobromit de calci	Per exemple: Na_2SiO_3: Trioxosilicat (IV) de sodi $CuNO_3$: Trioxonitrat (V) de coure (I) $Au(ClO_4)_3$: Tetraoxoclorat (VII) d'or (III) $Ca(BrO)_2$: Monoxobromat (I) de calci

Exercicis resolts

2. Formula els compostos següents:

a) Nitrat de calci b) Nitrit de níquel (III)

a) Com que es tracta d'un nitrat, prové de l'àcid nítric. El sufix *–ic* ens indica que hem d'utilitzar el nombre d'oxidació més gran (+5). Formulem l'òxid corresponent i hi afegim una molècula d'aigua per formular l'àcid:

$$N^{5+}\ O^{-2} \rightarrow N_2O_5$$

$$N_2O_5 + H_2O \rightarrow H_2N_2O_6 \rightarrow HNO_3$$

Combinem l'oxoanió derivat de l'àcid nítric amb el calci:

$$Ca^{2+}\ NO_3^- \rightarrow \mathbf{Ca(NO_3)_2}$$

b) Com que es tracta d'un nitrit, prové de l'àcid nitrós. El sufix *–ós* ens indica que hem d'utilitzar el segon dels tres nombres d'oxidació (+3). Formulem l'òxid corresponent i hi afegim una molècula d'aigua per formular l'àcid:

$$N^{3+}\ O^{2-} \rightarrow N_2O_3$$

$$N_2O_3 + H_2O \rightarrow H_2N_2O_4 \rightarrow HNO_2$$

Combinem l'oxoanió derivat de l'àcid nitrós amb el níquel, que actua amb nombre d'oxidació (+3):

$$Ni^{3+}\ NO_2^- \rightarrow \mathbf{Ni(NO_2)_3}$$

3. Formula el tetraoxosulfat (VI) de ferro (III).

Sabem el nombre d'oxidació del no-metall (el sofre) i el nombre d'oxígens de l'oxoanió; per tant, si fem un balanç de càrregues, podem deduir la càrrega de l'oxoanió. Tot seguit, es combina aquest oxoanió amb el ferro amb nombre d'oxidació (+3):

$$S^{6+}\quad O_4^{8-} \rightarrow SO_4^{2-} \rightarrow Fe_{3+}\ SO_4^{2-} \rightarrow \mathbf{Fe_2(SO_4)_3}$$

ACTIVITATS

17 Formula els oxoanions següents: sulfit, hipobromit i sulfat.

18 Indica de quin àcid provenen:

a) Els iodats b) Els hiposulfits c) Els nitrits d) Els perbromats

19 Formula les oxosals següents anomenades segons la nomenclatura tradicional:

a) Sulfit de sodi b) Hipobromit cuprós c) Sulfat de plata

d) Sulfat fèrric e) Hipobromit de zinc f) Sulfit d'alumini

20 Formula l'àcid iodós i anomena'l amb les nomenclatures de Stock i sistemàtica. A partir de l'àcid iodós, formula el iodit cuprós i el iodit de magnesi.

21 La fórmula de l'oxoanió clorat és ClO_3^-. Formula les oxosals següents:

a) Clorat de coure (II) b) Clorat de calci c) Clorat de pal·ladi (IV)

22 Formula les oxosals següents:

a) Trioxosulfat (IV) de plata b) Trioxosulfat (IV) d'alumini

c) Dioxoiodat (III) de níquel (II) d) Dioxoiodat (III) de plom (IV)

Normes de seguretat

- Les **taules de treball** dels laboratoris escolars han d'estar lliures i només hi ha d'haver el material que s'estigui fent servir.
- Cal controlar el **funcionament** dels aparells d'acord amb les indicacions del professor.

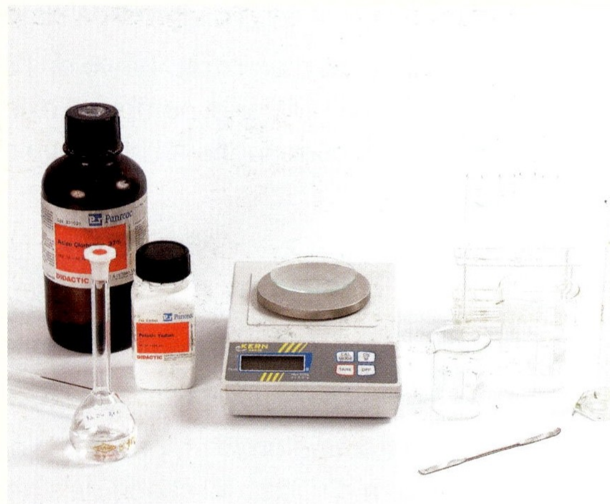

- Quan la situació ho requereixi, i sempre segons el criteri del professor, s'ha de treballar amb la **protecció** adequada.
  - L'ús d'ulleres o guants evita possibles esquitxades d'agents irritants o corrosius, com els àcids o les bases.
  - Si hi ha risc d'emetre gasos a l'ambient, els experiments s'han de fer en campanes d'extracció.

- És important extremar les precaucions quan es facin servir **encenedors de gas**. L'encesa i l'apagada han de ser supervisades pel professor.
  - Així mateix, si l'encenedor ho permet, el professor supervisarà prèviament la qualitat de la flama perquè el subministrament d'oxigen sigui l'adequat i no es produeixin males combustions i el despreniment consegüent de gasos tòxics.